工信知识赋能工程

迈向智能化
加速行业数智化转型

主编 孙鹏飞

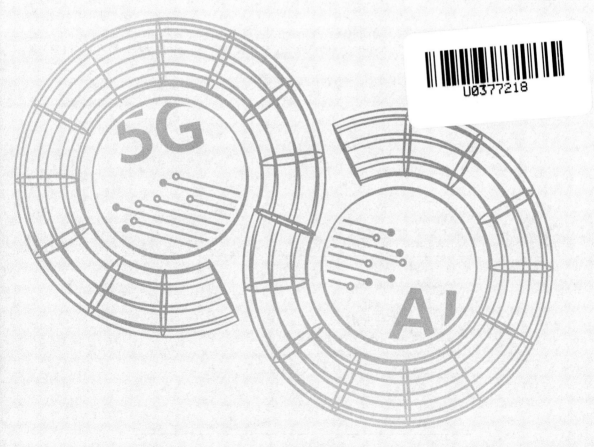

人民邮电出版社
北 京

图书在版编目（CIP）数据

迈向智能化 ：加速行业数智化转型 / 孙鹏飞主编
. -- 北京 ：人民邮电出版社，2024.7
ISBN 978-7-115-64399-5

Ⅰ. ①迈… Ⅱ. ①孙… Ⅲ. ①智能技术－研究 Ⅳ.
①TP18

中国国家版本馆 CIP 数据核字(2024)第 109578 号

内 容 提 要

本书分为 3 个主要篇章，全面深入地探讨了 5G 和 AI 的发展情况、技术优势，揭示了它们在科技领域的重要地位；展示了 5G 和 AI 的实际应用，并展望了它们的发展趋势。第一篇详细介绍了全球 5G 的发展现状，并展望了 5G 到 5G-Advanced 的发展路径及未来形态；第二篇阐述了 AI 的重大演进进展，分析了机器学习、自然语言处理、计算机视觉等典型 AI 技术，全面剖析了当下热门大模型技术；第三篇从 5G 和 AI 的技术融合与行业发展的角度分析了其对行业数字化、智能化发展的推动作用，展示了重点行业实践情况，如政务、气象、教育、医疗等。

本书可供泛政府行业、移动通信行业从业人员和高等院校相关专业的师生等参考。

◆ 主 编 孙鹏飞
 责任编辑 李彩珊
 责任印制 马振武
◆ 人民邮电出版社出版发行 北京市丰台区成寿寺路 11 号
 邮编 100164 电子邮件 315@ptpress.com.cn
 网址 https://www.ptpress.com.cn
 北京九州迅驰传媒文化有限公司印刷
◆ 开本：787×1092 1/16
 印张：18 2024 年 7 月第 1 版
 字数：483 千字 2025 年 1 月北京第 2 次印刷

定价：109.80 元

读者服务热线：(010)53913866 印装质量热线：(010)81055316
反盗版热线：(010)81055315
广告经营许可证：京东市监广登字 20170147 号

本书编委会

编委会顾问：

张　平　中国工程院院士

主　　编：

孙鹏飞

编　　委：

张　磊　席仁军　杨欣华　张惠娟　梁小增

黄淑华　罗旌瑞　廖运发　高庆浩　左　芸

吴　澄　王　蕾　刘　颖　谭子薇

序

纵观全球，高新科技行业正处于一个充满活力和变革的时代。人工智能、信息技术、生物技术、新材料等关键领域的高新科技，呈现多元化、交叉性和加速化发展的特点。不同领域的技术不断融合，共同推动全球科技进步，产生新的应用和商业模式，不断涌现新成果。同时，科技发展以前所未有的速度改变世界的面貌，对人类未来有着深远的影响。

创新是高新科技行业持续发展的内在驱动力。每一次技术突破，都为人类社会带来了巨大的价值提升。跨界融合正成为行业发展的新常态，技术的交叉应用和行业的相互渗透催生了新兴产业和业态。数字化转型正在深刻改变每个企业的"基因"，数据逐渐成为新的生产要素，为企业提供前所未有的洞察力和决策依据。

未来几年，5G 和未来通信技术、人工智能（AI）、边缘计算、生物技术、区块链、物联网、虚拟现实等技术将继续成为高新科技发展的主要方向。这些技术将进一步改变我们的生活和工作方式，推动社会进步和经济增长。

在众多高新科技领域中，5G 和 AI 已经成为引领新一轮科技发展和产业变革的关键力量，成为各国竞相发展的战略性新兴产业。全球各主要国家正积极布局 5G 和 AI 领域，制定相关国家发展战略和规划，提供政策扶持，提高实施力度，加大资金投入，加强产学研合作等，推动科技创新和产业升级，积极抢占科技发展竞争制高点，争夺国际科技竞争中的主导权，目标是提升国家综合实力，实现产业链延伸和价值链拓展，加速传统产业由数字化向智能化发展，推动产业升级迈向价值链中高端，支撑经济高速发展，改善社会民生。

本书带我们了解了移动通信技术如何从 2G 跟随、3G 突破、4G 同步发展至当前的 5G 领先，也为我们展示了 5G 规模化发展的路径及未来发展。5G 并不仅仅是通信技术，而是新型数字经济基础设施之首，承载起各行各业的数字化转型，带动数字经济的腾飞。

近年来，随着大数据、移动互联网、超级计算机、脑科学、传感器网络等新技术和社会经济的快速发展，AI 技术历经感知智能、感知增强和认知智能三大发展阶段，呈现出跨界融合、深度学习、人机协同、自主操控的新特征。

随着全球数字化转型的加速推进，5G、大数据、云计算、AI 等新一代信息技术与实体经济加速融合，各主要国家都围绕数字经济关键领域加快部署，聚焦科技创新、数字基础设施建设、数字产业链打造、数字化应用推广等，形成特色的数字化转型发展道路，推动传统产业升级演进。

在此背景下，中国也提出了多元战略促进产业健康发展的规划，出台了一系列政策支持。例如，将 5G 和 AI 列为战略性新兴产业，以 5G 和 AI 技术的演进和应用为基础，创新驱动发展，促进数字经济与实体经济深度融合。同时，中国的通信设备和制造企业在 5G 技术的研发和推广方面也取得了重大进展，进入全球 5G 技术领先者的行列。中国在 AI 领域也拥有世界上最大的数据量和最活跃的研究社区，这些为 AI 技术的发展提供了有力支持。

为了实现 5G 和 AI 技术的进一步广泛应用，我们的技术创新能力还需要进一步加强。与发达国家相比，我们在基础理论、核心技术等方面的研究还需要加大投入，创新能力和水平还有待进一步提高。我们需要加强基础研究和关键技术攻关，提高自主创新能力，整合全球资源，推动协同创新。我们需要优化和完善产业链支撑体系，形成产业集群效应，构建一个坚实可靠的产业生态链闭环，降低生产成本，提高产业竞争力。

总体而言，中国在发展 5G 和 AI 的过程中，需要全面考虑国内外的竞争环境和技术发展状况，加强自主创新和技术研发能力，完善产业链和产业生态，加强人才培养和教育体系建设。同时，我们还需要加强科普宣传和促进社会认知度的提高，让更多的人了解 5G 和 AI 技术的重要性和应用前景。只有这样，我们才能真正推动中国在 5G 和 AI 领域的持续发展，为人类社会的进步和发展做出更大的贡献。

中国工程院院士　北京邮电大学教授

2024 年 3 月

前　言

5G 和 AI 是当今科技领域两个极其热门的板块，二者融合发展已经成为未来科技发展的趋势之一。

移动通信领域是我国少数几个达到世界先进水平、形成万亿级市场规模、支撑经济社会发展的基础战略性领域之一。在过去十几年里，我国移动通信产业经历了从无到有、从小到大、从弱到强的发展历程，不断壮大。在经历了"2G 跟随、3G 突破、4G 同步"的发展后，我国移动通信产业核心技术取得了重大突破，整体水平显著提升，推动了信息消费的爆发式增长和数字经济的蓬勃发展。当前，我国正在向 5G 引领稳步迈进，已在 5G 网络覆盖、技术产业等方面形成了领先优势。

据研究，随着信息通信技术（ICT）广泛、深度融入制造业各环节、推进新型工业化发展，2024 年将开启 5G-Advanced（5G-A）的商用元年，5G 网络的运行能力和成本优化水平将进一步提升。5G-A 技术的出现将带来现有网络能力的 10 倍提升，毫秒级时延、厘米级高精度定位的能力使 AI 能够在各种场景下实现高效、稳定的数据传输和处理；与此同时，智能算力的不断提升使 AI 能够处理更为复杂的任务，更好地适应不断变化的现实环境，提高其准确性和可靠性，从而更好地满足人们对于智能化应用场景的需求。算力基础设施的不断完善也为 AI 的发展提供了坚实的基础，持续为 AI 大模型的能力提供动力。

AI 正在以更加丰富的应用形态和更加方便的使用方式深入赋能生产生活。无论是在工业制造、医疗健康、教育培训还是在智能家居等领域，都在 AI 推动下形成高度协同、互补发展的产业体系。在这样的体系中，各类企业和机构将共同推动 AI 大模型的发展，实现产业链的优化升级，从而推动产业高质量发展。

目前，5G 和 AI 已经在很多领域进行深度融合，加速数字化向智能化飞跃，如制造、港口、教育、医疗、电力等。与此同时，也暴露出一系列问题。首先是隐私保护和数据安全管理方面的挑战。随着 AI 大模型应用范围的不断扩大，数据安全和隐私保护成为一个不可忽视的问题。其次是生态体系不完善。目前，AI 和 5G 的生态体系还不够完善，需要进一步加强技术研发和产业合作，构建完整的生态系统。最后是相关的法律法规和监管机制不完善。随着 AI 和 5G 技术的不断发展，相关的法律法规和监管机制也需要不断完善，以确保 AI 和 5G 技术的发展能够更好地造福社会。

目 录

第二篇 人工智能，新发展阶段

第三篇 5G+AI，加速行业智能化

第一篇

5G 规模化发展

第 1 章　5G 推动全球数字化变革新发展

1.1　通信技术推动人类社会持续进步

人类社会作为一个群体性组织，人与人之间的信息交流是其存在和发展的基本需求。随着人类社会生产力的发展和对通信需求的变化，人与人之间通信的手段不断革新。从古代的飞鸽传书到近代的电话电报，再到如今的移动通信，通信技术的变革深刻地改变了人类的生产、生活和社会交往方式。据此，信息通信和材料、交通、动力供应系统等技术一起，在有关人类科学发展、技术进步、生产创新和经济增长的研究中，被列为对人类社会进步有革命性影响的重大通用目的技术。

在远古时代，人们通过肢体语言、口头语言交换信息，进行分工协作。随着社会的发展，人们对信息记录产生了需求，随后出现了文字、竹简和纸书。为了实现对国家、军队和社会的管理，人们又发明出烽火狼烟、驿马邮递、飞鸽传书等通信手段。1045 年前后毕昇发明活字印刷术，1450 年古腾堡发明金属活字印刷术，技术的革新推动了知识的普及。特别是后者，开启了欧洲的大规模印刷，在文艺复兴的大背景下，帮助人们打破了教会知识的垄断，带来了教育的普及，为工业革命奠定了基础。

随着第一次工业革命的开启，轮船、铁路等交通工具迅速发展，人们的活动和市场交易范围不断扩大，原有的书信等通信方式已无法满足人们对信息实时传递的迫切需求。1835 年美国画家莫尔斯经过研究，发明了世界上第一台有线电报机，人类开始进入电子通信时代。1876 年美国人亚历山大·格拉汉姆·贝尔发明了世界上第一部电话机，并于 1878 年成功地在相距 300km 的波士顿和纽约之间进行了人类首次长途电话实验。电报和电话技术作为一种全新的通信方式，使信息从传统的以人和物为载体的实体传播，转向了以电波信号为载体的电子传播，使人们突破了通信距离、时空限制，它们与其他交通运输工具形成合力，改变了人们的交易模式和生产组织形式，推动"世界经济一体化"的形成，极大地促进了工业社会的发展。

1969 年，互联网的出现再次对人类社会的信息交流技术开启一场划时代的革命。互联网技术与电子计算机技术、软件技术、数字通信技术等相互渗透，推动人类社会逐步从工业时代迈入崭新的信息时代。互联网降低了人们远距离传送大容量信息的成本，使得信息的全球传播和扩散变得更为便捷，让全球大规模协作生产变成现实，并由此推动世界进入第三次全球化，极大地改变了世界经济格局乃至地缘政治格局。同时，互联网极大地改变了信息的传播模式，逐渐对社会结构、政治结构等产生巨大影响。

移动通信技术诞生于 20 世纪六七十年代，经历了从 1G 到 5G 的发展历程。1983 年，1G 网络首次宣布投入商用，使用模拟通信技术实现了语音通信功能；1991 年，全球进入 2G 数字通信时代，2G 是窄带数字蜂窝系统，采用时分多址（Time-Division Multiple Access，TDMA）或码分多址（Code-Division Multiple Access，CDMA）技术；进入 21 世纪后，3G 时代智能手机出现，开启了由以话音业务为主向以数据业务为主的转变；2008 年，4G 时代开启，国际电信联盟无线电通信部门（ITU-R）指定一组用于 4G 标准的要求，即 4G 服务的峰值速率要求在高速移动的通信中达到 100Mbit/s，在固定或低速移动的通信中达到 1Gbit/s；2020 年，5G 标准制定完成，正式进入 5G 通信元年。通信技术逐渐与互联网技术融合，以其无处不在的特性促进了互联网的广泛普及，催生了智能手机、移动支付、移动商务、共享经济等移动互联网新产品、新业态、新模式。5G 和 4G 网络能力对比如图 1-1 所示。

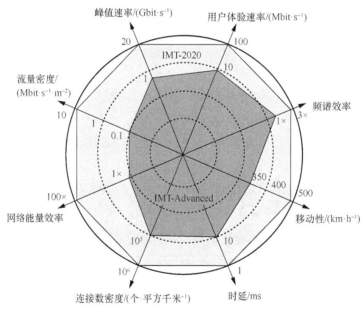

图 1-1　5G 和 4G 网络能力对比

5G 网络引入 IT 化技术实现网络功能的灵活高效和智能配置。通过采用网络功能虚拟化（Network Functions Virtualization，NFV）和软件定义网络（Software Defined Network，SDN）技术，进行网元功能分解、抽象和重构，5G 网络将形成由接入平面、控制平面和转发平面构成的 IT 化新型扁平平台。5G 网络平台可针对虚拟运营商、业务、用户甚至某一种业务数据流的特定需求配置网络资源和功能,定制剪裁和编排管理相应的网络功能组件,形成各类"网络切片"满足包括物联网在内的各个业务应用对 5G 网络的连接需求。集中化的控制平面则能够从全局视角出发,通过对地理位置用户偏好、终端状态和网络上下文等信息的实时感知、分析和决策,实现数据驱动的智能化网络功能、资源分配和运营管理。

1.2　全球迎来数字化转型新浪潮

当前,世界经济进入新旧动能转换时期,新一轮科技革命正在引发产业革命。新一代信息通信技术在世界范围内推动经济社会生产生活方式向数字化转型,数字化、网络化、智能化成为最重要的时代特征。

人类近代史的历次产业革命,主要解决的是生产不足的问题,关键途径是通过蒸汽、电力等物质化技术的创新与应用,叠加相应的管理变革、组织变革等,提升经济的全要素生产率。与之前产业革命所处时代不同,当前人类社会正加速进入生产过剩时代,需求日益个性化、多样化、动态化,高不稳定性、高不确定性成为鲜明特征。在这一新发展阶段,决定竞争成败的主导逻辑不再只是规模经济的大小、物质资源的多寡以及社会关系的强弱等,创新、敏捷、速度、韧性、动态能力、学习迭代等正在成为更加重要的决定因素。只靠资产密集、专用性强、灵活性低的物质化投入,无法满足这一竞争要求,必须依靠数据、信息和知识。数字化转型以数字技术体系为基础,通过数字空间与物理世界的深度融合和交互映射,构建起一个数据驱动的闭环优化循环,带动物质投入重新配置和组织管理体系变革重构,推动产业变得更加敏捷高效、更具活力韧性,开辟出了一条在不确定性世界中取得长期竞争优势的新路径。数字化转型的变革机理如图 1-2 所示。

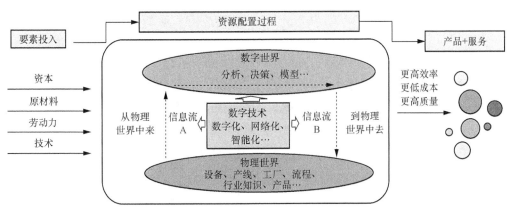

图 1-2　数字化转型的变革机理

数字化转型正进入加速发展新阶段，对企业、产业和经济竞争优势的决定性作用更加凸显。工业中应用数字技术来提升效率的历史可以追溯到 20 世纪五六十年代，服务业中数字技术的广泛应用可以追溯到 20 世纪 90 年代。但这一时期的需求条件、技术体系等多重因素决定了数字技术的应用以单点为主，以外围环节、交易领域为主。当今时代，以移动通信、物联网、大数据、云计算、人工智能等为代表的新一代信息通信技术加速融合发展，正为工业乃至全行业的数字化转型提供新的路径和方法论，将极大地降低数字化转型的成本和消除技术壁垒，拓展增加数字化转型的范围和深度，从而推动数字化转型进入加速阶段。叠加新冠疫情催化加速效应，加快推动数字化转型已经从可选项变为必选项，未来 10～15 年，整个经济社会的数字化转型将进入加速阶段。能否把握数字化转型历史机遇，将决定一个国家、一个企业在未来一段时期内的综合实力和竞争地位走势。

世界各国高度重视数字化转型，均希望通过构建数字战略框架、制定适应数字化转型发展的政策，推动本国数字化转型步伐，发展数字经济，全面促进经济可持续发展。中国亦将加快数字化发展置于最高战略层面，并将其列入《中华人民共和国国民经济和社会发展第十四个五年规划和 2035 年远景目标纲要》（以下简称《"十四五"规划纲要》）。2021 年10 月 18 日，习近平总书记在主持中央政治局第三十四次集体学习时，进一步强调要把握数字经济发展趋势和规律，推动我国数字经济健康发展。习近平总书记指出，要站在统筹中华民族伟大复兴战略全局和世界百年未有之大变局的高度，统筹国内国际两个大局、发展安全两件大事，充分发挥海量数据和丰富应用场景优势，促进数字技术与实体经济深度融合，赋能传统产业转型升级，催生新产业新业态新模式，不断做强做优做大我国数字经济。数字化转型已成为全球共识和大势所趋。

1.3　数字化转型机遇

数字化转型浪潮正以加速态势进入千行万业战略发展主航道，这也为 5GtoB 规模化推广提供了广阔舞台。中国数字经济规模持续增长，在国内生产总值（Gross Domestic Product，GDP）中的占比稳健提升，预计到 2025 年，中国数字经济规模将增长到 65 万亿元、年均复合增长率超 10%、占 GDP 比重超 50%。加快 5GtoB 规模推广，首先需要精准把握数字化转型的"新使命""新要求""新趋势"，乘势而为。

数字化转型之"新使命"。当前，全球数字经济蓬勃发展，以数字化、网络化、智能化为核心特征的新一轮科技革命和产业变革将重构全球创新版图和经济结构，赋予数字化转型"新使命"。世界主要国家紧紧抓住数字技术变革机遇，抢占新一轮发展制高点，把数字化作为经济发展和技术创新的重点，是否适应和引领数字化发展将成为决定大国兴衰的关键。

数字化发展成为构建新发展格局的关键支撑。当前，我国经济已由高速增长阶段转向高质量发展阶段，以数字经济为代表的新动能加速孕育形成。数字化发展既有利于加快推动形成"双循环"相互促进的新发展格局，有效应对日益复杂的国际环境、保障我国经济体系安全稳定运行，又有利于拓展经济发展新空间、推动经济高质量发展。同时，为更好地满足人民群众对更高水平公共服务的期待和需求，必须加快数字化发展，缩小数字鸿沟，有效创新公共服务提供方式，增强公共服务供给的针对性和有效性，依托现代信息技术变革治理理念和治理手段，全面提升政府治理效能，让亿万人民在共享数字化发展成果上有更多获得感。

数字化转型之"新要求"。数字化转型已提升为国家战略，党中央、国务院高度重视数字化发展和数字经济，多次做出系列重大战略部署，全方位推进数字中国建设。《"十四五"规划纲要》专篇提出"加快数字化发展 建设数字中国"，并系统部署激活数据要素潜能，加快建设数字经济、数字社会、数字政府，以数字化转型整体驱动生产方式、生活方式和治理方式变革。

各级政府深入推进数字化发展。相关部门贯彻落实党中央、国务院决策部署，推进数字化转型落地。工业和信息化部（以下简称工信部）提出一体化算力网络、5G 应用扬帆计划、"双千兆"协同发展、东数西算工程，完善数字化转型基础；国务院国有资产监督管理委员会（以下简称国资委）部署推动国有企业数字化转型行动，积极发挥国有企业示范效应；国家发展和改革委员会（以下简称发改委）提出"上云用数赋智"，助推中小微企业数字化转型发展。地方政府均出台了数字经济专项政策，近 200 个城市成立了数字经济管理机构，构建数据资源体系，打造数据基础设施，统筹推动城市整体数字经济发展进程。

数字化转型之"新趋势"。我国乘势而上开启全面建设社会主义现代化国家新征程、向第二个百年奋斗目标进军，未来 10～15 年是我国数字化转型发展的重要战略机遇期，需要准确把握数字化转型"新趋势"。

数据要素成为推动经济高质量发展的关键生产要素。数据作为一种可复制、可共享、潜在价值巨大的新型生产要素，是基础性资源和战略性资源。《关于构建更加完善的要素市场化配置体制机制的意见》首次将数据升级定义为关键生产要素。随着数字经济发展，数据要素市场化将全面推进，数字化转型要注重激发数据要素效能，挖掘数据"富矿"价值，盘活数据资产，释放数据对提质增效和业务创新的倍增作用。

数字基础设施全面加速赋能经济社会数字化转型。5G、工业互联网、人工智能等新技术融合应用，将不断催生新场景、新模式、新业态。国家系统部署、适度超前建设新型数字基础设施，打造经济社会发展的基石，充分发挥数字基础设施"头雁效应"，促进全领域数字化转型。

数字产业化将向"技术+平台+应用"的数字化生态发展。以 5G、电子制造、软件、互联网、物联网、大数据、人工智能等为代表的数字产业将高速发展，同时千行万业利用数字产业化技术实现产业的数字化渗透、交叉和重组，进一步形成集资源、融合、技术和服务于一体的数字产业生态系统。产业数字化将向场景化、专业化、平台化和智能化升级。在 5G、大数据、云计算、人工智能等数字技术的赋能下，各行业数字化生产将向专业化纵深发展，生产性服务业将向专业化和价值链高端延伸。数字技术创新应用，促使产业数字化转型迈向"万物互联、数据驱动、平台支撑、软件定义、智能主导"的新阶段。

积极拥抱数字化，成为业界共识和企业转型升级的必经之路。对于企业而言，数字技术不仅作为生产工具为传统生产提质增效赋能，也将作为管理工具将"数据+算力+算法"形成的智能决策渗透到组织运营的方方面面，推动新型业务、能力与组织模式的重构，促进企业价值的不断提升。

1.4 5G 激活产业变革新潜能

自 2019 年开始，全球进入 5G 商用普及阶段，移动通信技术革命与新一轮产业革命形成历史性交汇。5G 作为关键使能技术，成为新一轮产业革命构筑经济社会发展新基石，为千行万业的数字化转型提供新方式、新方法和新路径，助力释放产业变革和数字化转型潜力，实现社会生产力的大解放和生活水平的大跃升，加速新一轮产业革命进程。5G 带动经济社会数字化发展如图 1-3 所示。

图 1-3 5G 带动经济社会数字化发展

5G 为各行各业的数据集成提供关键技术支撑。数据的有效采集是各行业数字化、网络化、智能化进程的起点。5G 可以随时随地连接终端，并以其独有的大连接、低时延、高带宽的特点，有效满足各类终端海量数据实时回传的要求，实现生产、服务和管理数据的群采群发，并结合大数据、人工智能等技术实现不同结构数据的标准化转换、识别、处理、计算和反馈。5G 正在成为连接数字世界和物理世界的关键纽带。5G 赋能全产业链如图 1-4 所示。

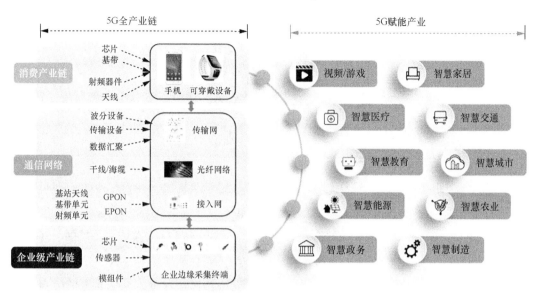

图 1-4 5G 赋能全产业链

5G 为生产方式无人化、智能化提供可靠路径。随着我国人口红利的消失及劳动力成本的升高，打造数字化、无人化、智能化的企业是未来产业升级和进步的必由之路。5G 可以为企业生产方式的改变提供多方面支持：一是 5G 助力实现生产的高精度实时检测，5G 可以实现多路超高清视频灵活接入，可结合机器视觉技术用于产品检测和自动化生产线，进行在线监测、实时分析和实时控制；二是 5G 帮助实现低成本、远距离和大范围的远程控制和移动设备联动，5G 网络的高传输速率和高可靠性能，能够在保障安全性的同时降低远程控制设备的安装、调试和维护成本，也能保证无人移动设备与控制台之间的有效连接；三是 5G 技术提升生产线柔性化能力，5G 网络使生产设备可以通过云端平台实现无线连接，进行功能的快速更新拓展，以及自由拆分、移动和组合，提高生产线的灵活部署能力；四是 5G 助力无人巡检、远程监控等方式，为企业实时在线监测提供新方式。

5G 为新产品新业务的发展提供广阔空间。在生产领域，5G 将与边缘计算、云计算、人工智能等技术深度融合，为产品赋能，将会催生一批远程、无人化或自动化的新技术和新产品，如 5G 网联无人机、5G 远程工程机械车、5G+无人农机、5G+自动驾驶等。在生活领域，5G 网络将为消费级应用带来云边端一体、多端协同、广泛互联的三大能力，拓宽消费级终端和应用创新空间。例如，基于 5G 的云边端一体能力将大力推动超高清、虚拟现实/增强现实（Virtual Reality/Augmented Reality，VR/AR）等技术成熟，有望带领人们进入一个身临其境的全新虚拟世界，推动人们的生活、娱乐、教育等发生革命性的变化。再如，5G+广泛互联的能力则有望将人们带入智能家居、智能健身等新场景里。

未来，随着 5G 技术更广泛、深入地融合人们生产生活的方方面面，5G 将重塑传统产业的发展模式，并逐步创造新的需求、新的服务、新的商业模式，充分释放数字化转型的潜力，全面激发经济社会变革发展的新动能。

第2章 全球5G发展现状

全球 5G 商用持续升温，目前全球已有 300 多家运营商推出一种或多种 5G 商用服务。全球移动供应商协会（GSA）数据显示，截至 2023 年 11 月，109 个国家/地区的 294 家运营商提供 5G 业务（含移动和固定无线服务）。随着 5G 商用不断向欠发达地区扩展，5G 网络已基本遍布全球，2023 年以来，全球 5G 商用国家/地区累计新增 11 个，其中 6 个位于非洲；网络累计新增 29 个，其中 14 个位于非洲，全球 5G 商用网络及各大洲年新增情况如图 2-1 所示。随着商用推进，全球 5G 人口覆盖率逐年攀升，截至 2023 年 9 月，5G 网络已覆盖 36.9% 的人口，同比提高了 6.4%，已有 60 个国家/地区的 5G 网络人口覆盖率超过 50%，占全球部署 5G 网络国家/地区总数的 58%，其中 29 个国家/地区的人口覆盖率超过 90%。预计到 2026 年，全球 5G 人口覆盖率超过 50%。全球 5G 网络人口覆盖率如图 2-2 所示。

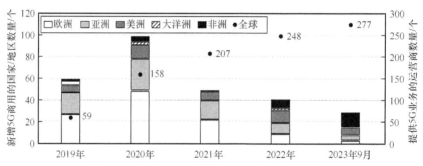

图 2-1 全球 5G 商用网络及各大洲年新增情况

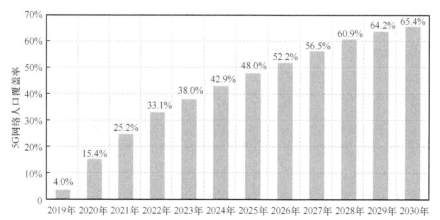

注：2024—2030年为预测值

图 2-2 全球 5G 网络人口覆盖率

从网络类型来看，全球 5G 网络建设仍以非独立组网（NSA）为主，据 GSA 数据，截至 2023 年 9 月，约 53 个国家/地区的 112 家运营商投资（包括试验计划、实际部署）5G 独立组网（SA）商用网络，占投资 5G 运营商总数（544 家）的 20.6%。5G SA 商用部署情况如表 2-1 所示。

表 2-1　5G SA 商用部署情况

区域	2020 年	2021 年	2022 年	2023 年 1—9 月
大洋洲		澳大利亚-TPG	澳大利亚-Optus	
非洲				尼日利亚-Mafab
美洲	美国-T-Mobile	加拿大-Rogers	巴西-Claro Brasil	巴西-Brisanet
		加拿大-Bell(BCE)	巴西-Telefonica	美国-Uscellular
		加拿大-Xplornet	巴西-TIM	美国-Comcast Corp
			美国-Verizon	美国 AT&T
欧洲	瑞士-Sunrise	德国-Vodafone	奥地利-3 Austria	丹麦-TDC
	瑞士-Swisscom	德国-O2 (Telefonica)	保加利亚-A1 Bulgaria	西班牙-Orange
	瑞士-Salt	芬兰-DNA	德国-德国电信	西班牙-Telefonica
	西班牙-Vodafone	意大利-Linkem	芬兰-Telia	英国-Vodafone
			拉脱维亚-Tele2	
亚洲	泰国-AIS	菲律宾-PLDT	巴林-STC(viva)	阿联酋-Etisalat
	中国-中国电信	韩国-KT	菲律宾-Globe Telecom	
	中国-中国联通	科威特-STC(Viva)	科威特-Zain	
	中国-中国移动	日本 -NTT DoCoMo	日本-KDDI	
	中国-中国移动香港公司	日本-Softbank	沙特阿拉伯-Zain	
		日本-乐天移动	中国-中国广电	
		新加坡-M1	印度-Reliance Jio	
		新加坡-Singtel		
		新加坡-StarHub		

从应用发展来看，5GtoC 应用仍在发展初期，应用和内容缺乏足以引发"爆点"的特质，运营商通常采用终端促销、差异化资费以及专注特定客户体验、提供沉浸式娱乐等内容和应用服务的创新模式吸引用户开通 5G。扩展现实（Extended Reality，XR）、高清、沉浸式体验是发展关键词，运营商主要提供 4K 流媒体、游戏、比赛演出的直播与互动、VR/AR 等休闲娱乐应用，运营商提供的主要 5G 内容及应用服务如图 2-3 所示。

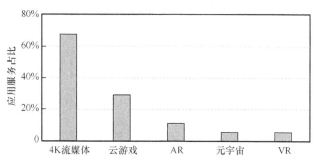

图 2-3　运营商提供的主要 5G 内容及应用服务

2022 年以来，5G 行业应用部署有所加速，并在多个领域落地开展。工业互联网、文体活动、医疗健康、智慧交通是开展 5G 应用较为集中的领域。综合考虑应用覆盖行业、场景应用落地等情况，各国 5G 行业应用仍处在发展初期，处于广泛验证示范阶段，但可大规模复制的成熟应用较少。

目前，主要国家/地区的政府和监管部门认识到 5G 给经济社会带来的巨大发展机会，通过战略布局、设立项目等多种方式，结合本国优势领域，建立包容性 5G 应用创新环境，促进 5G 技术在垂直行业中的采用，培育应用产业生态，力图以 5G 技术带动经济社会的数字化转型。韩国政府通过战略计划对 5G 应用发展进行顶层布局，通过定期检查评估对计划进行完善并加速应用推进。美国注重国家在 5G 技术领域的优势，通过具有行业指导作用的综合战略《5G 快速计划》对全面推进 5G 网络建设做出战略部署。欧洲从国家和产业层面发力，推动 5G 应用发展，通过发布政策和系列项目，循序推进 5G 行业应用，构建了 5G 与垂直行业融合应用的清晰路径。日本通过顶层设计布局 5G 应用，在"构建智能社会 5.0"的愿景下，积极推动 5G 与先进技术的相互促进、融合发展，大力推进 5G 早期规模部署及在重点领域应用拓展。

作为全球第一批进行 5G 商用的国家，我国自 2019 年 6 月颁发 5G 牌照以来，聚焦行业级应用，经过 4 年多的培育发展，部分行业级应用已开始在先导行业复制推广，新型行业应用支撑产业体系也初步建立。这标志着中国 5G 商用发展正在进入正向循环阶段，在创新应用开发和产业生态营造方面迈出了坚实的步伐。

2.1　中国

2.1.1　中国 5G 商用情况

移动通信领域是我国少数几个实现全球领先、形成万亿级市场规模、支撑经济社会发展的基础性、战略性领域。我国移动通信产业从无到有、从小到大、从弱到强，不断壮大，历经"2G跟随、3G 突破、4G 同步"，核心技术取得重大突破，产业整体水平显著提升，推动了信息消费的爆发式增长和数字经济的蓬勃发展，我国移动通信发展历程如图 2-4 所示。2019 年 10 月31 日，三大运营商公布 5G 商用套餐，并于 11 月 1 日正式上线 5G 商用套餐，标志着中国正式进入 5G 商用时代。5G 移动通信技术在提升峰值速率、移动性、时延和频谱效率等传统指标的基础上，新增用户体验速率、连接数密度、流量密度和网络能量效率 4 个关键能力指标。当前，我国正在向 5G 引领稳步迈进，已在 5G 网络覆盖、技术产业等环节形成领先优势。

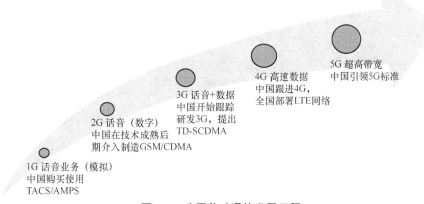

图 2-4 我国移动通信发展历程

5G 商用迈入第 5 年，数字中国政策体系逐渐完善，信息通信业整体呈现蓬勃发展态势。工信部数据显示，2023 年，电信业务收入同比增长 6.2%，电信业务总量同比增长 16.8%，电信业务成为赋能经济增长的一个重要支撑。累计建成 5G 基站 337.7 万个，具备千兆网络服务能力的端口达到 2302 万个。5G 移动电话用户达 8.05 亿户，5G 网络接入流量占比达47%，全国行政村通 5G 比例超过 80%。融合应用广度和深度不断拓展和加深，5G 行业应用已融入 71 个国民经济大类，应用案例数超 9.4 万个，5G 行业虚拟专网超 2.9 万个。5G应用在工业、矿业、电力、港口、医疗等行业深入推广。

5G 技术标准持续演进，为千行万业提供数智化支撑。目前，5G 标准已发展至 Release18（Rel-18）版本的制定阶段，标志着 5G 正式进入 5G-Advanced（5G-A）演进阶段。5G-A 预计将持续演进到 Rel-19 和 Rel-20 等多个版本，旨在围绕"万兆泛在体验，千亿智慧联接，超能绿色业态"，为千行万业数智化转型提供重要支撑。目前，3GPP Rel-18 标准已于 2021 年12 月正式启动，主要围绕上行容量增强、覆盖增强、确定性网络、无源物联网、XR 和媒体服务支持等技术开展研究，预计将于 2024 年 6 月冻结。

2023 年 8 月，工信部发布《关于推进 5G 轻量化（RedCap）技术演进和应用创新发展的通知（征求意见稿）》，提出到 2025 年，5G RedCap 产业综合能力显著提升，新产品、新模式不断涌现，融合应用规模上量，安全能力同步增强。5G RedCap 示意图如图 2-5 所示。

图 2-5   5G RedCap 示意图

5G 产业链持续增长，新型支撑体系初步形成。随着 5G 技术与经济社会各行业融合发展不断深入，传统 5G 网络产业链催生了新的环节，从而逐步形成了由五大板块组建的 5G 应用产业链，分别是终端产业链、网络产业链、平台产业链、应用解决方案产业链和安全产业链。终端产业链新增行业特色类产品，仍须突破成本及技术瓶颈，解决市场碎片化问题。网络产业链新增融合技术与行业轻量化网络设备，仍须突破定制化程度和运维瓶颈，解决网络规模化部署问题。平台产业链新增运营平台与边缘平台，仍须突破通用共性平台瓶颈，构建 5G 应用平台生态。应用解决方案产业链新增 5G 行业融合应用部分，仍须持续创新丰富应用场景，加速 5G 与行业融合应用进程。安全产业链新增行业安全，仍须突破技术与产品设计瓶颈，形成跨行业认证的 5G 应用安全体系。

2.1.2   中国 5G 推动政策

"十四五"时期是中国开启全面建设社会主义现代化国家新征程的第一个五年，也是中国 5G 规模化应用的关键时期。《"十四五"规划纲要》将 5G 发展放在一个重要位置，提出要"加快 5G 网络规模化部署，用户普及率提高到 56%"，并指出要"构建基于 5G 的应用场景和产业生态"，设置数字化应用场景专栏，包括智能交通、智慧能源、智能制造、智慧农业及水利、智慧教育、智慧医疗、智慧文旅等 10 类应用场景。

为全面贯彻落实党中央、国务院决策部署，工信部在信息通信业"1+2+9"规划体系中强化 5G 发展引导，制定《"十四五"信息通信行业发展规划》，明确 5G 未来 5 年重点任务和目标。工信部编制发布《关于推动 5G 加快发展的通知》《"双千兆"网络协同发展行动计划（2021—2023 年）》《"5G+工业互联网"512 工程推进方案》，从网络建设、应用场景、产业发展等方面加强政策指导和支持，引导各方合力推动 5G 发展。

2021 年 7 月，工信部等十部门共同出台《5G 应用"扬帆"行动计划（2021—2023 年）》（以下简称《行动计划》）。《行动计划》提出了 8 个专项行动 32 个具体任务，从面向消费者（toC）、面向行业（toB）以及面向政府（toG）3 个方面明确了未来 3 年重点行业 5G 应用发展方向，涵盖了信息消费、工业、能源、交通、农业、医疗、教育、文旅、智慧城市等 15 个重点领域，对于统筹推进 5G 应用发展、培育壮大经济社会发展新动能、塑造高质量发展新优势具有重要意义。同时，为加快推进《行动计划》的实施，及时总结分享全国推动 5G 建设和应用发展的经验成果，引导各地继续加大对 5G 建设发展的政策支持，工信部组织开展 5G 应用项目申报及典型案例征集工作。工信部联合教育部、国家卫生健康委员会组织开展"5G+智慧教育""5G+医疗健康"应用试点项目的申报工作，促进 5G 与各个领域融合创新发展。鼓励各地方政府、相关部门、基础电信企业继续通力合作，进一步创新实践，加快推进我国 5G 网络集约化建设，为 5G 高质量发展保驾护航。

2023 年 1 月，全国工业和信息化工作会议召开，提出 2023 年出台推动新型信息基础设施建设协调发展的政策措施，加快 5G 和千兆光网建设，完善工业互联网技术体系、标准体系、应用体系，推进 5G 行业虚拟专网建设。5 月，工信部等十四部门联合印发《关于进一步深化电信基础设施共建共享 促进"双千兆"网络高质量发展的实施意见》，提出要推进"双千兆"网络统筹集约建设，强化 5G 基站站址及机房、室内分布系统的建设需求统筹，严格杆路、管道、机房、光缆、基站接入传输线路等设施的共建共享流程，支持 5G 接入网共建共享，推进 5G 异网漫游。

全国各地政府积极释放政策红利。各地政府积极创造有利条件，因地制宜，结合地方经济产业特点，明确 5G 产业和重点应用发展方向和目标，为 5G 高质量建设保驾护航。近两年，各省市陆续出台 5G 专项行动计划，就加快 5G 网络建设提出了明确任务。

2.1.3　中国 5G 应用发展情况

当前 5G 行业应用正从"试水试航"走向"扬帆远航"，5G 行业应用已经完成从"0"到"1"的突破，驶入"快车道"。5G 技术快速融入千行万业，应用呈现千姿百态。中国信息通信研究院（以下简称中国信通院）根据第六届"绽放杯"5G 应用征集大赛数据统计，全国 5G 应用创新项目已超过 4.5 万个，参赛项目数量较 2022 年增长 60%，5G 应用质量和水平大幅提升。其中智慧城市、工业互联网、智慧医疗、智慧教育、公共安全、文化旅游领域的参赛项目数量位居前列。

2023 年已实现"商业落地"和"解决方案可复制"的项目数量占比超六成，与 2022 年相比进一步提升并逐步趋于稳定。2023 年实现了"解决方案可复制"的项目数量超过 6300 个，与 2022 年的近 4000 个相比增长近 60%。

随着行业对 5G 需求和价值的认识逐步提升，基础电信企业通过组建"行业军团"为行业用户提供端到端解决方案，不断丰富行业产品体系，提升产业数字化核心能力，带动 5G 行业应用服务能力提升，5G 加速从龙头企业渗透至中小企业。截至 2023 年 10 月月底，我国 5G 行业应用企事业单位数量近 30000 家，在全国 2149 家医疗机构、6948 家工厂企业、691 家采矿企业、547 家电力企业中得到商业应用，助力行业提质、降本、增效、绿色、安全发展。5G 与各领域融合不断扩面，已融入 97 个国民经济大类中的 71 个，在工业、采矿、电力、港口、医疗等行业实现规模复制，水利、建筑、纺织等领域正加速推动 5G 应用探索。其中，工业领域的 5G 应用从视频巡检等外围环节向研发设计、生产制造、运维管理、产品服务等核心环节稳步拓展，涌现出机器视觉质量检测、现场辅助装配等二十大典型场景。电力领域的 5G 应用已从"输送"环节的无人巡检覆盖到"发、输、变、配、用"五大环节。全国 25 个主要沿海港口中的 5G 应用比例达 92%，在二十强煤炭和钢铁企业中的应用比例分别达到 95% 和 85%，正在从头部企业向产业链上下游的中小微企业扩散。随着 5G 应用项目在各地的商业落地和规模化应用，基础电信企业 5G DICT（云和大数据技术（DT）、信息技术（IT）、通信技术（CT）深度融合的智能应用服务）合同额已超千亿元，5G 应用赋能效应加速显现。

2.2 韩国

2.2.1 韩国 5G 商用情况

韩国致力于 5G 商业化全球领先，2018 年平昌冬奥会试商用 5G，并以此为 5G 创新应用起点，布局 5G 创新应用蓝图。2018 年 6 月韩国完成 3.5GHz 和 28GHz 频段频谱拍卖。2018 年 12 月 1 日，在政府推动下，韩国 SKT、KT 和 LG U+ 3 家运营商同时推出面向企业用户的 5G 业务，2019 年 4 月 3 日，这 3 家运营商在 17 个重点地区面向手机用户开通 5G 移动服务，5G 网络覆盖 85 个城市的人口密集地区。

Omdia 数据显示，截止到 2023 年 6 月月底，韩国 5G 用户总数自 2019 年 5G 商用以来首次突破 3000 万个，与 2022 年相比，用户市场同比增长 25%，这意味着自 2019 年 5G 商用以来 5G 用户稳定增长。根据韩国科学技术信息通信部（MSIT）的统计数据，在韩国 8020 万个移动用户中，有 38% 是 5G 用户。从移动运营商的角度来看，SKT 的 5G 用户数量最多，为 1470 万个，其次是 KT 和 LG U+，分别为 930 万个和 670 万个。总体而言，韩国三大运营商已在 85 个城市部署了约 11.5 万个基于 3.5GHz 频段的 5G 基站，覆盖了大部分城区。

韩国为尽快实现 5G 商用化，采用了 5G 和 4G 共同组网的模式建设 5G 网络。尽管这一模式在快速建设网络方面有优势，但随着 5G 用户数的增加，对原有 4G 网络速度的负面影响正逐渐显现。另外，韩国运营商在力推 5G 的同时，未能及时维护农村地区的老旧 4G 基站等基础设施，这也影响了当地 4G 用户的网速。目前韩国运营商已经着手建设 5G SA 网络，一方面可以更好地服务于大众市场，另一方面也有助于运营商向垂直行业提供服务，受投资规模等限制，预计 5G SA 实现规模商用化还需一段时间。

韩国高度重视 5G 应用，发展初期尤其重视消费者 5G 应用业务，三大运营商（SKT、KT、LG U+）以"5G+文娱"为消费侧突破口，积极培育 VR/AR、云游戏、4K 高清视频等优势内容产业，打造了基于体育和偶像资源的大流量应用服务。AR/VR、游戏、4K 高清视频等大流量应用推动韩国 5G 网络流量快速增长。从人均使用数据流量来看，5G 用户的平均每户每月上网流量（DOU）远远超过了 4G 用户。2023 年 1 月韩国 5G 用户 DOU 就已达到了 26.8GB/户，是 4G 用户的 3.6 倍。

2.2.2　韩国 5G 推动政策

韩国是较早制定 5G 战略的国家，通过统筹规划布局、直接资金投入、加大研发力度、促进共建共享、减税等举措，牵引韩国 5G 快速发展，最终比预期提前一年实现 5G 商用。5G 商用后为了促进产业生态成熟，创建最好的 5G+融合生态系统，韩国发布第二份 5G 战略，主要包括加快网络部署、提升服务质量以及促进 5G 与其他产业融合等政策。

2013 年 12 月，韩国未来创造科学部发布"5G 移动通信先导战略"，提出计划在 2020 年开始提供 5G 商用服务，预计到 2026 年，韩国将累计创造出 476 万亿韩元的 5G 设备市场和 94 万亿韩元的消费市场。为了发展 5G 产业，韩国未来创造科学部在 2013—2020 年向技术研发、标准化、基础架构等领域集中投资 5000 亿韩元，组建产学研 5G 推进组推动 5G 与各产业的融合。

2018 年 4 月，MSIT 公布一系列措施推动尽早实现 5G 商用，包括修订立法，允许运营商更多地进入当地政府管理的设施（如路灯和交通设施），以便安装移动基础设施。移动运营商承诺共享现有资产，如管道和电线杆，用于 5G 初期部署，以及共同建设 5G 服务所需的新设施（包括沙井和管道等线路设施）。

在全球首个 5G 商业化的基础上，2019 年 4 月，MSIT 发布《实现创新增长的 5G+战略》，在全国系统性地推进 5G+融合服务，致力于促进相关新兴产业发展，引领全球市场。该战略提出"推进国家 5G 战略，以创建世界上最好的 5G 生态系统"，战略目标是到 2022 年，政府和私营部门将共同投资超过 30 万亿韩元并建立全国性的 5G 网络，到 2026 年在相关行业创造 60 万个就业机会、实现 180 万亿韩元生产总值和 730 亿美元的出口规模。

2020 年 4 月，韩国 5G+战略委员会发布《5G+战略发展现状及未来计划草案》，提出为全面、切实培育 5G+战略产业，政府将投入约 6500 亿韩元，挖掘和推广融合服务，加快监管创新和成果产出，同时建立定期检查的评估体系。为加快产业发展，韩国推出多个领域的 5G+创新项目，包括建立 200 个 5G 智慧工厂；推动数字医疗试点项目，奠定 5G+AI 紧急医疗系统基础；完成试点城市智能城市服务的示范；促进 5G-V2X（Vehicle to Everything）基础设施（认证服务和测试床建设）发展，增强技术竞争力；夯实车辆–云基础设施融合自动驾驶核心技术基础；推进新的 "$XR+\alpha$" 项目（XR=VR+AR+混合现实（Mixed Reality，MR）），将 XR 内容纳入公共服务、工业和科学技术领域等。

2021 年 1 月月底，韩国发布了 "2021 年 5G+战略促进计划" 和 "基于 MEC 的 5G 融合服务激活计划"，通过审查评估政策，加强执行力，把 2021 年打造成创建全球最佳 5G+融合生态系统的元年，通过振兴领先的 5G 服务来培育新产业。重点推进方向是通过消除法律和机构上的 "顽石"，助力企业发展，并为 5G+战略产业的发展奠定基础，尽早构建5G 融合生态系统。具体包括如下几个方面。

（1）推进全国 5G 网络部署，让全民享有世界顶尖水平的 5G 服务。MSIT 确定了 2022 年前 5G 网络覆盖全国的目标，主要措施包括在主要城镇和村庄以及 85 个城市的主要行政大楼、地铁和韩国高速列车（KTX）站、4000 个多用途设施等部署 5G 网络；制定 "农村 5G 漫游计划"，实现 3 个移动运营商之间网络共享，以便农村地区可以使用 5G 服务；将 5G 投资的税收抵免从 2020 年的最高 2％提高到 3％；加强 5G 质量评估，并将注册和许可税降低 50％。

（2）发展 5G 融合服务及设备，确保可持续的 5G 竞争力。以 5G+核心服务领域为中心，计划 2021 年投资 1655 亿韩元，促进各部委协作，推进 5G+创新工程，为技术开发、验证、普及、发展等提供支持；使用基于移动边缘计算（MEC）的公共服务，探索初期市场引导模式，通过采用专用网络、新型服务来扩大 5G 服务市场；通过支持全周期设备开发（模块及终端开发、支持基础设施建设、激活服务、普及、发展等）来发展设备产业。

（3）引领全球生态系统，实现 5G 走向世界。加强与主要国家进行全球合作，同时大力支持韩国企业在主要国家和新兴全球市场发展，实现海外拓展。

（4）强化可持续增长的基础，实现可持续发展的 5G+战略产业。为 5G+战略产业提供必要的无线频谱资源，并加强管理体制、人才培训等战略性产业基础建设。

2021 年 8 月 MSIT 公布《5G+融合服务推广战略（计划）》，制定了 5G+融合业务拓展实施方案，明确具体任务及相关责任政府机构的实施时间表。推广战略目标包括将 5G 技术融入远程教育、工业安全、灾害应对等重点领域，创造让人们感受得到的成果，通过开通专网、将 5G 网络优先应用于政府扶持项目等方式全面推广 5G+融合服务。从应用场景、企业数量、技术水平等方面设置定量预期效果，引导 5G+融合应用的培育和规模发展，并将积极开拓海外市场。具体目标包括如下两个方面。

（1）普及 5G 应用，催生新兴服务业。5G+应用现场从 2021 年的 195 个增加到 2023 年的 630 个，2026 年预计达到 3200 个；解决社会问题的新型服务从 2021 年的 1 个增加到 2023 年的 5 个，2026 年预计达到 11 个。

（2）5G+融合全面普及，产业创新加速。5G 专业企业的数量从 2021 年的 94 家增至 2023 年的 330 家，2026 年预计达到 1800 家；5G+技术水平从 2021 年的 84.5%增至 2023 年的 88%，2026 年预计达到 95%。

2.2.3　韩国 5G 应用发展情况

韩国高度重视 5G 应用发展，在商用初期着力布局 toC 业务，通过创新业务模式、优化套餐设置、丰富应用权益等多种举措，着力打造基于优势内容产业的"杀手级"应用，逐步形成商业闭环。

基于韩国文化娱乐、体育、游戏等产业发达的特点，韩国运营商深挖用户需求及兴趣点，依托其高质量网络，重点布局面向消费者的高清视频、VR/AR 和云游戏等优势内容业务。

VR/AR 已经广泛应用于体育赛事直播、演出、游戏以及健身、购物、社交、图书馆等多个领域。例如，韩国运营商 SKT 推出了 Jump VR（通过手机屏幕参观英雄联盟公园的电子竞技体育场）、LCK AR Live Broadcasting（通过 360°VR 摄像机近距离观看电子竞技比赛）和 VR Replay（从游戏角色的角度观看 360°的战斗场景）等业务，为用户在观看电子竞技游戏时提供逼真的沉浸式体验。SKT 还开启了名为"虚拟社交世界"的 5G VR 社交服务。韩国另一大运营商 LG U+推出 VR 直播、AR UGC（用户生成内容）、AR 导航、AR 图书馆等新 VR/AR 应用，XR 体验类别达上千种，涵盖戏剧演出、购物、体育锻炼、教育和社交等诸多领域，通过打造 MR+AI 的技术平台和生态，创造出无处不在的虚实结合的智慧生活，如"U+Idol"向用户提供韩国偶像艺人的视频直播并提供不同视角的特写镜头；"U+Baseball"提供棒球赛事直播，不仅可以选择多机位切换画面，还可以针对精彩瞬间在屏幕上进行 360°拖拽，极大丰富用户体验。

云游戏是一项用户可能愿意为高速率和低时延支付高价的应用，对早期 5G 推广非常重要。韩国运营商通过与专业游戏公司合作，相继推出基于 5G 的云游戏服务，并利用线下途径扩大用户范围，为用户提供去硬件化的游戏体验。韩国电信公司 KT 与云游戏技术公司 Ubitus 合作建立 5G 游戏流媒体平台，SKT 与微软合作推出基于 5G 网络的云游戏流媒体服务，LG U+向 5G 用户提供基于 NVIDIA GeForce NOW 云游戏平台的服务，在韩国 100 家直营店开设"云游戏体验区"。

韩国运营商非常重视内容生态建设。一方面，运营商与内容提供商增值内容捆绑，在体育赛事直播、独家 AR/VR 游戏等上以差异化 5G 服务内容吸引新客户并加速 4G 用户向

5G 转化。例如，运营商大多与本国职业棒球赛事、高尔夫球赛事和电竞赛事合作，推出 5G 环境下的即时高清和自由视角的赛事转播内容。另一方面，运营商采取与内容制作商合作、自主研发生产等方式，在 VR/AR、云游戏等优势内容产业持续投入和创新，扩张全球内容生态。例如，LG U+与初创公司 Spatial、AR 设备生产商 Nreal 和高通等多家外国公司合作开发基于 5G 通信的增强现实（AR）协作解决方案；SKT 与微软合作推出混合实景拍摄工作室 Jump Studio，利用先进的体积视频技术，低成本、快速生产 3D 全息视频等混合现实内容，不仅丰富现有 VR/AR 内容库，还将进军国际 MR 市场，为欧洲、美洲和亚洲国家的运营商提供高质量的内容。

此外，韩国运营商积极开展海外合作，共同构建和分发优质内容，在扩张海外市场的同时进一步巩固了韩国在 5G 内容产业领域的领先地位。例如，LG U+已累计出口价值 1000 万美元的 5G 内容产品，与中国电信等运营商签署合同，提供 5G VR 内容和解决方案，并牵头成立了全球 XR 内容电信联盟。

5G 商用以来，韩国积极探索 5G 在工厂、港口、医疗、交通和城市公共安全等领域应用并开展试点试用。当前韩国 5G 行业应用已在工业互联网、医疗健康、智慧交通和城市公共安全和应急等领域开始落地，应用场景包括 5G+AI 机器视觉质检服务、远程数字诊断、病理学和手术教学、远程控制机器人和无人机的应急救援服务、防疫机器人以及基于 5G 自动驾驶的场内配送等。

2.3　美国

2.3.1　美国 5G 商用情况

美国 5G 商用起步早，发展呈现网络人口覆盖率高、用户渗透率低特征。发展初期由于缺乏中频 5G 频谱，运营商多采用毫米波部署网络，而高频段 5G 网络覆盖范围有限，部署成本高，从 2019 年年底开始运营商相继利用低频频谱部署广覆盖 5G 网络，并大规模使用频谱共享技术，推出全国性 5G 服务。2021 年 3 月美国联邦通信委员会（Federal Communications Commission，FCC）完成 C 波段（3.7～3.98GHz）频谱拍卖，主要网络运营商获得 C 波段频谱后，相继制定 C 波段网络部署规划，未来将大力发展中频 C 波段 5G 网络。

运营商 Verizon 于 2018 年 10 月 1 日开始基于私有标准在 4 个城市提供固定无线接入业务，2019 年 4 月推出基于 3GPP 5G 标准的移动 5G。Verizon 的 5G 网络使用毫米波 28GHz 和低频 850MHz 频谱。相比 2021 年 1 月，2023 年 6 月 Verizon 5G 网络的数据使用量增加了 249%。

Verizon 正在迅速扩大 5G 覆盖范围，计划到 2024 年年底至少覆盖 2.5 亿人口，Verizon 5G 网络用户在某些地方可拥有高达 4Gbit/s 的接入速率。

运营商 AT&T 于 2018 年年底在美国 12 个城市推出 5G 商用服务，5G 网络以支持非独立组网的 5G 国际标准为基础，初期主要面向行业用户。2021 年，AT&T 比原定计划提前 6 个月实现了 5G 网络覆盖全美 2.5 亿人口的目标，在 2022 年继续加大投入（2022 年资本开支同比增长 26.3%），将 5G 覆盖人口数扩大到 2.9 亿，光纤宽带覆盖渗透率提升至 38%。AT&T 还通过与卫星网络提供商 AST SpaceMobile、光纤网络提供商 Frontier 合作，以及与贝莱德另类投资公司成立光纤合资企业等方式消除网络覆盖盲点，扩大覆盖范围。另外，AT&T 加快推进中频段频谱、5G SA 等的部署，持续提升网络容量及性能。5G 网络方面，截至 2022 年年底，AT&T 的中频段 5G 频谱已覆盖超过 1.5 亿人，是其原定目标的两倍多，与此同时，AT&T 不断加快 5G SA 建设步伐，于 2023 年第一季度成功完成了 5G SA 技术测试。Opensignal 数据显示，2023 年第一季度 AT&T 的 5G 下载和上传速率较 2022 年同期分别增长了 44.8%、23.2%。

运营商 T-Mobile 于 2019 年 6 月月底开通 5G 商用服务，使用 28GHz 和 39GHz 频段部署网络，2019 年年底利用已有的 600MHz 频谱资源提供全国性的 5G 网络。为加速 5G 创新和部署，T-Mobile 收购了使用 2.5GHz 部署 5G 网络的 Sprint，成为美国同时拥有低、中、高频段 5G 网络的运营商。2023 年 6 月 10 日，T-Mobile 宣布了其首个 T-Mobile 品牌 5G 热点，T-Mobile 表示这将是使用 5G 网络的一种经济实惠的方式。T-Mobile 的 600MHz 5G 网络已经覆盖全国，并且 2.5GHz 的超大容量 5G 网络在"数百个城市"实现超高速率。

2.3.2　美国 5G 推动政策

美国政府将推动 5G 产业发展视为国家优先发展事项，通过发布战略规划、推动 5G 技术研发、提供 5G 关键频谱、加强 5G 网络安全等，为美国构筑领先的 5G 产业优势奠定基础。

2018 年 10 月，FCC 发布了具有行业指导作用的综合战略《5G 快速计划》，对全面推进 5G 网络建设做出战略部署，以加强美国在 5G 技术领域的优势。

《5G 快速计划》包括 3 个关键部分。一是将更多频谱推向市场，优先拍卖高频段毫米波频谱，推动中频段频谱分配，致力于为 5G 改善低频频谱的使用，并在免许可频段为下一代 Wi-Fi 创造新的机会。二是更新基础设施政策，在联邦、州、地方层面清除 5G 建设障碍，特别是在 5G 广泛使用的小蜂窝部署上，采取新规则，加速联邦机构、州和地方政府对小蜂窝的审查，减少审批障碍，缩短选址审批期限。三是更新法规体系，包括废除网络中立政策；加快新网络设备接入现有线杆的审批流程，以降低成本并加快 5G 回传网络部署的过程；修订规则，使运营商更容易投资下一代网络和服务；放松企业数据服务资费监管，激励对光纤网络的投资；保障供应链完整性，提议防止从对美国通信网络或通信供应链完整性构成国家安全威胁的公司购买设备或服务。

2018 年 10 月，特朗普签署《关于为美国的未来制定可持续频谱战略的总统备忘录》，提出保障充足的频谱资源和有效的频谱管理，对发挥 5G 经济带动效应、维护国家安全至关重要。除运营商目前已经拥有的频谱外，FCC 计划为 5G 释放更多低、中、高频谱，低频谱解决覆盖问题，高频谱解决容量问题，其中最早拍卖的是高频段毫米波频谱。美国在 5G 发展初期选择毫米波频段，一方面是由于美国 6GHz 以下的中频段已经被广播电视、军用卫星和雷达等业务占据，另一方面是由于美国光纤覆盖率低，运营商希望通过借助毫米波频段 5G 的高速率和大容量来代替光纤解决"最后一公里"光纤入户问题。2019 年以来，美国先后拍卖了 28GHz、24GHz、37GHz、39GHz 和 47GHz 毫米波频谱，通过这些拍卖，FCC 向市场释放近 5GHz 的 5G 频谱。

毫米波频段由于存在覆盖距离近、易受障碍物遮挡等缺点，难以实现大范围连续覆盖，从而导致网络性能不够稳定，用户体验较差。运营商一般仅在城市的特定区域部署毫米波 5G 网络，实现热点覆盖，同时利用低频段 5G 网络实现广覆盖，而低频段 5G 网络由于频谱资源有限，极大限制了 5G 网络大带宽特性。

美国已经意识到毫米波频段 5G 网络建设存在的问题，2019 年 4 月，美国国防部发布《5G 生态系统：对美国国防部的风险与机遇》报告，提出在 5G 频谱规划中，国防部应重点考虑共享 6GHz 以下频段，以弥补高频段覆盖能力不足等问题。2019 年年底，美国参议院商务委员会投票通过了以公开拍卖方式，释放 C 波段（3.7～4.2GHz）中的 280MHz（3.7～3.98GHz）频谱用于 5G 系统的法案。2020 年 2 月，FCC 决定以近百亿美元的激励资金鼓励卫星公司加快迁出该段频谱，以便尽早拍卖给运营商用于 5G 网络建设。

2020 年以来，美国加速中频段 5G 频谱的拍卖。2020 年 8 月，完成 CBRS 频段（3.55～3.65GHz）的 70MHz 频谱优先接入许可证拍卖。2021 年 3 月，完成 C 波段（3.7～3.98GHz）频谱拍卖，并于 2022 年 12 月将原本用于军事的 3.45～3.55GHz 频段的 100MHz 频谱商用。

2.3.3　美国 5G 应用发展情况

美国光纤覆盖不足，5G 固定无线接入（Fixed Wireless Access，FWA）成为运营商积极部署的重要商用场景。美国运营商积极推进 5G FWA，替代光纤"最后一公里"为家庭、企业提供互联网接入服务，降低了管道铺设成本和维护成本。借助毫米波 5G 网络高速率特性，运营商在机场、体育场馆、竞技场、购物中心和大学校园等热点地区实现网络覆盖，为消费者提供增强移动无线接入业务。自 2018 年 10 月起，Verizon 开始基于毫米波网络提供 5G 家庭互联网服务，并逐步向多个城市拓展，截至 2021 年 7 月，在 40 余个城市的部分地区开展了 5G FWA 服务。T-Mobile 从 2021 年开始发力 5G FWA 市场，利用 5G 家庭互联网扩大用户规模，计划在 5 年内发展 700 万～800 万用户。

美国运营商通过与内容公司、游戏公司等专业公司合作，积极开展 VR/AR、高清视频和云游戏等服务。例如，AT&T 与 3D 和增强现实阅读应用 Bookful 合作，基于 5G 网络为大量儿童书籍提供身临其境的 AR 阅读体验，真正将故事带入生活；与 Facebook Reality Labs 合作，在 Facebook 的应用程序（包括 Instagram 和 Messenger）中实现协作视频通话和增强现实体验。在游戏领域，AT&T、Verizon 均与谷歌云游戏平台 Stadia 合作，利用光纤和 5G 网络为用户提供无缝游戏体验。

美国 5G 使用的频段较高，覆盖范围小，运营商毫米波 5G 部署的策略是覆盖人群密集区域。作为高业务流量区域，再加上美国民众对体育运动的热爱，体育场馆、竞技场等成为运营商 5G 部署的主要场所，在网络建设初期，有的城市的体育场馆甚至是唯一覆盖 5G 网络的场所。高速移动接入、体育赛事/演出高清直播、VR/AR 等增强现场体验的应用是 5G 应用开发方向。例如，T-Mobile 开发了 MLB AR 应用程序，通过安装在球员帽子和捕手面具上的 5G 集成摄像机实时提供现场动作的球员视角，使球迷无论在体育场内还是在家观看比赛都能更贴近运动，从球员的角度观看练习和比赛，为球迷提供前所未有的沉浸式 AR 体验。Verizon 5G 支持的竞技场和体育馆总数已经达到 60 多个，利用 5G 和亚马逊云科技（AWS）支持的 MEC，改善场馆连接性以及提升用户体验，其开发的 ShotTracker 使用来自球员、竞技场馆周围的传感器数据来创建"室内 GPS"，跟踪运动员在球馆内移动时的位置和速度，通过算法给出实时统计。Verizon 在美国职业橄榄球大联盟"超级碗"比赛中为现场球迷推出 AR 手机游戏，玩家可以将橄榄球虚拟投入位于球场中央的虚拟皮卡车后部，为球迷创造了新型身临其境的游戏体验。AT&T 与芝加哥公牛队和 XR 创意团队 Nexus Studios 合作开发了支持 AR 功能的应用程序 StatsZone，提供球员统计数据可视化功能，让球迷更接近比赛，并为他们提供个性化内容。除了赛事体验增强，AT&T 作为 NBA 官方 5G 无线网络合作伙伴，利用 5G 支持的 XR 场边音乐会为球迷提供独特的多维音乐会场景。

美国注重国家在 5G 技术领域的优势，强调 5G 基础设施的安全、可靠，以及 5G 网络可用性，从政府层面看，暂未对推动 5G 应用发展提出针对性政策。5G 行业应用处于产业界广泛探索和技术验证期，试验覆盖工业互联网、医疗、车联网、智慧城市等领域。早期部署的毫米波 5G 网络为美国发展 5G 行业应用提供了良好的网络基础和试验环境，结合边缘计算等数字技术和先进制造技术，产业界协同利用创新中心、孵化器等实体，积极打造 5G 行业应用良好生态。基于 4K 视频进行工厂内安全监测、通过 AR/VR 提供员工培训及定位服务、利用 5G 与 VR/AR 赋能远程诊断和紧急救助等应用场景已经小范围落地。

2.4 日本

2.4.1 日本 5G 商用情况

与中、美、韩及欧洲主要国家相比，日本 5G 商用时间较晚。2020 年 3 月日本 NTT DoCoMo、KDDI 和软银推出 5G 商用服务。受新冠疫情影响，网络验证工作停滞，乐天移动商用 5G 的时间从 2020 年 6 月延迟到 2020 年 9 月。为了促进日本农村地区 5G 网络的快速部署，KDDI 和软银达成共享基站资产协议，共同促进日本农村地区 5G 网络的快速部署。2020 年日本 5G 网络建设速度相对缓慢，到年底 5G 基站数量不到 1 万个。2021 年以来，运营商加快网络部署，半年新增基站 1.55 万个。截至 2023 年 6 月月底，日本共部署了 15 万个 5G 基站，每万人基站数量约为 11.7 个，网络人口覆盖率达到 36%。

日本 4 家网络运营商同时获得了 5G 中频段和毫米波频谱，在建设初期，主要使用中频段（3.7GHz、4.5GHz）部署网络，低频段用于广覆盖。2021 年 KDDI 推出 700MHz 5G 服务，作为现有 5G 服务的补充，提高 5G 网络覆盖范围，改善室内和室外移动服务。乐天移动也计划利用新获批的 1.7GHz 频段在非大城市地区部署 5G。毫米波（28GHz）主要用于热点地区容量层，NTT DoCoMo 于 2020 年 9 月推出了毫米波服务，可提供最高 4.1Gbit/s 的下行速率，上传速率最高为 480Mbit/s。软银在城市密集区域推出毫米波 5G 服务，作为降低成本的布网方式，为固定无线接入和企业接入提供更高数据容量，最多可节省 35% 的总成本。

2.4.2 日本 5G 推动政策

日本政府为 5G 发展制定了清晰的路线图，稳步推进技术试验、频谱分配、商用部署。2014 年 9 月日本成立第五代移动通信推进论坛（5GMF），加强产业界、学术界和政府在 5G 基础研究、技术开发、标准制定等方面的合作，并进一步推动国际合作。为有序推动日本 5G 产业发展，日本政府于 2016 年发布 2020 年实现 5G 的政策，确定 2017 财年开始 5G 无线接入网、核心网及 5G 应用的试验，2019 年分配 5G 频谱，在东京奥运会期间商用 5G。政府政策着重加强关键技术研发、5G 政策环境完善、产学政协作，以及积极参与国际标准制定。

2020 年 6 月月底，日本总务省发布了《Beyond 5G 推进战略》，提出加快 5G 商用部署，大力推进 5G 的早期大规模部署及在工业和公共领域的应用拓展，在未来 5 年内建立起具有国际、国内影响力的 5G 应用案例，到 2030 年创造 44 万亿日元的增加值。为实现这一战略目标，日本计划扩大 5G 网络覆盖，利用税收制度、补贴等政策措施，促进 5G 投资，加快 5G 网络建设，到 2023 年部署 5G 基站 21 万个以上，实现所有城市的 5G 覆盖。日本总务省在《ICT 基础设施区域拓展总体规划 2.0》中详细部署了 5G 推进计划。

2.4.3 日本 5G 应用发展情况

日本 5G 商用时间较晚，但已通过顶层设计布局 5G 应用。在"构建社会 5.0"的愿景下，日本政府积极推动 5G 与人工智能、物联网、机器人等相互促进、融合发展，大力推进 5G 早期大规模部署及在重点领域应用拓展。2019 年 7 月 9 日总务省发布的《2019 年信息通信白皮书》中指出基于 5G 超高速、多点接入、低时延的特点，日本将把医疗、远程教育、无人机运输、自动驾驶、农业工业生产、灾害救援等作为 5G 重点应用场景。

2018—2019 年，日本政府共支持了 40 余项 5G 应用综合试验项目，涉及娱乐服务、灾害防护、旅游、医疗看护、农业、交通等。2020 年及之后，日本政府重点支持的应用方向包括工业、农业、医疗、自动驾驶、智慧城市等。2021 年日本总务省预算计划投入 219.5 亿日元，助力远程办公、远程教育、远程医疗等应用构建先进通信基础，包括支持地理条件不利地区 5G 网络建设，以及支持地方企业构建本地 5G 系统。

日本运营商面向消费者主要提供 5G 家庭宽带和高速移动接入业务，包括 VR/AR、游戏、高清视频等内容和娱乐服务。与其他国家、地区类似，日本运营商也在积极面向体育赛事开展基于 5G 改变观赛体验的概念验证。

早在 2019 年 NTT DoCoMo 推出 5G 预商用服务时，就在橄榄球世界杯比赛中为现场的用户提供了与 5G 网络兼容的特殊智能手机设备，使用户可以通过 5G 终端从多个角度观看比赛，获得与传统赛事直播完全不一样的、具有沉浸感甚至现场参与感的观看体验。KDDI 将 5G 和先进技术整合到足球俱乐部 Kyoto Sanga FC 的主体育场和球迷通信系统中，创新足球观看体验。乐天移动与足球俱乐部 Vissel Kobe 合作，在神户 Noevir 体育场利用毫米波 5G 网络，使用 AR 显示统计数据和实时跟踪数据，并利用 AR 技术提供低时延多角度视频服务。

日本运营商重视高清视频应用开发和应用，NTT DoCoMo 开发出基于 5G 的 8K 虚拟现实直播系统；KDDI 利用 5G 无人机完成 4K 视频传输测试，探索无人机在公共安全和监控、农业监测、灾难响应等方面提供服务。

扩展现实类应用是日本面向消费者的另一重要应用。KDDI 是 2020 年 9 月成立的全球 XR 内容电信联盟发起者之一，与合作伙伴广泛开展合作，打造多类 VR 应用场景，推出智能手机应用程序"au XR Door"（XR 任意门），用户无须使用 VR 眼镜，在智能手机上打开应用程序，跨过屏幕上的一道门就进入 XR 的世界，享受沉浸式 360°VR 空间体验，如 AR 游戏、预订住宿时通过沉浸式体验选择旅店、新冠疫情期间的 AR 旅行体验、与 8K 视频结合的虚拟购物体验等。2021 年，KDDI 还通过覆盖富士山顶的 5G 网络，向游客提供虚拟游览富士山顶风光的体验，让因人数限制不能直接登顶的游客实时感受到山顶风光。5G 时代，KDDI 面向下一代媒体和娱乐内容及应用，成立"au VISION STUDIO"，利用 5G、XR、MEC 等技术为用户提供前所未有的体验，目前已开发了高清 3D 模型虚拟人"coh"。

2.5 德国

2.5.1 德国 5G 商用情况

德国 5G 发展谋划较早，于 2019 年 6 月面向电信运营商进行 5G 频谱拍卖，中标运营商有 4 家，分别是德国电信、沃达丰、德国西班牙电信和 1&1 AG。德国联邦网络管理局要求所有获得 5G 牌照的运营商在 2022 年年底为 98% 的家庭提供 100Mbit/s 的网速。

德国联邦网络管理局数据显示，截至 2023 年 7 月，德国移动网络运营商的 5G 网络已覆盖德国 89% 的领土，比年初增长了 5.1%，覆盖率同比提高 38.1%；5G 用户数量突破 3800 万，用户渗透率达 32.3%。德国 5G 基站总数为 7.9 万个，每万人基站数量为 9.5 个。其中，德国电信 5G 网络已经覆盖了德国 95% 的人口，预计到 2025 年，5G 技术将覆盖德国 99% 的人口，目前有超过 8 万根天线传输 5G 信号，其中约 8200 根天线已经通过 3.6GHz 频段提供该技术，且长期演进（LTE）技术覆盖了 99% 的德国家庭。此外，德国电信表示 5G SA 已在 2.1GHz 频段技术上可用，一旦应用程序可用，家庭用户的 5G SA 将立即开始商用。沃达丰的 5G 网络目前覆盖了德国 90% 的人口，运营着近 1.5 万个 5G 基站，5G SA 服务德国 45% 的人口。

2023 年 6 月，德国铁路公司（DB）与网络设备供应商爱立信、电信供应商 O2 Telefonica 和手机信号塔运营商 Vantage Towers 合作，在德国各地的火车轨道上建立广泛的 5G 移动通信基础设施。新的基础设施将为火车乘客提供千兆速率的无缝连接。该项目被称为"千兆创新轨道"（GINT），已得到德国联邦数字化和交通部的正式确认，将获得约 640 万欧元拨款。GINT 的主要目标是开发尖端技术和金融解决方案，确保列车轨道沿线的高性能和可持续 5G 移动覆盖。

2.5.2 德国 5G 推动政策

德国从通信基建、频谱分配、行业标准、研发支持和示范城镇等方面推进 5G 网络建设与应用。2017 年，德国发布 5G 国家战略，推动公共设施共建共享、大量铺设光纤。同时，德国提出了"做 5G 应用的市场领导者"。5G 技术被定位为德国经济的使能者，因此，从部署初期开始，5G 测试工作需要指向商业可用性，以实现 5G 在生产、生活和服务领域的应用。德国计划在 2025 年实现 5G 全连接，实现"千兆社会"（Gigabit Society）目标。所谓全连接，包括城市和辽阔的农村，至少必须连接全国公路、铁路、水运通道等。实现全连接后的 5G 基础设施潜力必须得到充分发挥，德国坚持以 5G 应用为导向，鼓励和激发 5G 应用创新，尤其要积极引导初创企业和中小企业广泛参与，以实现多样化、人性化的 5G 应用落地，推动 5G 可持续发展。

在频谱分配上，2019 年 11 月，德国联邦网络管理局启动了本地 5G 无线电应用的申请流程。德国联邦网络管理局为本地 5G 网络提供 3700～3800MHz 频段，这个频段既可以用于工业 4.0，也可以用于农业和林业。财产的所有者和使用者都可以提交申请。在德国联邦网络管理局开始接受无线电频谱申请之后的几个月中，宝马、博世、大众、巴斯夫和德国汉莎航空等公司已申请建立本地 5G 网络。

在专网建设上，随着德国工业 4.0 的发展，5G 作为工业互联网的关键网络技术受到多个大型工业企业的关注。2019 年德国汽车、机械设备制造及电工器材等工业协会要求主管部门德国联邦网络管理局规划 5G 专网频谱用于建设企业专网。德国联邦网络管理局认为随着 5G 技术发展，未来将出现一些新的商业模式，引发在局部区域自建无线网络的需求。基于以上需求，德国联邦网络管理局在拍卖 5G 频率前预留了本地 5G 网络频谱，并分阶段开放中频段（3.7～3.8GHz）和毫米波频段 5G 专网许可申请。截至 2023 年 3 月，德国监管机构已发放 304 份中频段频谱许可、17 份高频段频谱许可，持证者中 IT 服务/咨询/系统集成商、科研院所、工业企业居多，工业企业中的汽车制造商尤为活跃，德国大型车企都申请了本地 5G 许可证。

德国政府通过资金补助和统筹协调的方式支持 5G 及通信基础设施建设。一是资助 5G 网络与应用相关研究，在网络和标准建设上，政府从新冠疫情经济刺激计划中拨出 50 亿欧元，用于扩展 5G 标准及相关建设。还希望投资 11 亿欧元用以"消灭"全国多达 5000 个无线通信网络"盲区"。目标是到 2025 年，德国不再有"盲区"，尤其是农村地区。在特定应用场景研究上，德国政府主要资助与"工业互联"相关的 5G 技术研发，总资助金额在 8000 万欧元左右，政府主要集中资助那些对整个 5G 技术具有广泛影响的基础研究型项目，提高 5G 技术在整个社会中的接受度，目前的研究重点集中在"可靠的无线通信"（Reliable Wireless Communication）、"工业互联网"和"触觉互联网"（Tactile Internet）3 个方面。二是协调指导全国范围内的相关研究活动，在德国国内，除了一些由电信运营商和设备制造商直接资助的研究，几乎所有有 IT 领域研究人员的高校和研究机构都在进行与 5G 相关的研究活动，为了让研究活动更有效率和成效，德国政府登记了全国范围内所有与 5G 相关的研究项目，通过分类将相关的研究项目集中在一个类别群组中，并协调将有关的研究成果及时在该群组中进行共享。

此外，德国政府还积极推动 5G 城镇使用试点。一方面，德国组织州政府和市镇在 5G 应用方面举办挑战赛，参与的基层政府需要提出运用 5G 技术的方案构想，用于解决城市公共服务与管理细分领域的具体问题，政府将对最成熟的构想方案进行资助，以便推动进一步的验证工作，资助金额将不少于 200 万欧元；另一方面，联邦政府将搭建基层政府与相关企业和银行财团的沟通平台，为方案的试点提供专业化服务与融资方面的帮助。

2.5.3　德国 5G 应用发展情况

德国以推动 5G 全连接为基础，以垂直领域应用和创新为导向，以实现数字化转型和推动经济发展为最终目标。在最初的德国 5G 战略中就已经提出了 5G 将推动六大领域数字化转型，包括智能交通和运输、工业 4.0、智慧农业、智能电网、智慧医疗、媒体和内容创新等。

宝马集团在德国雷根斯堡的工厂建立了专用 5G 网络。该网络支持互联和自动化生产流程，使机器人和机器能够无缝通信。这提高了生产线的灵活性和效率，同时维护了数据安全。德国博世与诺基亚合作，在 2020 年年底于斯图加特－费尔巴哈的工业 4.0 示范工厂建立第一个 5G 厂域网络，所有工厂生产环境均可流动、可相连，使生产效率得到大幅提升。

欧洲最大的海港之一汉堡港部署了专用 5G 网络，以加强其物流和运输业务。该网络有助于管理和协调港区内集装箱、卡车和船舶的移动。汉堡港务局（HPA）开启"智慧港口物流"（smart PORT Logistics）项目，并针对其基础设施投入 2.5 亿欧元。汉堡港使用全球领先的控制系统，其传感器技术、分析、预测和信息系统的相互作用提升了运载效率，在物流与能源领域均有创新。

第 3 章　5G 规模化发展路径及未来形态

3.1　5G 规模复制主要挑战

当前，数字经济发展速度之快、辐射范围之广、影响程度之深前所未有，带来新一轮科技革命和产业变革新机遇，成为构建国家竞争新优势的战略重点，数字化转型已上升到国家战略高度。从"供给－需求"二元关系来看，数字化转型的目标是利用信息通信技术，提高企业生产和供给能力，满足人们个性化、多样化的消费需求。从数据要素和实现基础看，数字化转型涉及数据产生、数据传输、数据分析和数据交易等多环节全流程的处理，离不开"感知+连接+智能+信任"等信息通信技术的全方位支撑。其中，感知技术包括传感器、终端设备等，连接技术包括移动通信网络、有线宽带、卫星通信、物联网、云计算等，智能技术包括大数据、人工智能等，信任技术包括网络安全、信息安全、区块链等。近年来，5G、大数据、云计算、人工智能、区块链等技术加速创新，由过去的单点技术突破进入技术间共鸣式交互、群体性演变的爆发期，从助力经济发展的基础动力向引领经济发展的核心引擎加速转变。新一代信息通信技术日益融入经济社会发展各领域全过程，成为重组全球资源要素、重塑全球经济结构、改变全球竞争格局的关键力量。

5G 技术由于渗透性强、带动作用明显，成为新一代信息通信技术的核心，推动各项技术加速融合、快速迭代，并由消费侧普及应用向生产侧全面扩散，驱动各项技术在产业转型过程中引发链式变革、产生乘数效应。从需求视角看，5G 技术要应对的社会需求与以往任何一代移动通信技术都存在巨大差异。从 1G 到 4G，移动网络重点面向 C 端人的连接，用户使用网络的主要诉求是类似的、连续的、一致的通信体验，因此网络特征和终端形态差别都不大；5G 除了满足人的连接，更加侧重面向 B 端物的连接，由于每一个"物"的终端形态、计算能力和计算目的都不一样，因此所需的网络能力特性存在巨大差异。可以说，5G 为行业而生，为万物互联而来。从能力视角看，5G 能力强大，可以支撑实现的应用林林总总，eMBB（增强型移动宽带）、mMTC（海量机器类通信）、URLLC（超高可靠低时延通信）仅仅是 5G 对于 3 个典型应用场景的概括描述，而非全部场景。作为供给方的信息通信行业，经过过去几年的研究探索和试点示范，对 5G 技术赋能千行万业转型发展有了更加深入的理解：强调行业共性需求，挖掘基础业务，聚类收敛通用场景，整合成行业通用方案，积累行业核心能力，并实现 5G 的灵活变现。

在 5G 应用的过程中，如何实现能力和需求的有效匹配，如何实现 5G+垂直行业有效落地，如何实现 5GtoB 应用的规模化推广，成为各界关注的重点，也成为信息通信行业希望加快破解的难点。

随着 5G 与千行万业融合应用的不断深入，重点行业和典型应用场景逐步明确。然而，5G 应用与规模化发展还存在一定差距，在网络建设、业务融合深度、产业供给、行业融合生态等方面仍面临问题和困难。

3.1.1　5G 网络建设面临多方问题

行业需求多样，网络能力需差异化定制。如工业机器视觉检测、媒体直播等需要上行 4K/8K 视频传输，目前，单路 4K 视频上传速率需求为 50Mbit/s，单路 8K 视频上传速率需求为 150～200Mbit/s，业务一般采用 4～6 路视频，所需的上行带宽普遍大大高于下行带宽，需要特殊的上下行时隙配比，需要进一步探索技术及网络解决方案。对行业企业来讲，行业专网定制化成本高，公网设备直接应用于行业功能冗余、价格昂贵，如果网络按流量收费，很多行业企业无法负担费用。同时，运营商建网运营成本高昂，网络盈利方式尚不清晰。商用初期，5G 终端模组、基站建设与网络运营成本十分高昂。当前大部分示范项目通过财政补贴、宣传收益等方式，规避投资风险。但长期看，如果没有清晰的盈利模式和广阔的市场空间，5G 建设将无法形成成功的商业闭环，难以促进投资正向循环。

3.1.2　5G 技术与行业业务融合不足

5G 技术与行业既有业务的融合仍处于初级阶段，尚未实现行业核心业务的承载。由于行业生产设备封闭且系统协议多样，传统行业设备协议、接口等由国外厂商定义，融合改造成本高、耗时长，5G 技术与工控等技术的融合仍具备较大难度。目前，5G 技术主要应用于辅助生产类的业务及信息管理类的业务，多数行业企业的生产控制核心业务仍由传统网络承载，如工业以太网、现场总线等，导致行业内存在多张承载网络，管理复杂，亟须开展融合技术创新及试验验证，形成 5G 技术与行业业务的深度融合。

5G 技术与行业业务的深度融合，引发行业原有产业链多个环节的变革，然而变革环节亟须深度探索。5G 技术促进融合终端装备向智能化发展，但我国数控机床等高端装备产品的全球占有率低，在新型传感器、自动化产线、工业机器人等智能化终端设备领域稍显薄弱。同时，5G 技术促进行业处理与计算功能云化，传统现场级的可编程逻辑控制器（PLC）等终端的处理将实现云化，然而目前产业仍处于摸索阶段。此外，5G 安全体系无法满足行业安全需求，满足行业生产安全需求成为 5G 技术与行业业务深度融合的关键。

3.1.3　产业供给能力不足

5G 技术与行业业务融合后，催生原有 5G 产业链叠加形成新型环节，然而目前新型环节的供给能力不足。行业 5G 模组及芯片是融合应用产业链重要的新增环节，但目前多种原因导致研发投入成本高，行业 5G 芯片及模组的价格居高不下，难以实现规模化推广。面向行业需求的定制化 5G 虚拟专网是另外一个重要的新增环节，但目前定制化网络的部署成本高、运维难度大，行业 5G 网络产业的保障能力有待提升。

5G 技术与行业业务融合后，行业新型业务对 5G 技术提出了更高的要求，需要持续演进以满足融合应用承载需求。当前，行业新型业务在上行带宽、时延、可靠性等传统网络指标方面提出了更高的要求，而部分业务在时延抖动、网络授时、定位等新型网络指标方面提出了明确的需求，5G 技术标准及商用设备的能力无法完全满足，导致与行业业务融合受限，亟须开展包括 5G 增强能力、5G 授时、5G 定位、5G 时间敏感网络（TSN）、5G 局域网（LAN）等技术研究及设备研发，支撑 5G 技术与更多行业业务的深度融合。

3.1.4　行业融合应用标准缺乏

行业企业对在业务中规模化应用 5G 仍有顾虑。运营商提供的基于独立组网和边缘计算的网络能够基本满足大多数行业企业需求，但行业企业对自身生产发展全部依赖运营商网络仍心存疑虑。能否全盘掌控生产运营数据、能否及时获得网络的升级维护服务、能否确保高效稳定的网络性能以及能否获得准确的全生命周期网络成本等问题是行业企业疑虑 5G 应用的焦点。另外，行业企业资金流压力大，部分企业持观望态度。根据我国大型制造业企业调研情况，企业内部普遍具有 3 年内收回投资的要求。目前，5G 在行业应用中的商用模式仍在探索，经济效益见效周期长，无法保证按期收回成本，部分企业持观望态度。此外，我国的中小企业占市场主体，面临信息化基础弱、数字化程度低、投融资成本高、现金流压力大等现实问题，更不可能短期内成为 5G 行业投资的主力军。

在通用标准方面，5G 应用产业方阵组织开展了《5G 行业虚拟专网总体技术要求》的标准制定，形成了 5G 行业虚拟专网网络架构、服务能力、关键设备及关键技术的总体标准框架。针对行业低成本及"共管共维"等需求，分别开展了行业定制化用户面功能（UPF）及服务能力平台等网络设备系列标准的制定。同时针对网络指标确定性保障、与既有网络融合等需求，开展了无线服务水平协议（SLA）保障、5G LAN 关键技术的研究。在行业定制化标准方面，已面向电力、钢铁、矿山等行业开展网络标准的制定及立项工作，将实现包括行业 5G 网络需求、行业融合网络架构、行业关键保障能力等的标准化。但跨部门、跨行业、跨领域融合应用的标准统筹尚未完全形成，亟须开展 5G 行业应用标准体系建设及相关政策措施制定，从而加速推动融合应用标准的制定。此外，行业场景 5G 融合应用解决方案的实现方式繁多，形成行业共识难度较大、统一标准缺失。同时，满足行业需求的融合应用标准体系尚未完全建立，包括行业 5G 终端及模组、精简化行业 5G 芯片、行业融合应用安全等技术、测试及验证标准不足，导致 5G 融合应用的规模化推广面临挑战。

3.1.5　行业融合生态建设亟待加强

在生产资本方面，ICT 更新迭代速度较快，垂直行业中部分信息化设备已无法满足数字化转型需要，5G 网络建设势必将对现有资产产生替代效应，从而形成沉没成本。然而，企业从短期收益的角度，继续使用以太网、现场总线、Wi-Fi 等存在技术局限的通信设备，从而影响 5G 网络在垂直行业中的投资部署。在产业生态方面，企业在获得规模报酬的同时，供应链关系和生态合作伙伴逐步确定，已经对这种合作模式产生路径依赖，5G 新生态培育面临既得利益等惯性约束。

在 5G 技术和产业逐渐成熟的过程中，多方竞合博弈，合作模式和产业生态仍在探索中。电信运营商积极迎接 5G 带来的 B 端市场机遇，却面临设备制造商、互联网企业、解决方案提供商、行业应用企业等多方竞合博弈，产业格局和生态体系存在诸多不确定性。为了获取产业主导权，各方的角色定位仍在探索，呈现错综复杂的交织状态。行业平台种类繁多，各类平台彼此之间相互独立，每家企业的应用都需要重复开发平台，费用不菲。5G 行业应用尚未形成成熟的端到端解决方案，包括网络、安全、模组/终端、平台、软/硬件等一系列内容，需要打通 IT、CT、运营技术（OT）3 个领域，加强各方供需对接，推动5G 技术向产业进行成果转化，建立深度融合的产业生态。

3.2　5G 规模化发展路径

3.2.1　规模化发展基础

4G 时代，我国 4G 商用较第一批国家晚 3～4 年，产业相对成熟，消费应用有先例可循，跨越了探索阶段，直接步入规模化商用。5G 不同于 4G，5G 主要是面向行业场景的技术，70%～80%将应用在车联网、工业互联网领域。我国是全球首批 5G 商用的国家之一，技术、产业、应用迈入"无人区"，特别是面向工业乃至实体经济的融合应用，没有先例可参考、没有经验可借鉴、没有路径可依照，需要把握 5G 新特点，遵循网络建设、移动通信技术和标准演进、市场发展的规律，逐步实现 5G 应用规模化发展。

第一，5G 基础设施建设超前于应用发展是必然规律。

从以往通信网络和应用的关系来看，公共基础设施建设适度超前是普遍特点。5G 作为新型基础设施是应用创新的基础和载体，优质的网络是应用创新的关键。纵观 3G/4G 每一代移动通信技术商用初期，各方都对"杀手级"应用存在猜测甚至质疑。移动通信应用的创新需要一定的网络和市场基础，网络覆盖和用户渗透一般需要 2～3 年甚至更长时间的积累和发展，才能够形成一定规模的市场空间（如 3G 时代的微博、4G 时代的短视频等"杀手级"应用大多出现在网络商用后的 2～3 年），吸引更多的创新资源，如资本、人才、研发等。因此必须遵循"宁可路等车，不能让车等路"的适度超前原则，5G 行业应用在 5G 技术产业和网络建设不断成熟的前提下才能加快创新发展。

第二，5G 国际标准是分不同版本梯次导入的。

高速率、低时延、大连接是 5G 最突出的特征。国际电信联盟定义了 5G 三大类应用场景，一是增强型移动宽带，主要为移动互联网用户提供更加快捷极致的应用体验，支持超高清视频、增强现实、虚拟现实等消费类应用，支持机器视觉检测、现场生产监控等大流量高速率行业应用；二是超高可靠低时延通信，主要面向工业控制、远程医疗、自动驾驶等对时延和可靠性有极高要求的行业应用；三是海量机器类通信，主要面向智慧城市、平安城市、智能家居、环境监测等以传感和数据采集为主的应用。

以 4G 为例，2009 年发布的 LTE Rel-8 版本是第一版本 4G 标准，基本确立了 4G 标准的主体框架和技术方案，之后 Rel-9、Rel-10 等版本的演进是对其性能的优化和增强。2018 年6 月，第三代合作伙伴计划（The 3rd Generation Partnership Project，3GPP）发布了第一个5G 标准 Rel-15，具备多方面基本功能，重点支持增强型移动宽带业务。5G 标准在 Rel-15的基础上不断演进升级。3GPP Rel-15 是 5G 的基础版本，构建了统一空中接口和灵活配置的网络架构，重点面向增强移动宽带场景，并支持部分低时延高可靠场景，是支撑 5G 应用的重要基础。同时，Rel-15 技术与产业在一定程度上满足了 5G 相当部分（一半以上）的业务要求，基本满足 toC 和大部分 toB 的应用场景要求。2020 年 7 月，Rel-16 标准发布，从"能用"到"好用"升级，重点支持超高可靠低时延通信，满足车联网、工业互联网等应用需求。3GPP Rel-16 标准在 Rel-15 基础上的演进，支持在完整低时延高可靠场景进行时间敏感网络服务，实现了工业互联网等低时延高可靠应用，并定义了高精度定位（米级）。Rel-17 标准重点实现海量机器类通信，支持中高速大连接，该标准于 2022 年 6 月宣布冻结。这标志着 5G 第 3 个版本标准正式完成，现已形成 5G 全能力标准体系。

第三，标准是 5G 产业化的前提，产业化是 5G 融合应用的基础。

每一个版本 5G 标准的产业化是分阶段的。目前大部分商用的 5G 产品主要基于Rel-15+Rel-16 部分功能。总体来看，Rel-16 部分功能已经成熟，需要针对不同的应用场景持续完善。5G 每一个版本标准的性能、功能是有边界的，这是一个渐进式迭代升级过程。

标准的阶段性决定了产业化的阶段性，产业化的阶段性决定了 5G 融合应用的阶段性，这是 5G 技术产业发展的新特征。

目前产业界可考虑优先推进的能力有以下两大块。

一，5G 基础能力增强相关功能，包括网络切片能力增强、网络智能化功能、多输入多输出（Multiple-Input Multiple-Output，MIMO）增强、用户终端（User Equipment，UE）节能增强、干扰抑制等。

二，垂直行业应用场景广泛的急需功能，着力点在 5G 专网通用能力建设上，如大上行、5G LAN、高精度定位、URLLC 等通用功能的标准化和产业化进程。

第四，5G 后续标准版本的功能选择、发展节奏等主要取决于市场。

根据以往移动通信的经验，后续标准版本将根据市场需求选择部分功能实现产业化，是技术与市场互动的结果。从发展节奏看，目前 3GPP 每一年半或两年发布一个版本，5G 网络设备和终端芯片大多在版本冻结后一年或一年半实现商用，Rel-15 之后产品设计的内容会根据市场与客户需求，选择 Rel-16、Rel-17 的相关功能，不一定严格遵循标准发布的时序。因此，在标准中有"大版本"和"小版本"的说法，可以认为 5G 标准中 Rel-15 是大版本（基础型），Rel-16、Rel-17 是小版本（增量型），预计 Rel-18 会被作为开启 5G-A 的大版本。

第五，5G 行业应用发展需要与各行业数字化转型进程相适应。

现阶段，我国 5G 行业应用主要分布于数字化水平较高的第三产业（服务业为主）和第二产业。从麦肯锡全球研究院（MGI）行业数字化指数来看，第三产业（如媒体、娱乐休闲、公共事业、医疗保健等）数字化水平领先，第二产业（即高端制造、油气、冶矿等）数字化水平紧随其后，第一产业数字化水平正在追赶。结合第六届"绽放杯"5G 应用征集大赛的项目各行业分布情况，5G 在医疗、教育、文旅、公共安全等方面的应用更好地满足人民日益增长的生活需求，提供普惠、便捷、丰富的社会服务，相关领域参赛项目占比较2022 年有所提升。此外，除智慧城市、工业制造等 5G 应用成熟领域外，水利、海洋、食品医药、纺织、轨道交通等新兴领域创新应用也加速成熟，推动大赛覆盖行业广度持续扩展。2023 年大赛中各新兴领域项目数量均突破 1000 个，有效促进新领域 5G 应用创新。

3.2.2　规模化发展路径及关键要素

1. 行业应用发展规律

5G 应用的发展不能一蹴而就，需要遵循技术、标准、产业渐次导入的客观规律，持续渐进发展。5G 技术标准不是一次性成熟商用的，而是分不同版本导入不断迭代的，每一版本 5G 标准的功能、性能是有边界的，标准决定了 5G 应用发展具有阶段性。综合考虑 5G 及各类新技术自身发展周期、各行业的数字化发展水平，以及 5G 在各行业应用转化的发展阶段，根据目前发展较快的领先行业 5G 应用进展情况，如第三产业中医疗健康、文体娱乐、城市管理、教育、交通、应急安防等，第二产业中钢铁、工业制造、冶金采矿、电力等行业，将 5G 行业应用发展大致划分为 4 个阶段：预热阶段、起步阶段、成长阶段和规模发展阶段，如图 3-1 所示。

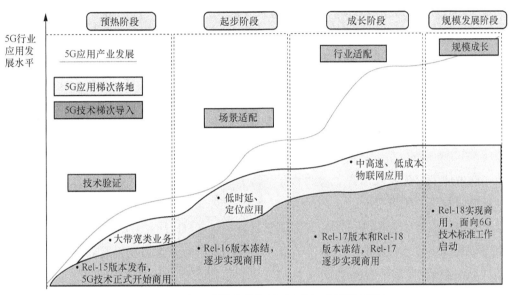

图 3-1   5G 应用发展阶段分析（来源：中国信通院）

第一阶段是预热阶段。5G 标准发布并完成 5G 研发，行业开展需求分析和场景技术研讨。这一阶段的关键是尽快完成 5G 自身技术标准的商业化，5G 产业与行业开展初步合作，为后续奠定基础。以 Rel-15 版本标准为例，5G 产业靠技术驱动与行业开展初步合作，对 Rel-15 技术产品进行研发。

第二阶段是起步阶段。行业龙头开始与 5G 产业深度合作，共同探索 5G 应用场景和产品需求，进行大范围场景适配，开始小规模试点。5G 融合应用产业链雏形初现，产业链上下游开始初步合作。这一阶段的关键是通过政府牵引和建立产业合作平台（如大赛、联盟、跨行业协会组织等），推动各行业通过小规模试点开始尝试利用 5G 在各领域开展应用场景试错，寻找真实的行业需求，消除需求的不确定性。

第三阶段是成长阶段。5G 行业应用的解决方案和产品不断与各行业进行磨合，进一步优化，开始小批量上市。5G 产品与解决方案在行业中进行充分适配，满足个性要求，应用商业模式逐步清晰，实现小规模部署。这一阶段的关键是从政府层面推动和加速跨行业的深度合作，消除行业壁垒，基于具有行业影响力的典型应用样板，开始在各行业内宣传推广。

第四阶段是规模发展阶段。5G 与各行业融合障碍消除，成本降低，关键产品及成熟解决方案大批量应用，应用范围从龙头企业进入中小企业，对重点行业的赋能作用凸显。重点行业积极主动应用 5G 技术，应用成本大幅下降，关键产品及成熟解决方案在龙头企事业单位实现规模复制，5G 在领先行业成为数字化转型的关键能力，对各行业的赋能作用和效益价值日趋明显。这一阶段的关键是充分发挥市场作用，结合各行业及企业的数字化水平，打造可复制、低成本的产品和解决方案，并实现快速、高质量交付，加快 5G 行业应用的普及速度和扩大范围。

2. 现阶段行业应用所处阶段及关键要素分析

整体来看，虽然我国 5G 应用实践的广度、深度和技术创新性不断增加，但由于应用标准、商业模式和产业生态等方面不够成熟，现阶段仍以头部企业试点示范为主，尚未实现全行业规模化应用。目前我国发展迅速的先导行业已步入成长阶段，有潜力、待培育的行业仍处于起步阶段。

影响 5GtoB 应用规模化发展的关键要素有很多，可以分为需求侧、供给侧和发展环境三方面，如图 3-2 所示。从需求侧来看，行业自身数字化水平、新技术接受度、场景需求清晰、应用成效可见度及核心企业活跃度都是影响规模化发展的关键要素。从供给侧看，影响规模化发展的关键要素有 5G 技术相对优势、5G 产业支撑水平、应用成本匹配程度、应用配套产业水平、应用共性解决方案成熟度。同时，5G 行业应用商业模式清晰度、5G 应用支持政策环境、行业推广扩散渠道及 5G 应用标准化环境属于发展环境范畴，也是影响 5G 应用规模化发展的关键要素。

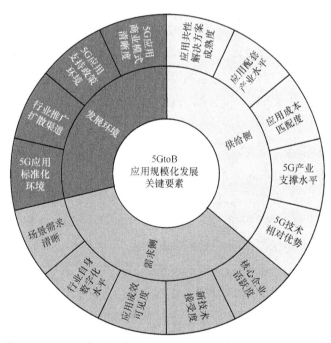

图 3-2　5GtoB 应用规模化发展关键要素（来源：中国信通院）

通过对制造业、医疗、能源、文旅等重点领域进行供给侧、需求侧和发展环境关键要素分析，得出重点领域应用规模化发展调色板，色块颜色越深代表具备该关键要素程度越高，如图 3-3 所示。

规模化发展关键要素		制造业	能源	医疗	文旅	教育	车联网	农业
需求侧	场景需求清晰							
	行业自身数字化水平							
	应用成效可见度							
	新技术接受度							
	核心企业活跃度							
供给侧	5G 技术相对优势							
	5G 产业支撑水平							
	应用成本匹配度							
	应用配套产业水平							
	应用共性解决方案成熟度							
发展环境	5G 应用商业模式清晰度							
	5G 应用支持政策环境							
	行业推广扩散渠道							
	5G 应用标准化环境							

图例：高-高　高-中　高-低　中-高　中-中　中-低　低-高　低-中　低-低

图 3-3　重点领域应用规模化发展调色板（来源：中国信通院）

同时，考虑各行业数字化水平和 5G 应用的水平，结合现阶段 5G 应用整体发展情况，根据对重点行业的分析，绘制出重点行业 5G 应用发展四象限图，将各行业划分为 4 类：先导行业、潜力行业、待挖掘行业和待培育行业，如图 3-4 所示。先导行业 5G 驱动数字化转型的程度较高，行业业务对 5G 的需求已经相对明确，行业数字化转型取得一定成效，5G 应用场景正向其他领域规模复制推广，引领其他行业发展。潜力行业的数字化水平较低，但行业企业有意愿支付 5G 应用产生的成本，行业融合应用发展有潜力。待挖掘行业的数字化水平较高，有一定数字化基础，但行业对 5G 的需求不明确，需要深入挖掘，有一定改造难度。待培育行业的数字化水平较低，且行业内对 5G 需求尚不清晰。

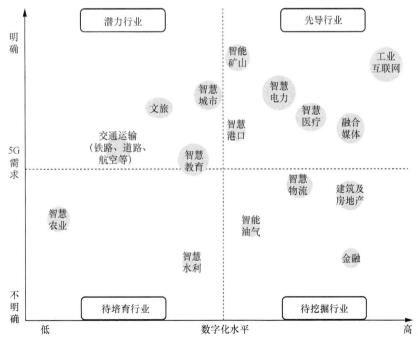

图 3-4　重点行业 5G 应用水平四象限图（来源：中国信通院）

对照 5G 应用整体发展规律，目前我国发展迅速的先导行业，如工业互联网、电力、医疗等行业已步入成长阶段，5G 应用产品和解决方案不断与各行业进行适配磨合和商业探索。文旅、交通运输等潜力行业的发展紧随其后，正在探寻行业用户需求，明确应用场景，开发产品并形成解决方案，进行场景适配。当前，大部分行业处于起步阶段。待培育、待挖掘的行业，如教育（部分待培育）、农业（部分处于预热阶段）、水利等行业，正在积极进行技术验证，迈入起步阶段，如图 3-5 所示。因此 5G 与行业的融合是一个渐进的过程，需要遵循从试点示范到规模推广，再到大规模应用的规律，其中必然经历各种坎坷，业界需要充分认识 5G 应用发展的复杂性和艰巨性。

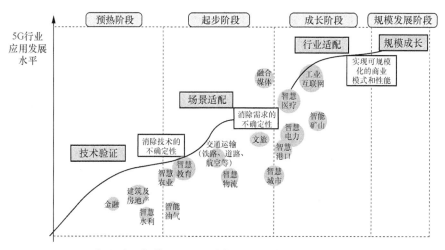

图 3-5　5G 行业应用规模化发展重点行业所处阶段（来源：中国信通院）

3.2.3　实现 5G 规模化的意义与价值

"行百里者半九十"，现在 5G 才真正到了关键时点。5G 并不仅仅是通信技术，而是新型数字经济基础设施之首，承载起各行各业的数字化转型，带动数字经济的腾飞。根据中国信通院预测，到 2025 年，5G 将带动 1.2 万亿元左右的网络建设投资，拉动 8 万亿元相关信息消费，直接带动经济增长 2.93 亿元。

5G 行业应用具有倍增效应，发展潜力巨大。5G 规模化在推动数字产业化发展的同时，也将有力提升我国产业数字化水平。数字产业化是信息的生产与使用，涉及信息技术的创新、信息产品和信息服务的生产与供给，对应信息产业部门，以及信息技术服务等新模式。5G 行业应用对行业赋能赋智，重塑产业发展模式并创造新价值。随着 5G 标准演进和产业化发展，5G 展现的技术外溢效应会远远超过前几代通信技术，将催生更多的应用场景和商业模式，通过全产业链、全价值链的资源链接，以数据流带动信息流，促进资金流、物资流、人才流、技术流等要素重组，驱动商业模式、组织形态变革，重塑产业发展模式，为数字产业化发展注入活力。产业数字化是传统产业部门对信息技术的应用，表现为传统产业通过应用数字技术带来的产出增加、质量提高及效率提升，其新增产量是数字经济总量的重要组成部分。与前几代移动通信技术不同，5G 应用呈现"二八分布"，将主要应用在垂直行业。据测算，我国 5G 产业每投入 1 个单位将带动 6 个单位的经济产出，溢出效应显著，推动了产业发展质量变革、效率变革、动力变革。面对各行各业千差万别的信息化需求，5G 既是移动通信行业的新蓝海，也是亟待探索的全新领域。推动 5G 行业应用规模化发展对各行各业均将产生深刻影响，最终构建数字经济新业态。

要实现如此宏伟的目标，在这个时点，5G 行业应用发展的关键在于创新、转型、生态，即以不断的技术创新持续进化，以积极的数字化转型助推垂直行业蜕变新生，以开放的生态构建加速融合。

3.3　5G-A 及未来形态

3.3.1　5G 应用深刻改变未来社会生活

5G 集成了信息通信领域最先进的技术，又是推动信息通信向前迈进的强大动力。在 2021 年第四届"绽放杯"5G 应用征集大赛参赛项目中（如图 3-6 所示），定位、大数据、边缘计算、云计算、虚拟专网（网络切片）、人工智能技术的使用率均超过 40%。相比前 3 届大赛，定位、虚拟专网（网络切片）、上行增强、5G LAN 等技术在 5G 项目中的应用显著增加，关键技术能力继续创新提升，5G 解决方案日趋完整，支撑 5G 与更多行业领域融合发展。5G 与人工智能、物联网、大数据、云计算、高清视频等技术及产业的结合，将促进自动驾驶、智能机器人、VR/AR 等产品突破，加快智慧工厂、智慧城市、智能交通、智慧医疗等应用场景创新。但目前这些技术和产业本身尚未完全成熟，在各行业的应用发展大多处于起步阶段，如人工智能在各行业领域的应用正在不断发展和演进，VR/AR、高清视频等产业及相关应用刚刚起步。

	2018年（使用率/排名）	2019年	2020年	2021年
定位	NA	NA	NA	58%/1　↑
大数据	18%/3	44%/2　↑	52%/2　=	52%/2　=
边缘计算	20%/1	33%/4　↓	43%/3　↑	52%/2　=
云计算	20%/1	38%/3　↓	40%/4　↓	51%/4　↓
虚拟专网（网络切片）	NA	NA	19%/5　↑	47%/5　=
人工智能	13%/4	55%/1　↑	55%/1　=	46%/6　↓
上行增强	NA	NA	NA	38%/7
5G LAN	NA	NA	NA	12%/8

图 3-6　2021 年第四届"绽放杯"5G 应用征集大赛项目关键技术分析（来源：中国信通院）

因此，5G 与其他新一代信息技术相互促进协同，构成行业应用未来发展形态。以 5G 为代表的联接技术协同云、智能和计算等，对行业应用发展具有强大的放大、叠加、倍增作用，提供了更为丰富多彩的应用和服务。随着 5G 及各类新一代信息技术的不断成熟和深度融合，需要各相关技术和产业之间形成协同发展态势，即 5G+X toB 未来形态，进而形成系统性创新，共同使能千行万业数字化转型。

当前，我国 5G 行业应用标准制定和落地进程加速，初步形成了以中国通信标准化协会（CCSA）、工业互联网产业联盟等为首的行业标准化组织或联盟协同制定 5G 行业应用标准，以国家电网、中国石化、南方电网等行业龙头企业牵头推进标准落地的体系。例如，在工信部、国家卫生健康委员会指导下，中国信通院积极推进 5G 医疗健康标准体系建设工作，形成了《临床医疗设备通信规范 影像设备》等国家标准 3 项。在中国通信标准化协会（CCSA）和 5G 应用产业方阵等标准化组织及联盟的指导下，中国石化、国家电网等行业龙头企业牵头推进 5G 应用标准在石化、电力等领域的落地工作。标准进程的不断推进，将为 5G 更好地赋能社会经济做好支撑。

以 5G 为代表的"联接"已经成为未来赋能行业转型升级不可或缺的关键因素之一，其核心目标是迈向智能联接，提供泛在千兆、确定性体验和超自动化。以云、计算/存储、智能等新一代信息技术为代表的"X"，云和计算/存储将成为数字世界的底座，提供强大的算力支撑；AI 将为企业赋予真正的智能，让 AI 算法、模型与智能化需求相融合，成为驱动企业迈向智能化的新引擎，帮助企业实现降本、提质、增效的目标。联接和计算通过智能发生协同和关联，智能联接向计算输送数据，计算给智能联接提供算力支撑。作为新一代信息技术的载体，5G 与云、智能、大数据等关键技术协同，为行业应用提供了联接保障，将加快实现从人与人的连接到物与物、人与物的连接，推动信息通信技术加速从消费领域向生产领域、虚拟经济向实体经济延伸拓展，开启万物互联新局面，打造数字经济新动能。

3.3.2　5G-A 开启通信革新"下半场"

随着 5G 商用的加速及融合应用探索的不断深入，5G 与经济社会的融合日趋紧密，各种应用对网络提出了更高的需求。从业务场景、网络技术，产业进程、部署节奏等方面而言，未来 3～5 年将是 5G-A 发展的关键时期。2021 年 4 月，3GPP 正式将 5G 演进技术命名为 5G-A，预计包括 Rel-18、Rel-19 和 Rel-20 3 个阶段。5G-A 将为 5G 发展定义新的目标和能力，为用户提供更加卓越的业务服务，促进 5G 产生更大的社会和经济价值。同时，作为 5G 向 6G 演进的中间阶段，5G-A 在 5G 和 6G 发展之间将起到承上启下的作用。从 5G 到 5G-A、6G 的典型场景演进，一方面持续发展演进 5G 网络能力，另一方面探索和储备未来 6G 的发展技术，如图 3-7 所示。

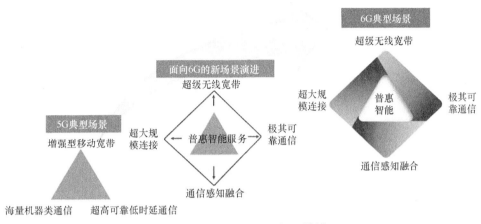

图 3-7　从 5G、5G-A 到 6G 演进

提升宽带业务支持能力、提高网络运营效率、扩展新的用例、推进网络智能化是 5G-A 技术演进的主基调。在需求方面，5G-A 演进要兼顾现网的设计和未来网络演进的方向；在技术方面，5G-A 演进要兼顾现网的应用问题、需求和对新兴业务的支持能力；在演进方面，5G-A 要兼顾网络演进与终端演进。综合技术演进需求，5G-A 的演进包括 3 个方面。

一是基于产业发展和现网应用需求对宽带能力与效率的增强。5G 技术引入将使数据传输速率、时延、可靠性等关键能力指标大幅提升。随着 5G 部署的应用广泛开发、用户普及率的提高，5G 流量将大规模快速增长，对高数据速率、低时延的增强现实、虚拟现实、远程医疗等应用的性能要求变得越来越严格。另外，网络容量也需要提高，以支持大量的 5G 用户同时享受此类应用的体验。5G-A 需要提高现有网络的覆盖能力、上行频谱效率、复用能力、功耗效率、业务服务时延等性能，并研究满足高清视频通话、扩展现实游戏等更高数据速率服务需求的技术。

在增强宽带能力方面，一是提升频谱效率，主要包括多天线增强、大上行技术的应用研究等；二是业务能力提升，主要是高效支撑毫米波等更多宽带业务，提升终端能力，潜在关键技术包括 XR/计算机图形（Computer Graphics，CG）增强、异常暴露（Out of Episode，OOE）增强、UE 节能增强等；三是提升系统部署灵活性和效率，潜在关键技术主要包括网络节能、移动性与覆盖性能增强等技术；四是非地面通信的增强，需要进一步完善非地面网络（Non-Terrestrial Network，NTN）透明方式的性能和功能、基于信号再生方式研究与标准化，以及天地网络融合一体化组网研究等。

二是面向垂直行业的精细化设计。垂直行业对 5G 网络提出了更高的网络能力要求，包括大上行低时延、室内大容量等。持续提升 5G 对垂直行业的支持能力，需要进一步降低轻量级 UE 的复杂度，将 5G 应用扩展到对成本、能耗、数据速率等要求更低的市场，并支持更丰富的物联网终端类型，包括新物联网终端、低功耗定位终端、面向工业场景终端等，提高终端定位精度，增强中继等功能。典型应用的终端类型及其部署需求如图 3-8 所示。

典型应用	连接占比预测	连接速率	N维能力	技术需求
XR、机器视觉	1×	≥X00Mbit/s	V2X、感知、低时延/高可靠、大上行、高精度定位	NR eMBB
视频监控、可穿戴、工业传感	2×	≤X00Mbit/s	大上行、网络授时、高精度定位、低时延/高可靠、与LAN/TSN互通	RedCap
共享经济、智慧金融、智能家居	4×	≤X0Mbit/s	低功耗、高精度定位、低成本	eMTC
定位跟踪、智慧城市、仪表连接	8×	≤X00kbit/s	小数据包、低功耗、极低成本	NB-IoT

图 3-8　典型应用的终端类型及其部署需求

三是创新技术应用演进。面向 2035 年，6G 将为人类社会实现"万物智联、数字孪生"的美好愿景，包括图 3-9 所示普惠智能、通信感知等典型场景。新技术领域的探索同时为 6G 设计做出技术性的积累，包括人工智能与 5G 融合、双工演进、XR 增强、智能中继、网络节能、低功率 UE 唤醒信号和接收机等。随着 5G 与 AI 融合持续推进，5G-A 将更加关注与 5G 网络相关的大数据、算力与人工智能算法，通过新的方法和工具的引入，拓展新的维度来全面增强 5G 网络性能。5G 与 AI 融合发展的过程涉及数据、算法、仿真方法等基础性问题，可为 6G 的研究奠定基础。

除了探索新系统设计，5G-A 的演进也面向 5G 系统服务的多样化带来的复杂而全面的用户需求。例如，终端类型的多样化、网络元素的数量和网络复杂度大大增加，为了应对这些挑战，需要一个灵活、自适应和智能的无线网络。随着 AI 技术与算力的快速发展，5G 引入 AI 技术，不断构建 5G 智能维，可使 5G 更加智能、高效，同时应用与 5G 网络智能化适配，实现高质量的多样业务。

沉浸式云XR
超低时延超高带宽，端到端时延小于10ms，速率达到Gbit/s级

全息通信
超低时延超高速率，超高安全性、可靠性、吞吐量达到Tbit/s级

普惠智能
网络自学习、自运行、自维护

数字孪生
万亿级设备连接能力、亚毫秒级时延、精确复制、高安全、高速率

感官互联
时延毫秒级、吞吐量成倍提升、安全有力保障、定位精度要求高

智慧交互
传输时延小于1ms，传输速率大于10Gbit/s、可靠性达到7个9（即99.99999%）

通信感知
融合通信的功能拓展，实时高精度感知

全域覆盖
空天地一体化立体网络，高精度定位

图 3-9　6G 典型应用场景

目前，5G-A 标准化技术研究分为已有特征的进一步性能提升和新技术领域的探索。已有特征的进一步性能提升是对优质系统性能的追求，为产业应用升级做出必要的准备，解决系统应用中普遍性的问题，将在 5G-A 早期应用。新技术领域的探索则在 5G-A 中后期尝试应用，优化产业结构和长期发展格局。

5G-A 是未来 5 年支撑国家战略达成及产业升级的关键要素，也是 5G 走向 6G 的关键的研究载体和产业载体。5G-A 将围绕"万兆泛在体验，千亿智慧联接，超能绿色业态"的总体愿景，深化实践 5G 改变社会的目标。

参考文献

[1]　中国信息通信研究院, 中国电信, 中国移动, 等. 5G 应用创新发展白皮书[R]. 2023.

[2]　中国信息通信研究院. 中国 5G 发展和经济社会影响白皮书（2023 年）[R]. 2023.

[3]　中国信息通信研究院. 全球数字经济白皮书（2023）[R]. 2024.

[4]　GSA. Evolution from LTE to 5G[R]. 2024.

[5]　龚达宁, 王雪梅, 曹磊. 全球 5G 商用发展及趋势展望[J].信息通信技术与政策, 2020(12): 7-10.

[6]　李蕊, 石倩, 完欣玥, 等. 我国 5G 发展现状及展望[J]. 数字通信世界, 2022(4): 113-115.

[7]　梁宝俊. 坚持 5G-A/6G 一体化推进的思考[J]. 信息通信技术, 2023, 17(6): 4-10.

第二篇

人工智能，新发展阶段

第4章 人工智能概述

4.1 什么是人工智能

人工智能的概念最早出现于 1956 年，以麦卡塞、明斯基和罗切斯特等为首的一批年轻科学家共同研究和探讨用机器模拟智能的有关问题，首次将人工智能解释为"使一部机器的反应方式像一个人在行动时所依据的智能"，这标志着人工智能这门新兴学科正式诞生。

但作为一门前沿的交叉学科，对人工智能进行统一的定义较为困难。中国电子技术标准化研究院在 2018 年发布的《人工智能标准化白皮书（2018 版）》中将人工智能定义为"利用数字计算机或者数字计算机控制的机器模拟、延伸和扩展人的智能，感知环境、获取知识并使用知识获得最佳结果的理论、方法、技术及应用系统"。欧盟委员会在 2020 年发布的《人工智能白皮书》中将人工智能概括为"数据、算法和计算能力相结合的技术合集"。2021 年，欧盟通过的《人工智能规制框架》中用两项标准衡量一项技术是否构成人工智能：一是是否存在 AI 系统；二是"标准化"，指主要通过预设的指令（但不限于上述指令），解释特定输入（如数据），但受开发者限制、旨在实现开发者目标。

综上所述，可以将人工智能理解为借助机器来实现对人类思维和意识模拟的目标，其中包括代替人类实现认知、识别、分析及决策等其他重要功能，由于拟人的特性，人工智能也被统称为计算机模拟人类智能行为科学。

从发展程度来看，通常将人工智能分为弱人工智能、强人工智能及超人工智能。技术层面的区别在于，弱人工智能需要借助人类才能完成相应的创造，其核心特点在于将深度学习作为基础的信息收集和处理过程，总的来说是一项相对分离的、为人类服务的工具。强人工智能则跟人类一样具有很强的自主意识，虽然它们需要靠人类的设计创造才能存在，但强人工智能能够根据环境的变化，对情况做出自己的判断，不必受人类约束控制。超人工智能则是人工智能自身具备思维能力，形成了新的智能群体。就目前而言，可以说人类已掌握了弱人工智能，且所接触的人工智能产品多为弱人工智能。比如日常生活中接触的人脸识别、语音识别、语音翻译及智能汽车、智能家居、智能写作等产品。即便对话生成式预训练转换器（Chat Generative Pre-trained Transformer，ChatGPT）已经能够进行高度自然和流畅的对话交互，但它并不能真正理解问题背后的含义和用户的意图，还不能算是强人工智能的范畴。不过，ChatGPT 的诞生，已被认作通用人工智能发展的奇点和强人工智能即将到来的拐点。

人工智能是引领未来的新兴战略性技术，是驱动新一轮科技革命和产业变革的重要力量。近年来，在现代信息技术的有力支撑下，与人工智能相关的技术持续演进，产业化和商业化进程不断提速，在提高产业智能化水平的同时，也为国家经济高质量发展提供源源不断的动力。大部分国家都在致力于探究人工智能技术和产业结合发展的策略，不断探索新的发展方向。

4.2 人工智能的历史和发展

人工智能的发展不是一蹴而就的，而是一个螺旋式上升、阶段性进步的学科，并在不断地突破自我、努力完善。总体来看，根据不同时期发展所依赖的技术，可以将人工智能分为计算推理驱动、知识驱动、数据驱动、算力驱动 4 个时代，如图 4-1 所示。

图 4-1　人工智能四大发展阶段与典型事件

4.2.1　1.0 时代：计算推理驱动（20 世纪 50 年代—70 年代）

人工智能的相关研究可以追溯到著名的数学家、逻辑学家艾伦·图灵在 1950 年发表的论文《计算机器与智能》。图灵在该文章中提出并尝试回答"机器能否思考"这一关键问题，指出"重要的不是机器模仿人类思维过程的能力，而是机器重复人类思维外在表现行为的能力"，并以此推出了著名的"图灵测试"方案。而后 1956 年，美国达特茅斯学院组织召开了人工智能夏季研讨会，就"人工智能"概念达成了共识。因此，1956 年也被视为人工智能元年，"推理就是搜索"是这一时代的主要研究方向之一。

研究者试图通过总结人类思维规律，并用计算来模拟思维活动。例如，阿瑟·塞缪尔开发的西洋跳棋程序通过对所有可能跳法进行搜索，并在对弈过程中通过计算机计算找到最佳办法。1963 年，该程序成功击败美国跳棋大师罗伯特·尼尔利。这一阶段可被视为人工智能发展的第一个黄金时期，但在该时期由于计算能力不足、计算复杂程度较高、逻辑推理实现难度较大等问题，在一些实用的产品开发方面频频陷入失败，也让人工智能的发展进入了短暂的低谷期。

4.2.2 2.0 时代：知识驱动（20 世纪 70 年代—90 年代初）

随着人工智能进一步的发展推进，研究者发现不能单靠计算推理来实现产业的智能化，在 20 世纪 70 年代出现了以专家系统为代表的知识驱动的人工智能系统。在该时期中，人工智能从理论研究走向了实际应用，研究者试图在专门的知识领域寻求突破。其代表性成果有 1968 年世界第一例成功的专家系统——DENDRAL 系统，它可以帮助化学家根据化学仪器的读数自动判定物质的分子结构。随着 DENDRAL 系统的不断完善与商业化，它使人们意识到在专门的领域，以知识为基础的计算机系统完全可以相当于这个领域的人类专家。人工智能进入了"知识表示期"。

专家系统虽聚焦于单个专业领域，但其知识的来源多基于人工总结及手动输入，系统的推理量也跟输入知识量成正比，简单来说就是总结人类的知识并教授给计算机系统。同时，专家系统只针对某个领域，其系统并不适用于其他领域，缺乏通用性。在该时期，神经网络技术并没有取得实质性的进展。由此，在 20 世纪 80 年代后期知识驱动的人工智能走向了发展冬天。

4.2.3 3.0 时代：数据驱动（20 世纪 90 年代—21 世纪初）

随着互联网、云计算、大数据等技术的成熟，神经网络成为目前人工智能的关键技术，人工智能迎来了自身的快速发展期。在经历计算推理驱动、知识驱动的失败后，学者开始不依赖人工输入，让机器结合使用来自神经网络的数据自己学习，也就是"机器学习"。2006 年，英国科学家杰弗里·辛顿与其学生发表了题为 *"Reducing the Dimensionality of Data with Neural Networks"* 的论文，开启了深度学习的研究浪潮。深度学习使用了包含多个复杂处理单元层的神经网络，在更大的数据集中学习算法并以此提供复杂的输出，如语音和图像识别。2012 年，由多伦多大学设计的 AlexNet 深度卷积神经网络算法在 ImageNet 大赛上夺冠，这在业内被视为深度学习革命的开始。2014 年，Deepface、DeepID 出现，DeepID 在 LFW（Labeled Faces in the Wild）数据库上的人脸识别准确率达到 99.15%，几乎超越人类。2016 年 3 月，AlphaGo 打败李世石，成为人工智能界的一件里程碑事件。

4.2.4　4.0 时代：算力驱动（2020 年至今）

随着人工智能进一步发展，人们对于摩尔定律在 2020 年及之后是否能够继续适用产生了争议。在这个时刻，英伟达（NVIDIA）发文提出"黄氏定律"（Huang's Law），即算力摩尔定律。作为 AI 算力核心提供商，过去 10 年间，英伟达 GPU 的人工智能处理能力已经增长了1000 倍，并预测图形处理单元（GPU）将推动 AI 性能实现逐年翻倍。在此基础上，AI 2.0 领头雁 OpenAI 的首席执行官（CEO）萨姆·奥尔特曼提出了智能摩尔定律，称全球人工智能运算量每隔 18 个月翻一番。模型迭代速度将极大增强，而费用会大大降低。

AI 芯片满足 AI 应用所需的"暴力计算"需求，早在 20 世纪 80 年代，学术界已经提出了相当完善的人工智能算法模型，但直到近些年，模型的内在价值也未被真正实现过。这主要受限于硬件技术发展水平，难以提供可以支撑深度神经网络训练/推断过程所需的算力。在新摩尔定律的构建下，算力成为 AI 发展的关键驱动力。为抢占高端算力优势，美国于2022 年 10 月公开了对中国先进计算和半导体制造物项实施出口管制的新规则。美国商务部工业和安全局（BIS）在先进计算芯片和半导体制造物项的两个关键领域，制定了限制美国物项出口、扩大长臂管辖范围和控制"美国人"在华从业等多角度、多层次的限制政策和措施。

由此可见，算力是 AI 发展新阶段的生产力和创造价值的核心要素。在高端算力的支撑下，以 ChatGPT 为代表的 AI 大模型横空出世，开启了生成式人工智能（Artificial Intelligence Generated Content，AIGC）的新时代，被认为是人工智能发展的一个分水岭。AI 不再是只有专业人士才能触及的技术。随着 ChatGPT-4 和 Midjourney v5 等 AI 模型落地，各大厂的开源应用程序接口（API）和 AI 工具开始普及。未来，大模型发展具有更多可能性。GPT-5/GPT-6 不断演化，大模型将具备更强的推理、逻辑、创造和交互能力，胜任更复杂和多样化的任务。Transformer 架构的出现也让生成式人工智能可以通过创建类似于其所训练的数据的新颖数据来模仿人类的创造过程，将人工智能从"赋能者"提升为（潜在的）"协作者"。生成式人工智能正在唤醒全球对人工智能变革潜力的认知，激发起前所未有的关注和创造力浪潮。

4.3　人工智能的应用领域

新一轮科技革命和产业变革孕育兴起，大数据的积聚、理论算法的革新、计算能力的提升及网络设施的演进驱动人工智能发展进入新阶段，从衣食住行到医疗教育，人工智能正加快与经济社会各领域融合渗透，重塑生产、分配、交换和消费等经济活动各环节，带动技术进步、推动产业升级、助力经济转型、促进社会进步。

在工业领域，人工智能具有效率高、稳定可靠、重复精度好，可承担劳动强度大、危险系数高的作业等优势，已被广泛应用到工业生产的各个环节，如机器人焊接、智能装配、智能巡检和仓储物流等。例如，商汤科技在锂电池涂布干裂、动力电池焊缝缺陷的检测任务中，将迭代周期缩短了 90%，还实现了对缺陷问题的精准识别，误检率控制在 0.5% 以内。AI 风机巡检可以代替电力工人在一线较危险的地方工作，而且巡检效率最高可提升 10 倍。用人工智能机器人代替普通工人去完成许多对人体有不良影响及受人体生理条件限制而不能承受的工作，是工业发展史上一个标志性的里程碑。

在金融领域，移动支付、手机银行、网络借贷、P2P 平台、电商平台等逐渐成为人们日常消费生活的主要途径。通过大数据库、云计算、计算机网络应用、区块数据链等信息技术，可获取大量、精确的信息，更加个性化、定向化的风险定位模型，更科学、严谨的投资决策过程，更透明、公正的信用中介角色等，从而大幅提高金融业务效率和服务水平，特别是一些技术应用，如大数据征信、供需信息、供应链金融等。

在政务领域，人工智能促使政务服务方式、方法发生变革。例如，政务大厅内的智能咨询、引导、自动监控、自助数据查询、数据收集处理服务等应用能够有效缓解政务服务人员人力不足的难题。同时，人工智能还具备强大的信息处理能力，能够实现档案信息收集整理传递，为政府决策提供准确信息，有利于政府科学有效地进行宏观调控，使公众需求与政务工作有效衔接，为公众提供个性化、定制化服务，带来政务服务质量、效率的双重提升。

在医疗领域，人工智能软件已经成为医疗设备的重要组成部分，多模态数据推动 AI 医疗应用发展。AI 在医疗领域的应用场景集中在医学影像、药物研发、疾病预测和健康管理等方面。在 GPT-4 发布后，部分医疗企业开始接入 GPT 模型优化医疗服务应用，或与人工智能企业开展合作，赋能医疗场景。人工智能应用逐步深入，可为病人提供就诊前健康状况初步分析和评估、协同医师处理病人信息和提高服务质量、在医院精准地指导病人就医、节约医疗资源、缓解就医难的紧张局面等。例如，阿斯利康开发了一种新的深度学习算法，通过数字病理对全片扫描，可以判断出医生肉眼无法判断的低表达和无表达情况，精准识别癌症患者并及时使用靶向药物。

在教育领域，人工智能技术在教育中通过主成分分析（Principal Component Analysis，PCA）、局部二值模式（Local Binary Pattern，LBP）、度量学习等算法进行应用分析，实现了语音识别、大数据等多种技术的应用。人工智能成了教学课堂中教学辅助的关键手段，可以准确地判定教师上课质量，并针对性地提出了教与学的方向，为课堂教学提供一定的保障。在此基础上，AI 还能提出相应的教学策略，让学生更容易地找到其在课堂中存在的问题，并实现机器和人的一对一教学，提升学生知识水平，生成适合学生的教学方法和教学策略。

在消费领域，人工智能已在游戏娱乐、电子商务、社交网络等方面取得了巨大成功。特别是以 ChatGPT 为代表的 AI 大模型掀起了 AIGC 商业应用浪潮。基于 ChatGPT 基础模型，可以对搜索引擎类的信息查询工具做升级改造，制作文字创作工具作为人类的助手来提升工作效率，为人类提供专家级咨询参考和辅导等。未来，数字人、虚拟助手等新应用的诞生，将在教育、医疗和护理等生活领域为人们提供更全面、个性化的服务。

此外，人工智能与科学研究融合不断深入，开始"颠覆"传统研究范式。人工智能对海量数据的分析能力能够让研究者不再局限于常规的"推导定理式"研究，可以基于高维数据发现相关信息继而加速研究进程。例如，2020 年，DeepMind 提出的 AlphaFold2 在国际蛋白质结构预测竞赛（Critical Assessment of protein Structure Prediction，CASP）中拔得头筹，能够精确地预测蛋白质的 3D 结构，其准确性可以与使用冷冻电子显微镜等实验技术解析的 3D 结构媲美。更惊喜的是，人工智能与力学、化学、材料学、生物学乃至工程领域等的融合探索不断涌现，未来将不断拓展 AI 应用的深度和广度。

4.4　AI 成为国家战略

人工智能对经济增长影响巨大，世界各国正积极抢占 AI 竞争制高点，争相制定相关国家发展战略和规划，以抓住 AI 发展带来的新机遇，掌握国际科技竞争中的主导权。

4.4.1　美国：多措并举巩固全球领先地位

美国将人工智能作为军事竞争的重要阵地，在战略规划、机构建设等方面全方位布局，抢夺技术发展制高点。2016 年下半年，美国政府连续发布了 3 份具有全球影响力的报告：《为未来人工智能做好准备》《国家人工智能研发战略规划》《人工智能、自动化与经济报告》，3 份报告分别针对美国联邦政府及相关机构人工智能发展、美国人工智能研发以及人工智能对经济方面的影响等提出了相关建议。

2018 年 5 月，白宫举办人工智能峰会，提出由政府协调、整合产业界和学术界力量，维护美国在人工智能时代的"领导地位"。会上宣布成立人工智能特别委员会，其职能是审查美国在人工智能开发方面的优先事项和投资，同时通过公私、多方合作推进人工智能研发及应用。在 2018 年下半年发布的《国家网络战略》《美国先进制造领导力战略》中，更是将人工智能技术确定为优先事项。美国国家科学基金会（NSF）也在多项新公布的科研项目中，投资支持人工智能研究。

2019 年 2 月，特朗普正式签署行政命令，启动美国人工智能行动计划（倡议），以刺激推动美国在人工智能领域的投入和发展。该计划重点包括加大人工智能研发投资、开放联邦政府数据和计算资源、制定人工智能治理和技术标准等方面。2019 年 6 月，白宫对《国家人工智能研发战略计划》进行了更新，确定了联邦投资于人工智能研发的优先事项，在原先 7 个战略重点的基础上新增了一项，与学术界、行业、国际合作伙伴和其他非联邦实体合作，促进人工智能研发的持续投资，加速人工智能发展。

2020 年 3 月，美国国会参众两院表决通过《2020 年国家人工智能计划法案》，吸收了包括"美国人工智能计划"在内的多项联邦人工智能政策与措施。5 月提出的《无尽前沿法案》提出拟在未来 5 年投入 1000 亿美元研发包括芯片、人工智能等在内的十大关键技术。8 月，美国科学技术政策办公室（OSTP）、国家科学基金会和能源部（DOE）宣布为人工智能和量子计算领域的新研究机构提供超过 10 亿美元资金。

2022 年 2 月，美国众议院审议通过了《2022 年美国创造制造业机会和技术卓越与经济实力法》（又称《2022 年美国竞争法案》）。该法案授权政府拨款超 2500 亿美元用于对美国关键产业的补贴。希望借此引导芯片产业回流，提高半导体行业竞争力，减轻对他国供应链的依赖，维持美国在科技产业上的领先地位。另外，近年来美国在联邦政府层面和所属机构层面分别实施了多项机构增设和调整的改革，力图破除人工智能发展的体制机制障碍，推动机构内外的人工智能发展协作。

4.4.2　中国：多元战略促进产业健康发展

发展人工智能是党中央、国务院准确把握新一轮科技革命和产业变革发展大势，为抢抓人工智能发展的重大战略机遇，构筑我国人工智能发展的先发优势，加快建设创新型国家和世界科技强国，做出的重大战略决策部署。2015 年 7 月，国务院出台的《关于积极推进"互联网+"行动的指导意见》首次将人工智能纳入重点任务之一。

2017 年更是中国人工智能发展元年，《新一代人工智能发展规划》的正式出台明确了我国人工智能产业发展的路线，厘清了我国人工智能发展的基本原则、战略目标和重点任务。该规划制定了人工智能产业 2020 年、2025 年及 2030 年的"三步走"目标，提出了从人工智能技术和应用水平与世界先进水平同步到领先、再到成为世界主要人工智能创新中心的宏伟蓝图。10 月，党的十九大报告进一步强调"推动互联网、大数据、人工智能和实体经济深度融合"。

2019 年 3 月，人工智能连续第三年被写入政府工作报告。8 月，科学技术部印发《国家新一代人工智能开放创新平台建设工作指引》和《国家新一代人工智能创新发展试验区建设工作指引》，承载人工智能前沿科技发展的企业平台和试验区先试先行，应用牵引、企业主导、市场运作的人工智能发展得到有效支撑。

2021 年发布的《中华人民共和国国民经济和社会发展第十四个五年规划和 2035 年远景目标纲要》将新一代人工智能作为科技前沿领域攻关的首要目标领域。2022 年 8 月,《关于加快场景创新以人工智能高水平应用促进经济高质量发展的指导意见》出台,依托于国内海量数据和统一大市场的内源驱动,我国积极拓展人工智能的各类场景应用,设计场景系统、开放场景机会、完善场景创新生态,并发挥其在赋能实体经济高质量发展中的重要作用。

4.4.3 日本:以人工智能构建"社会 5.0"

2015 年,日本政府修订《日本再兴战略》,针对物联网(IoT)、大数据与人工智能技术提出了战略计划。在 2016 年的《日本再兴战略》中,日本政府明确提出了"第四次产业革命(工业 4.0)"的技术革新,AI 技术成为实现"工业 4.0"和推动 GDP 从 500 万亿日元增加至 600 万亿日元必不可少的技术。2016 年 10 月,日本出台的第五期《科学技术基本计划(2016—2020)》中,明确要在人工智能等重点技术领域发力,推进相关政府部门合作进行战略性研发。该计划的最大亮点是首次提出"社会 5.0"概念,其认为在超智能社会中,人们将与提升生活品质的机器人、人工智能实现共生。AI 技术成为实现"社会 5.0"的基础性核心技术。

2017 年,日本制定了《人工智能技术战略》及其产业化路线图,起到人工智能战略"指挥塔"作用。2019 年 6 月,日本制定了《人工智能战略 2019》,依据该战略日本明确将"人才、产业竞争力、技术体系和国际化"等作为战略目标,同时明确了要加强 AI 技术的研发体制建设,政府将重点资助多个高校及顶尖研发机构,以引领全国的 AI 研发。

2021 年 6 月,日本出台《人工智能战略 2021》,继续将医疗、农业、基础设施等作为利用人工智能的优先领域,并制定针对性措施提高技术应用的透明度等。该战略着重在 AI 基础理论与技术、终端与设计、可靠的高质量开发及系统要素 4 个方面启动重点研发项目,大力布局基础性、融合性研发工作。2022 年 4 月,日本发布《人工智能战略 2022》,该战略设定了人才、产业竞争力、技术体系、国际合作、应对紧迫危机五大战略目标。2023 年 8 月,日本文部科学省宣布,将从 2024 年度起为从事人工智能等领域技术开发的顶尖年轻人才提供经济支持;同时,计划从 2024 年度起开发用于研究的 AIGC 的基础模型。

4.4.4 韩国:战略推动"AI 强国"发展建设

韩国政府于 2019 年公布了《人工智能国家战略》,以推动人工智能产业发展。该战略旨在推动韩国从"IT 强国"发展为"AI 强国",计划在 2030 年将韩国在人工智能领域的竞争力提升至世界前列。根据预算,相关措施若得以实施,到 2030 年,韩国将在人工智能领域创造 455 万亿韩元的经济效益。该战略提出要构建引领世界的人工智能生态系统、成为人工智能应用领先的国家、实现以人为本的人工智能技术。在人工智能生态系统构建和技术研发方面，韩国政府力争在 2021 年全面开放公共数据，到 2024 年建立光州人工智能园区，到 2029 年为新一代存算一体人工智能芯片研发投入约 1 万亿韩元。

2020 年 10 月，韩国政府发布旨在构建人工智能强国的《人工智能半导体产业发展战略》，计划到 2030 年实现"人工智能半导体强国"目标，把人工智能半导体正式培育为"第二个 DRAM（动态随机存储器，Dynamic Random Access Memory）"产业。

2023 年 9 月，韩国科学技术信息通信部审议通过了《基于人工智能和数字的未来媒体计划》，提出以 AI 为基础加速数字化转型，确保媒体、内容产业的全球竞争力的政策目标。根据该计划，韩国政府将在 AI 全民日常化领域投入 9090 亿韩元，以提升在该领域的竞争力。2023 年 10 月月底，韩国科学技术信息通信部审议表决了 AI 和尖端生物领域以任务为导向的战略路线图，明确 AI 领域 4 项关键技术目标，包括高效学习和 AI 基础设施建设、先进的建模和决策、产业利用和创新 AI、安全可信的 AI。

4.4.5 德国：依托"工业 4.0"打造德国品牌

德国政府在 2013 年提出的"工业 4.0"战略中，就已经涵盖了人工智能的相关内容。2018 年以来，德国联邦政府更加强调人工智能研发应用的重要性。2018 年 9 月，德国联邦政府颁布《高技术战略 2025》，该战略提出的 12 项任务之一就是"推进人工智能应用，使德国成为人工智能领域世界领先的研究、开发和应用地点之一"。该战略还明确提出建立人工智能竞争力中心、制定人工智能战略、组建数据伦理委员会、建立德—法人工智能中心等。

2018 年 11 月，德国政府在内阁会议上提出一项人工智能战略，计划在 2025 年前投资 30 亿欧元推动德国人工智能发展。该战略表示，德国应当成为全球领先的人工智能科研场所，尤其需要将研究成果广泛而迅速地转化为应用，并实现管理现代化。为此，德国联邦政府当前亟须采取措施，包括：为与人工智能相关重点领域的研发和创新转化提供资助；优先为德国人工智能领域专家提高经济收入；同法国合作建设人工智能竞争力中心须尽快完成并实现互联互通，组建欧洲人工智能创新集群；设置专业门类的竞争力中心；加强人工智能基础设施建设等。到 2025 年年底，德国联邦政府将累计投入 30 亿欧元，将"德国制造的人工智能"打造成全球认可的质量标志。

2020 年 12 月，德国政府批准了新版人工智能战略，计划到 2025 年把对人工智能的资助从 30 亿欧元增加到 50 亿欧元，从专业人才、研究、技术转移和应用、监管框架和社会认同等五大重点领域发力。新战略将专注于 AI 研究、专业知识、迁移和应用、监管框架等领域，可持续性发展、环境和气候保护、抗击流行病以及国际和欧洲网络等将成为新举措的重点。新战略提出进一步发挥德国"工业 4.0"的领先优势，加速人工智能在工业领域的应用转化，打造人工智能"德国制造"品牌。

2023 年 8 月，德国联邦教育与研究部（BMBF）发布了名为《人工智能行动计划 2023》的新版人工智能战略，确定了 11 个迫切需要采取行动的方向，包括加强研究基础、设立新研究议程、扩展 AI 基础设施、提高 AI 能力、将 AI 应用于各领域、推动多学科研究等。这些方向上的努力将成为德国未来科技政策的核心组成部分，将推动德国在 AI 领域的进一步发展。BMBF 还宣布，在当前国会任期内，将向人工智能领域投资总计超过 16 亿欧元。

4.4.6 英国：加大创新投入，推进成果转化

英国于 2017 年提出面向未来 10 年发展的《工业战略：建设适应未来的英国》，将"AI和数据"列为技术革命和产业发展的"四大挑战"之首。2018 年 4 月，政府与产业界、学术界协商出台《AI 产业发展协议》，明确政府投资 7 亿英镑，产业界投资 3 亿英镑，合计投资 10 亿英镑，支持 AI 发展。随后成立了专门的 AI 理事会，协调和监督协议执行；设立了跨政府部门的 AI 办公室，负责制定 AI 战略、制定政府采购 AI 框架、指导有关部门实施 AI 解决方案。

2021 年 1 月，英国人工智能委员会（AI Council）发布报告《人工智能路线图》（AI Roadmap），为英国政府制定国家人工智能战略提出了 16 条方向性建议。该报告主要围绕 4 个方面展开论述，提出要持续扩大对人工智能领域的投资、完善基础设施、建设高水平教育研究机构、吸引培养顶尖技术人才、提升公众信任度和加强人工智能跨领域运用等具体办法。其中提出英国 AI 发展的四大支柱：研究、开发与创新，技能与多样性，数据、基础架构和公共信任，国家和跨行业的采用。

2021 年 9 月，英国政府发布《国家人工智能战略》，为英国未来 10 年人工智能（AI）发展奠定基础。2022 年 6 月，英国国防部发布《国防人工智能战略》，该战略将促进国防领域采用人工智能实现决策优势、提高效率、解锁新能力、增强整体力量。人工智能技术得到了 4 年内额外 240 亿英镑的国防支持。2023 年 9 月，英国政府宣布将斥资 9 亿英镑建造 Isambard-3 超级计算机，以推动人工智能研究和创新。

参考文献

[1] 中国电子技术标准化研究院. 人工智能标准化白皮书（2018 版）[R]. 2018.

[2] TURING A M . Computing machinery and intelligence[J]. Mind, 1950, 59(236): 433-460.

[3] HINTON G E, SALAKHUTDINOV R R. Reducing the dimensionality of data with neural networks[J]. Science, 2006, 313(5786): 504-507.

[4] National Science and Technology Council. Preparing for the future of artificial intelligence[R]. 2016.

[5] National Science and Technology Council. National artificial intelligence research and development strategic plan[R]. 2016.

[6] Executive Office of the President. Artificial intelligence, automation, and the economy[R]. 2016.

[7] 国务院. 新一代人工智能发展规划〔2017〕35 号[R]. 2017.

[8] 孙浩林. 德国《高技术战略 2025》实施进展[J]. 科技中国, 2020(1): 102-104.

第5章　人工智能典型技术

人工智能技术主要研究计算机拟人态的职能和思维的行为和过程，包括学习、思考、推理和规划等。随着大数据、移动互联网、超级计算机、脑科学、传感网等新技术理论和社会经济的快速发展，人工智能历经感知智能、感知增强和认知智能三大发展阶段，也呈现出跨界融合、深度学习、人机协同、自主操控的新特征，如图5-1所示。

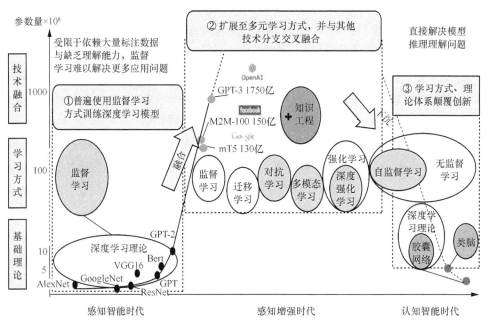

图 5-1　人工智能技术发展阶段

机器学习是指计算机在算法的作用下，通过对大量数据的自动学习，获取数据集中蕴含的内在规律，并在实际中加以应用，从而为人类提供帮助。机器学习已形成了一些具有代表性的算法，其中包含深度学习、人工神经网络及决策树等。目前，广泛应用的深度学习算法能够在海量数据信息中自行归纳和提取重要的特征。这种能力也可以进行多层特征提取及描述，同时进行特征的还原，实现深度学习的目标。人工智能从感知智能阶段发展为至今的认知智能阶段，是在传统神经网络拓展方面的进一步突破，可以借助非线性网络结构输入数据，且能够在少量样本数据中学习和集成本质特征。总体来看，机器学习技术主要包括监督学习、无监督学习、强化学习、深度学习和多任务学习等。

机器学习工作流程大致分为 5 步，如图 5-2 所示。一是数据获取与清洗，采集数据，并将数据进行清洗分类，分为训练数据集、验证数据集、测试数据集；二是构建模型，参考训练数据集，构建合理的特征模型；三是验证模型，在验证数据集上，验证构建好的特征模型的有效性，评估模型的可信度水平；四是评估模型，在测试数据集上，对验证过的特征模型进行评估测试，并使用新数据对评估完成的特征模型做数据预测；五是模型调优，采用参数调整、结果优化、调整权重、Bad Case 分析等方法来提高算法的性能。

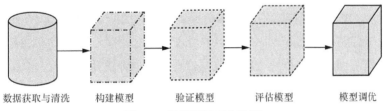

数据获取与清洗　　构建模型　　验证模型　　评估模型　　模型调优

图 5-2　机器学习工作流程

目前，医疗、工业、零售、金融成为机器学习的热门应用领域，AIDD（AI 制药）药物研发平台与服务逐渐成为机器学习赛道的投资焦点。据 IDC 发布的《中国人工智能软件 2022 年市场份额》，2022 年我国机器学习平台市场规模已达 35.4 亿元。该市场呈现出明显的头部厂商规模化效应，前 4 名的厂商占据 68.9% 的市场份额，如图 5-3 所示。由于机器学习平台的技术门槛以及落地的诸多挑战，该市场并没有呈现出百花齐放的状态。如图 5-4 所示，机器学习应用下游领域以金融为首，相关研究表明，2022 年中国金融领域机器学习产业规模占比为 37.5%，工业领域产业规模占比为 12.1%，工业领域产业规模后期成长空间较大。

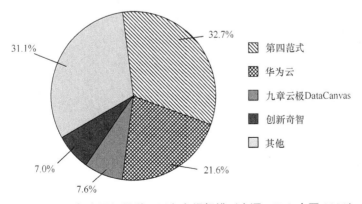

图 5-3　2022 年中国机器学习平台市场规模（来源：IDC 中国.2023）

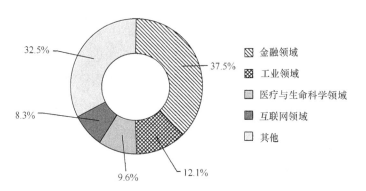

图 5-4　2022 年中国机器学习应用下游领域分布

机器学习产品以平台为核心产品形态，聚焦于诊断、预测、决策功能开发。从 2015 年至今，机器学习平台已经从大数据产品中的嵌入式模块，过渡为乙方开发行业解决方案的内部开发工具，并演变出可独立封装出售给甲方的专业级产品。数据平台服务商、AI 企业、互联网大厂、综合解决方案开发商是机器学习市场的主要参与者。AI 企业具备模型开发优势，将强化决策智能布局，回溯与巩固数据治理与数据计算薄弱环节；数据平台服务商、互联网大厂具备数据能力优势，将深入应用开发，提升行业 Know-How 能力。

5.1.1　监督学习

监督学习是最常见的一种机器学习方式，给定目标样本的值，监督学习算法通过计算得出目标样本和特征参数的关系。它的机制是基于一些事先标记的样本（输入和预期输出），训练机器得到一个最优模型或函数，再利用这个模型预测无标记的新的输入和输出，其工作原理如图 5-5 所示。函数的输出可以是一个连续的值（称为回归），也可以是一个分类标签（称作分类）。根据标签分布类型（连续型或离散型），可将监督学习算法分为回归算法和分类算法两种。

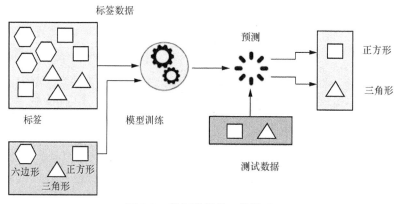

图 5-5　监督学习的工作原理

其中，回归是指预测连续的、具体的数值。通过分析已知样本数据的输入和输出值，拟合出一个函数，当有新的样本输入时，机器会通过函数预测出结果。机器学习算法会对不同的预测函数进行测试，并通过比较每个样本上的预测值和真实值的差别获得反馈，然后依据这些反馈不断地对预测函数进行调整。在这种学习方式中，预测量的真实值通过提供反馈对学习过程起到了监督的作用。回归算法包括线性回归算法、最近邻算法、神经网络算法。分类是对样本进行类别区分，用于离散型预测。对训练样本进行分类，从而得到预测模型。在完成机器学习后，机器会根据模型预测新数据所属类型。

目前，常见的监督学习方法有朴素贝叶斯分类器、支持向量机、K 最近邻算法、线性回归、人工神经网络、最小二乘法、决策树等，如表 5-1 所示。在实际应用中，监督学习是一种非常高效的学习方式，可用于风险评估、图像分类、欺诈检测、垃圾邮件过滤等。当前，监督学习应用在智能客服、智能家居、图像及语音识别等领域。

表 5-1　常见的监督学习算法

算法	概述
决策树	决策树根据特征的值进行分割，并根据最终的叶节点进行预测或分类。它易于理解和解释，可处理离散和连续特征，适用于分类和回归任务
支持向量机（SVM）	基于间隔最大化的二分类算法，通过在特征空间中找到一个最优超平面进行分类。SVM 可以处理线性和非线性问题，并具有较强的泛化能力
朴素贝叶斯	一组基于贝叶斯定理和特征条件独立性假设的概率分类算法。它通过计算后验概率进行分类，并假设特征之间相互独立
K 最近邻（KNN）	KNN 基于实例之间的距离进行分类。它根据最近的 K 个邻居的标签进行预测，适用于分类和回归问题
线性回归	线性回归用于预测连续输出变量的值。它建立了输入特征和输出之间的线性关系，并根据最小化误差来拟合最佳拟合线
逻辑回归	逻辑回归用于二分类问题。它使用逻辑函数（sigmoid 函数）将线性组合的特征转换为概率，并基于阈值进行分类
随机森林	一种集成学习方法，通过组合多棵决策树进行分类或回归。它使用随机特征选择和投票来提高模型的准确性和泛化能力
梯度提升	通过迭代训练弱学习器并进行加权组合来提高模型性能的集成方法。常见的梯度提升算法包括梯度提升树和 XGBoost

5.1.2　无监督学习

无监督学习是和监督学习相对的另一种主流的机器学习方法。无监督学习所给定的数据集不需要添加标签，数据没有给定目标值和类别信息。无监督学习不能直接应用于回归或分类问题，其目标是找到数据集的底层结构，根据相似性对数据进行分组，并以压缩格式表示该数据集，其工作原理如图 5-6 所示。

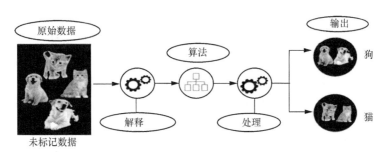

图 5-6　无监督学习的工作原理

　　无监督学习算法的任务是自行识别特征，通过数据之间的相似性将数据集聚类到组中来执行此任务。无监督学习采用未标记数据，这些未标记数据被输入机器学习模型以对其进行训练。它将解释原始数据以从数据中找到隐藏的模式，然后应用合适的算法。聚类和降维是两种主流的无监督学习方式，常见的无监督学习算法如表 5-2 所示。与监督学习相比，无监督学习用于更复杂的任务，更容易获得未标记数据，其本质上比监督学习更难，结果可能不太准确。当前，无监督学习常用于市场细分、社交网络分析等领域。

表 5-2　常见的无监督学习算法

算法	概述
聚类算法	用于将数据样本划分为不同的组或簇，每个簇内的样本具有相似的特征。常见的聚类算法包括 K 均值聚类、层次聚类和 DBSCAN（Density-Based Spatial Clustering of Applications with Noise）
降维算法	用于将高维数据映射到低维空间的过程，以便更好地进行可视化或者加快计算速度。常用的降维算法有主成分分析、独立成分分析等
关联规则挖掘	用于发现数据中的频繁项集和关联规则，可以揭示数据中的隐含关系和相关性。Apriori 算法和 FP-Growth 算法是常用的关联规则挖掘算法
异常检测	用于识别数据中的异常样本，通过与正常模式对比来识别异常样本，有助于发现潜在的问题或异常情况
自组织映射（SOM）	神经网络算法，用于将多维数据映射到一个二维或三维的拓扑结构上。它可以可视化数据的分布和聚类结构
高斯混合模型（GMM）	一种概率模型，用于建模多个高斯分布的组合，可以用于聚类、密度估计和生成新的样本
独立成分分析（ICA）算法	将多个信号分解成独立成分的算法，常用于语音信号分离、脑电图信号分析等领域

5.1.3　强化学习

　　强化学习又称再励学习、评价学习或增强学习，是机器学习的范式和方法论之一，其目标是使智能体在复杂且不确定的环境中最大化奖励。强化学习的基本框架主要由两部分组成，即智能体和环境，如图 5-7 所示。在强化学习过程中，智能体与环境不断交互。智能体在环境中获取某个状态后，会根据该状态输出一个动作，也称为决策。动作会在环境中执行，环境会根据智能体采取的动作，给出下一个状态及当前动作所带来的奖励。智能体的目标就是尽可能多地从环境中获取奖励。

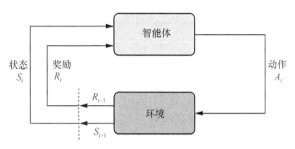

图 5-7　强化学习的基本框架

反复实验和延迟奖励是强化学习最重要的两个特征。强化学习的目标是最大化奖励而非寻找隐藏的数据集结构，尽管用无监督学习的方法寻找数据内在结构可以对强化学习任务起到帮助作用，但并未从根本上解决最大化奖励的问题。强化学习系统一般包括 4 个基本要素：策略、奖励、价值及环境（模型）。其中，策略定义了智能体对给定状态做出的行为；奖励信号定义了强化学习问题的目标；价值函数是对未来奖励的预测，需要对状态之间的转移进行分析，用来评估状态的好坏；环境（模型）是对环境的模拟，可以预测环境下一步的表现。

强化学习是一种理解和自动化目标导向学习和决策的计算方法，它强调个体通过与环境的直接交互来学习，而不需要监督或完整的环境模型。可以认为，强化学习是第一个从与环境的交互中学习以实现长期目标的有效方法，这种模式是所有形式的机器学习中最接近人类和其他动物学习的方法。目前常见的强化学习算法包括 Q-learning、SARSA、DDPG、A2C、PPO 和 DQN 等，如表 5-3 所示，强化学习现已被用于游戏、机器人和决策制定等应用中。

表 5-3　常见的强化学习算法

算法	概述
Q 学习（Q-learning）	无模型、非策略的强化学习算法，具有简单性和处理大型连续状态空间的能力。利用贝尔曼方程（Bellman Equation）迭代更新 Q 值（最优动作价值函数），直至收敛或者达到迭代最大次数
SARSA	无模型、基于策略的强化学习算法，具有处理随机动力学问题的能力，核心是根据当前状态和动作的 Q 值来更新值函数
深度确定性策略梯度（DDPG）	用于连续动作空间的无模型、非策略算法，属于 Actor-Critic 算法，对于机器人控制和其他连续控制任务具有优势
优势动作评论（A2C）	有策略的 Actor-Critic 算法，使用优势函数（Advantage Function）来更新策略，该算法实现简单，可以处理离散和连续的动作空间

算法	概述
近端策略优化（PPO）	策略算法，使用信任域优化的方法来更新策略，在具有高维观察和连续动作空间的环境中具有优势
深度 Q 网络（DQN）	无模型、非策略算法，使用神经网络逼近 Q 函数，特别适用于 Atari 游戏和其他类似问题

5.1.4　深度学习

深度学习技术是近年来人工智能领域最热门和前沿的技术之一，它是一种基于人工神经网络的机器学习方法，旨在模拟人脑神经元之间的连接和信息传递。深度学习可分为监督学习方法和无监督学习方法，前者包括深度神经网络、卷积神经网络、循环神经网络等，后者包括深度信念网络、受限玻耳兹曼机、自动编码器等，其典型模型与算法如表 5-4 所示。

表 5-4　深度学习的典型模型与算法

算法	概述
深度神经网络（DNN）	一种人工神经网络架构，具有多层非线性变换单元，可以通过训练来学习输入和输出之间的映射关系
卷积神经网络（CNN）	一种前馈神经网络，由一个或多个卷积层、池化层及顶部的全连接层组成，在图像处理领域表现出色
循环神经网络（RNN）	一类用于处理序列数据的神经网络，通过使用特定形式的存储器来模拟基于时间的动态变化，RNN 不仅能考虑当前的输入，而且赋予了网络对前序内容的一种"记忆"功能
生成对抗网络（GAN）	以随机噪声为输入并生成输出，输出是来自训练集分布的样本
深度信念网络（DBN）	一种多层次的神经网络结构，允许信息在网络内部进行多次传递和反馈，能够处理复杂的问题和学习抽象的特征
受限玻耳兹曼机（RBM）	具备两层结构、层间全连接和层内无连接的特点，可以有效地提取数据特征及预训练传统的前馈神经网络，可明显提高网络的判别能力
稀疏编码（SC）	通过训练和学习来构建对输入数据的描述函数，找到一组"超完备基向量"表示输入数据的算法，能更有效地找出隐含在输入数据内部的结构与模式来重构原数据
自动编码器（AE）	一种特殊类型的人工神经网络，从数据中学习有效的特征，多用于高维数据的降维处理和特征提取

神经网络是深度学习的代表算法，它是一种模仿动物神经网络行为特征，进行分布式并行信息处理的算法。这种网络依靠系统的复杂程度，通过调整内部大量节点之间相互连接的关系，从而达到处理信息的目的，并具有自学习和自适应的能力。

深度学习在计算机视觉、自然语言处理、语音识别等领域得到了广泛应用，并展现出强大的预测、分类、聚类等能力。其中，深度学习技术在图像识别方面的应用尤为突出。

2012 年，AlexNet 使用 CNN 在 ImageNet 上获得了显著的成功，标志着深度学习技术在图像识别方面的快速发展。此后，ResNet、Inception 等模型的出现不断提高图像识别的精度和效率。在自然语言处理方面，深度学习技术也有着广泛的应用。例如，RNN 可以应用于语音情感分析、机器翻译和自然语言生成等任务。另外，长短期记忆（LSTM）网络也是一种流行的深度学习模型，被广泛应用于语音识别和文本分类等任务。此外，预训练模型（如 BERT）的出现进一步提升了自然语言处理的效果。除此之外，深度学习技术还在医疗健康、金融风控、智能交通等领域得到广泛应用。

复杂的深度学习模型往往需要消耗大量的存储空间和计算资源，难以在端、边等资源受限情况下应用，具备低内存和低计算量优势的技术成为业界需求。轻量化深度学习成为应对这一挑战的重要技术，包括设计更加紧凑和高效的神经网络结构、对大模型进行剪枝（即"裁剪"掉部分模型结构），以及对网络参数进行量化从而减少计算量等方向。例如，谷歌提出的 MobileNet 和旷视科技提出的 ShuffleNet 等成为紧凑模型的典型代表；百度推出的轻量化 PaddleOCR 模型规模减小至 2.8MB，在 GitHub 上开源后受到热捧。

5.1.5　多任务学习

多任务学习是一种训练范式，是基于共享表示（shared representation），把多个相关的任务放在一起学习的一种机器学习方法。这些共享表示提高了数据效率，并可能为相关或下游任务提供更快的学习速度，有助于弥补深度学习在大规模数据要求和计算需求上的不足。多任务学习使得一个模型就能解决多个问题，其与单任务学习的对比如图 5-8 所示。

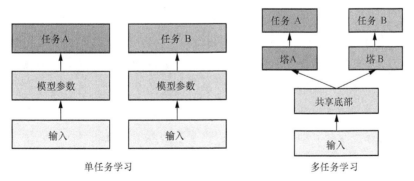

图 5-8　多任务学习与单任务学习的对比

多任务学习具有如下几个特点：一是具有相关联任务效果相互提升作用，即同时学习多个任务，若某个任务中包含对另一个任务有用的信息，任务间就能够相互学习并提高整体性能；二是具有正则化的效果，即模型不仅需要在一个任务上表现较好，还需要在别的任务上表现好，倾向于学习到在多个任务上表现都比较好的特征；三是多任务学习可以共享部分结构，降低内存占用，在推理时减少重复计算，提高推理速度。

多任务学习的现有方法通常被分为硬参数共享和软参数共享。其中，硬参数共享指模型的主体部分共享参数，输出结构任务独立。模型在处理不同任务时，其主体部分共享参数，针对不同任务使用不同的输出结构。这类方法通过在不同任务上学习共享的特征，降低模型在单个任务上过拟合的风险。即在多个任务之间共享模型权重的实践，使得每个权重被训练以联合最小化多个损失函数。软参数共享是指不同任务采用独立模型，模型参数彼此约束。在软参数共享下，不同的任务具有单独权重的任务特定模型，但是不同任务的模型参数之间的距离被添加到联合标函数中。底层共享的、不共享的参数如何融合到一起送到顶层，是目前的研究重点。

多任务学习技术的优势在于一个模型可以解决多个任务，比如首期、三期、六期等风险预测建模都可以通过一个模型解决。此外，利用任务之间的差异可以增强泛化能力，防止过拟合于某个单一的任务。通过多任务学习还可以进行知识迁移，增强主任务的效果。目前，多任务学习在以目标识别、检测、分割等场景为主的计算机视觉领域应用广泛。以人脸识别为例，脸部特征点检测不是一个独立的问题，它的预测会被一些不同但细微相关的因素（如遮挡和姿势变化等）影响。多任务学习能够把脸部特征点检测和一些不同但细微相关的任务（如头部姿势估计和脸部属性推断）结合起来，以提高检测的精准性。

5.2 自然语言处理

自然语言处理（Natural Language Processing，NLP）是研究人机交互方式的关键技术之一，通常是指将人类自然语言转化为计算机可以处理的形式，以及将计算机数据转化为人类自然语言，以便人与机器之间可以进行更加畅通的交流和互通。这些需要处理的语言形式通常体现为声音或文字，研究目标集中在自然语言通信的计算机系统中，同时还会涉及信息检索、信息提取及其他类型的技术。由于这些数据稀疏和平滑，因此需要对人类的语言进行语法分析和文本生成。

自然语言处理横跨计算机科学、人工智能和语言学三大领域。它与人工智能的关系如图 5-9 所示。为了让系统了解语言，自然语言处理发展从"鸟飞派"受惯性思维的影响，到利用强大数学理论的"统计派"，依靠各类模型的优化与计算机的进化，不断壮大。自然语言处理技术的目的是让计算机"理解"自然语言，而不是将晦涩的计算机语言输入系统并处理相关内容。总体来看，自然语言处理技术主要包括语言模型、词向量、机器翻译和文本分类等。

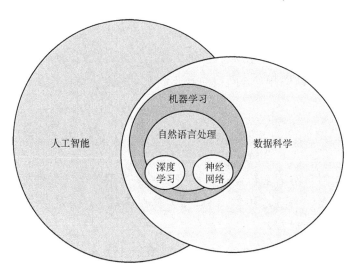

图 5-9　自然语言处理与人工智能的关系

从总流程上看，自然语言处理可分为两个部分：自然语言理解（Natural Language Understanding，NLU）和自然语言生成（Natural Language Generation，NLG）。NLU 主要是理解文本的含义，具体到每个单词和结构都需要被理解；NLG 则与之相反，分为 3 个阶段，即确定目标，通过评估情况和可用的交际资源来计划如何实现目标，最后将计划形成文本。NLP 内容总体可分为两大类 6 种模型。第一大类为对输入声音进行处理，分别可以输出文本、另一种声音、文本类型；第二大类为对输入文本进行处理，分别可以输出声音、另一种文本、文本类型。NLP 基本模型分类如图 5-10 所示。

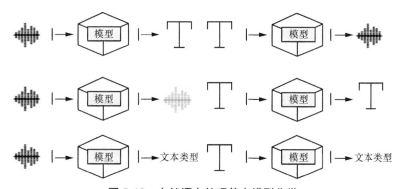

图 5-10　自然语言处理基本模型分类

自然语言处理承担语义智能任务的重要基石，一直保持着高速增长的发展态势。相关数据显示，2022 年全球 NLP 市场规模达 248.6 亿美元。中国作为 NLP 市场的重要组成，增速超过全球平均水平，2022 年中国 NLP 市场规模达到 175.9 亿元。国内 NLP 领域持续优化的政策环境和广阔的市场前景，为厂商提供了良好的发展空间。NLP 应用已广泛在多行业领域落地，如在金融行业应用于风险预警、合同分析、知识库建设等，在互联网领域应用于搜索优化、推荐引擎、文本审核等，在政务/公安领域应用于舆情监测、案件侦破、情报研判等，在企业服务领域应用于机器翻译、信息检索、文本生成、专利处理、机器人流程自动化（RPA）等。未来，随着预训练大模型技术范式的发展和大语言模型的商业化应用，一批聚焦语言大模型开发与应用的产业链上下游企业将具备发展契机。

5.2.1 语言模型

语言模型是指将自然语言转化成单词序列，并基于单词序列进行概率预测的模型。作为自然语言处理系统的核心任务，语言模型具有计算词序列的联合概率和进行向量表示的能力，并在许多领域有着广泛的应用。

语言模型的发展历程可分为两个主要阶段。第一个阶段是在统计学的基础上进行建模的统计语言模型阶段，此阶段的语言模型建模方法比较传统，主要使用上下文相关特性等信息。随着计算力的不断增强，语言模型的建模方式逐渐进入第二个阶段，即神经网络语言模型阶段。同时，可以根据模型的性质对神经网络语言模型进行进一步划分，即以设计神经网络结构为主的阶段和目前使用巨量语料库进行训练，再通过微调后应用于下游任务的预训练语言模型阶段。随着大语言模型对生成式模型的引入，神经网络语言模型可通过学习语言的概率分布，生成与训练数据相似的新文本，在自然语言处理任务中取得了突破性的表现，如图 5-11 所示。

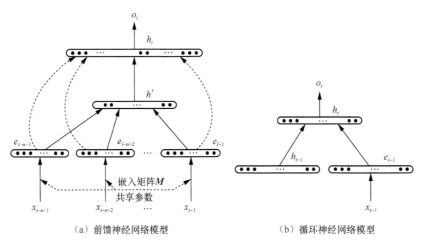

（a）前馈神经网络模型　　　　　　　　（b）循环神经网络模型

图 5-11　神经网络语言模型

当前，高质量数据集成为提升语言模型性能的重要手段，企业及研究机构构建高质量数据集，给模型性能带来显著提升。OpenAI 基于高质量数据集，发布新语音系统 Whisper，在语言识别、短语级时间戳、多语言语音转录等零样本任务上，相对其他模型，错误率降低了 50%，英文识别能力可接近人类水平；腾讯与西北工业大学联合发布通过构建基于 1 万多小时多领域语音数据集 WenetSpeech 的中文语音预训练模型，推动中文语音任务研究。

　　此外，智能语音技术面向实际落地应用需求，研发降低训练成本、提升推理效率的技术路线。科大讯飞提出基于小样本的语音技术，在语音合成任务中，一句话微调即可实现音色克隆。在语音识别任务中，100h 的语音数据可达到之前 10000h 的识别效果。快手构建流式声学模型，结合硬件优化技术，在语音搜索、语音输入法、实时字幕等场景精度无损的情况下，时延降低 40%，满足实际业务需求。

　　语音合成作为智能语音交互中的关键技术环节，通过突破音色复刻技术，提高合成效果，优化交互体验。字节跳动旗下的火山引擎研发全自动、高效、轻量级的音色定制方案，对数据量的需求仅为传统方法的 0.3%，即可实现语音克隆，实现同等录音棚录制的音色空间建模的标准；亚马逊语音助手 Alexa 仅需不到 1min 的录音即可实现人声模拟，该技术将被应用在智能音箱服务中。

　　语音识别已进入规模商用阶段，不断面向细分场景提升识别效果。多个完全基于神经网络的企业级自动语音识别（ASR）模型已成功投入实际应用，如语音助手 Alexa、美国音频 API 平台 AssemblyAI 等。面向细分场景提升模型性能表现，在金融领域，声扬科技推出 VoiceDNA 语音反欺诈平台，基于声纹识别技术，实现客户身份确认和可疑声纹检索，识别准确率达 95%，已应用于中国工商银行业务环境中；阿里云针对交通场景推出解决方案，可在 90dB 以上的嘈杂环境中实现精准语音交互，计算速度提升了 30%以上。北京地铁在首都机场线和大兴机场线推出语音购票服务，仅需 1.6s 即可完成购票进站，语音识别性能持续提升。

5.2.2　词向量

　　在处理自然语言的过程中，最基础的处理单元就是词。词向量也被称为词嵌入，是自然语言处理中的一组语言建模和特征学习技术的统称。其中，来自词表的单词或短语被映射到实数的向量上，这些向量能够体现词语之间的语义关系。从概念上讲，词向量涉及从每个单词多维的空间到具有更低维度的连续向量空间的数学嵌入。词向量已经被证明可以提高 NLP 任务（如文本分类、语法分析和情感分析等）的性能。

　　在自然语言处理任务中，对词向量有两种表示方式，分别是离散表示和分布式表示。前者把每个词表示为一个长向量，这个向量的维度是词表大小；后者将词转化为一个定长（可指定）、稠密并且互相存在语义关系的向量。此处的存在语义关系可以理解为，分布相似的词，是具有相同的语义的。任一词的含义可以用它的周边词来表示，词向量计算示意图如图 5-12 所示。

　　由于研究进程的持续迈进，词向量不单单应用于自然语言处理方面，也会应用于其他不同的领域。词向量的获取方式可以大体分为两类，一类是基于统计方法（如基于共现矩阵、SVD），另一类是基于语言模型。例如，由谷歌团队开发的 Word2vec 是词向量的一种代表技术，通过建立跳字模型和连续词袋模型两种模型，以及负采样和层序 softmax 两种近似训练法，可以较好地表达不同词之间的相似和类比关系。

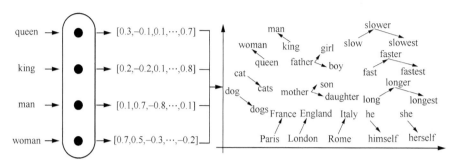

图 5-12　词向量计算示意图

5.2.3　机器翻译

机器翻译是指利用计算机实现从一种自然语言到另外一种自然语言的自动翻译。作为一门复合型、边缘化的学科，机器翻译是在现代语言学、统计概率学等理论支持下，基于计算机信息技术诞生的研究成果。目前，机器翻译技术根据智能算法的不同、对语言知识处理的不同来进行分类，主要包括规则法机器翻译、语料库法机器翻译和混合法机器翻译等。

当前的机器翻译从数据准备、建模到应用具有如下特点。

（1）数据准备。需要大规模"输入－正确输出"匹配的监督数据，如语音翻译中需要源语言语音和对应目标语言的文本这样的标注数据。

（2）建模。模型大多采用编码器－解码器架构，其中编码器用于编码源语言语义，解码器用于解码出目标语言文本。

（3）训练。重生成轻理解，即更加关注目标语言的生成，不重视生成过程是否基于源语言文本的语义理解。

（4）评价和优化。依赖与人类一致性较差的 BLEU（双语评估辅助工具）等自动评价指标，现有机器翻译模型几乎都采用 BLEU 等自动评价指标进行评价和优化。

（5）应用。大多为静态使用方法，即除了模型接收用户待翻译文本并输出翻译结果，用户和模型之间无任何其他形式的交互。

过去几十年，机器翻译的主流方法已经从基于规则的机器翻译、统计机器翻译，迁移到神经机器翻译。其中，端对端的神经机器翻译是一种全新的机器翻译技术，主要包括基于分治策略和多编码的神经机器翻译技术，能够解决传统人工神经网络对句子长度比较敏感的问题，在翻译长句子的过程中保证语义信息不受损，但翻译的长度会减短、翻译结构会简化。现有的神经机器翻译方法主要采用以 Transformer 为代表的编码器－解码器模型，基于大规模双语对照的训练数据学习源语言句子到目标语言句子的映射。

机器翻译因其效率高、成本低，满足了全球各国多语言信息快速翻译的需求。谷歌翻译、百度翻译、搜狗翻译等人工智能行业巨头推出的翻译平台逐渐凭借其翻译过程的高效性和准确性，占据了机器翻译行业的主导地位。在大模型的基础上，机器翻译面向特定场景和需求，逐渐拓展至语音翻译、图像翻译、视频翻译、多语言翻译和低资源小语种翻译等任务。

5.2.4　文本分类

文本分类是自然语言处理中重要的基础任务，其目的是在已知的分类中，根据给定文本内容，自动确定其所属文本类别。文本分类通常采用监督学习方法，通过训练数据构建分类模型。早期的文本分类方法大多基于统计学习范式，如朴素贝叶斯、*KNN*、支持向量机等。尽管在准确性和稳定性上相比简单的基于规则的方法有了很大程度的提升，这些方法仍然需要在特征工程上花费大量精力。

与之相对的，深度学习方法能够避免人工设计规则和特征，自动化地构建包含丰富语义的文本表示。因此，在 2010 年以后，深度神经网络如 RNN、CNN、GNN 等，逐渐取代统计学习方法，成为文本分类的主流方法。

完成文本分类任务一般需要经历两个阶段，分别是训练阶段和测试阶段。训练阶段的目标是基于训练集数据训练文本分类模型；测试阶段的目标是使用上一阶段训练好的模型，对新数据预测其类别。每个阶段又涉及预处理、特征降维、训练分类器 3 个步骤，如图 5-13 所示。其中，预处理将文本数据转换为计算机可处理的形式，包括分词、去停词、文本表示等；特征降维是由于文本内容复杂，难以用简单的方法表示，一般情况下，文本的特征会达到很高的维度，特征选择可以降低维度，从而使运算速度和准确率得到提高，主要用到的方法有词频－逆文档频率（TF-IDF）、卡方统计等。

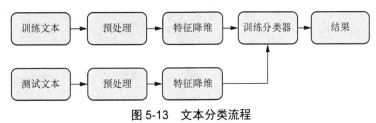

图 5-13　文本分类流程

近几年，得益于无监督预训练技术的蓬勃发展，以 ELMo、GPT、BERT 为代表的预训练模型实现了根据海量文本语料中高质量的文本语义建模，并极大地提高了文本分类任务的性能，文本分类也广泛应用于舆情监控、垃圾邮件过滤、新闻分类、商品分类、情感分析等领域。例如，在新闻分类中，文本分类可以用来将文章分配到不同的主题领域；在电子商务网站中，将产品分配到不同的品类。

5.3　计算机视觉

计算机视觉又称机器视觉，是一门让机器学会如何去"看"的学科，是深度学习技术的一类重要应用，被广泛应用到安防、工业质检和自动驾驶等场景中。具体来说，就是让机器识别摄像机拍摄的图片或视频中的物体，检测出物体所在的位置，并对目标物体进行跟踪，从而理解并描述出图片或视频里的场景和故事，以此来模拟人类视觉系统。

计算机视觉的目的是建立能够从图像或者视频中"感知"信息的人工系统。随着互联网技术的不断进步，数据量大规模增长，越来越丰富的数据集不断涌现。另外，得益于硬件能力的提升，计算机的算力也越来越强大。不断有研究者将新的模型和算法应用到计算机视觉领域，催生了越来越丰富的模型结构和更高的精度，同时计算机视觉所处理的问题也越来越丰富，包括分类、检测、分割、场景描述、图像生成和风格变换等，甚至拓展到视频处理技术和 3D 视觉等。目前主流的计算机视觉任务包括图像处理、物体检测、图片识别和视频分析等。

总体来看，计算机视觉经历了三大发展阶段，从传统依赖手工设计的算子（如尺度不变特征转换（Scale-Invariant Feature Transform，SIFT））进行特征提取，到卷积神经网络为图像处理带来创新，再到最新采用多头注意力机制的 ViT（Vition Transformer）推动计算机视觉迈入"大模型时代"。IDC《中国人工智能软件 2022 年市场份额》报告显示，我国计算机视觉 2022 年市场规模达 123.0 亿元。其中，商汤科技在 2018—2022 年年间一直位于榜首，随后是海康威视、创新奇智、旷视科技、云从科技、智慧眼科技，如图 5-14 所示。此外，云服务厂商成为视觉市场的重要力量，尽管没在榜内，但其市场规模已经越来越可观。在头部厂商之外，提供云边端解决方案的厂商，专注于行业应用场景诸如质检、巡检类的厂商，也是该市场的重要组成力量。从资本热度、市场规模、场景泛用来说，计算机视觉依然是 AI 发展的主战场，未来增量动力强劲。

计算机视觉细分赛道特点多样，包括泛安防（公安交通、社区楼宇）、金融等的主管部门释放了明确利好信号或大额持续投资的成熟赛道；医疗、能源和工业等具有战略意义、发展空间极大，但或陷入长审批周期或限于审慎性难以快速释放市场需求的行业；零售、农业等长尾需求频发或数字化水平较低且对价格敏感的领域；机器人和自动驾驶等技术融合应用领域。各类细分赛道的参与厂商、产品商业模式、落地瓶颈和竞争策略存在差异，但营收增长和业务持续是核心生命力。

从应用能力来看，视频、图像生成的精细度、流畅度和逼真度大幅提升，已跨越"虚—

实"界限。物体、环境渲染质量逼近真实世界，已跨越人类肉眼分辨临界点，未来或将改变影视动漫、游戏娱乐、新闻播报、虚拟客服等领域的发展模式。

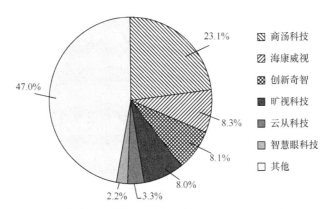

图 5-14　2022 年中国计算机视觉市场份额（来源：IDC 中国，2023）

5.3.1　图像处理

图像处理技术主要是指人工智能具有类似于人类的视觉功能，借助计算机可以主动获取并处理这些图片及其他多维度数据信息。数字图像处理的任务主要分为 3 个步骤：一是提高图像的清晰度，即视觉质量；二是识别并提取图像的某些特征值或者特征信息；三是对图像数据进行转换、编码、压缩等处理，以便图像以数字信号的形式进行传播、存储和分析。

图像处理的主要技术手段包括图像描述和图像分割。通常情况下，图像描述主要采用二维形状描述方式，包含边界描述和区域描述。图像分割的主要目的在于提取图像的有意义部分，包含边缘、区域和形状等，便于进一步地分析和处理。去除噪声是提高图像质量的有效手段，而图像增强和图像复原可以使图像的视觉效果产生飞跃。图像压缩的意义在于减少图像传输和处理时间，同时可有效减小图像存储空间。编码是压缩技术最主要的手段，发展较为成熟。以上图像处理方法和技术是计算机图像处理的主要途径。

随着深度学习在图像识别领域取得巨大突破（以杰弗里·辛顿在 2012 年提出的高精度 AlexNet 图像识别网络为代表），图像处理已成为深度学习中重要的研究领域，几乎所有的深度学习框架都支持图像处理工具。目前，图像处理技术已在地球资源勘探、气象预报、交通监控、工业检验、法律执行、人机交互、影视娱乐等领域应用。以游戏领域为例，2022 年 3 月，Unity 发布 4K 分辨率实时 AI 渲染宣传片，数字人的眼睛、头发、皮肤等细节与真人无异。除了视频/图像生成精细化能力大幅增强，模型的三维处理能力也持续提升。

5.3.2　物体检测

在机器人视觉系统中,物体检测是必备的关键技术,其任务是标出图像中物体的位置,并给出物体的类别。图像分割、物体追踪、关键点检测等任务通常都依赖于物体检测。物体检测不仅可以指导机器人完成某些常规任务,如工业机械臂的零件分拣等,也是解决导航、场景理解等复杂视觉任务的基础。

物体检测分为传统检测算法和深度神经网络方法。传统检测算法使用滑动窗的办法来判别物体位置,又分为检测窗口的选择、特征的设计和分类器的设计;而深度神经网络方法将物体检测的性能提升了一个层次。传统检测算法在经过无数次训练后会充分暴露其弊端,起初随着数据量的增大,其检测性能提升较快,到末期,提升幅度很小。深度神经网络方法则不同,随着训练次数的增多,它的性能将逐步提高,不会存在提升至饱和的情况。

目前,物体检测技术广泛应用于智能安防、智慧交通、机器人、智能家居、医疗诊断等领域。以自动驾驶为例,物体检测是自动驾驶核心系统——环境感知的重要技术。借助物体检测技术能提高自动驾驶系统对环境的场景(如障碍物的类型、道路标志及标线、行人车辆的检测,交通信号等数据的语义分类)的理解能力。

5.3.3　图片识别

图片识别是利用计算机对图像进行处理、分析和理解,以识别各种不同模式的目标和对象的技术,其产生目的是让计算机代替人类处理大量的物理信息。图片识别技术的过程分为信息的获取、预处理、特征抽取和选择、分类器设计和分类决策。信息的获取是指通过传感器,将光或声音等信息转化为电信息;预处理主要是指图像处理中的去噪、平滑、变换等操作,从而加强图像的重要特征;特征抽取和选择是指在模式识别中,需要进行特征的抽取和选择,这在图片识别过程中是非常关键的技术之一;分类器设计是指通过训练得到一种识别规则,通过此识别规则可以得到一种特征分类,使图片识别技术能够实现高识别率;分类决策是指在特征空间中对被识别对象进行分类,从而更好地识别所研究的对象具体属于哪一类。

现阶段,图片识别技术已经在公共安全、生物、工业、农业、交通、医疗等众多领域中得到了应用,如交通方面的车牌识别系统,公共安全方面的人脸识别技术、指纹识别技术,农业方面的种子识别技术、食品品质检测技术,医疗方面的心电图识别技术,无人零售方面的无人货架、智能零售柜、移动支付等。

5.3.4　视频分析

视频分析技术是指利用技术对视频片段进行数字化分析,以提高检测精度和分类能力来识别关键事件和可疑活动。在人工智能和深度学习的驱动下，智能视频软件检测和提取视频中的对象，基于经过训练的深度神经网络识别它们，然后对每个对象进行分类，以启用智能搜索、过滤、警报、数据聚合和可视化等分析功能，实现对象、属性、行为和事件的全方位分析，AI 视频分析示意图如图 5-15 所示。

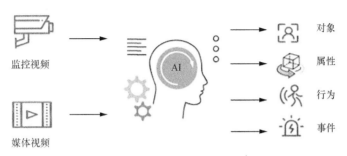

图 5-15　AI 视频分析示意图

在科技的发展与市场的需求下，智能视频分析技术的功能越发强大。该技术主要包括运动目标检测、目标跟踪、目标分类、行为理解 4 种智能视觉分析技术，无论在安防还是普通民用方面，均有相关的功能应用，包括周界警戒及入侵检测、目标移动方向检测、人体行为分析、目标消失和出现检测、人流量统计、车辆识别、焰火检测等。

5.4　多模态技术

多模态技术是指通过多种模态的信息输入，如文本、图像、语音、手势等，协同处理和理解多种信息。这些不同的信息模态可以相互补充，从而提高对事物的理解和处理能力。多模态技术主要包括特征表示、模态融合和多任务学习等关键技术。

IDC 调研数据显示，2022 年全球生成的数据中约 94% 以及存储的数据中近 77% 是非结构化数据。这意味着企业中多模态数据的治理与分析将成为未来的重点方向。目前，多模态技术的发展动力来自 3 个方向。一是 AI 模型算法和大模型的演进是推动多模态市场发展的主要技术驱动力；二是各行业的数字化转型加速，对 AI 解决方案的需求也呈现出高增长趋势；三是物联网、社交媒体、在线购物等数据爆炸式增长，多模态数据成为 AI 发展的重要资源。

多模态技术的重要性日益凸显，它将图像、语音、文本等多种模态信息融合，为人类与机器的交互方式带来了革新。目前，多模态技术已在智能客服、自动驾驶、医疗诊断等多个领域展现出巨大的应用潜力，包括提高系统的丰富度和准确性、提高用户体验，以及推动模型泛化能力的提升等。

5.4.1 特征表示

特征表示旨在整合来自多个不同模态实体的信息，主要需要解决的问题有如何组合来自不同模态的数据、如何处理不同模态不同程度的噪声和如何处理缺失数据。特征表示主要分为两种：联合特征表示（Joint Representation）和协同特征表示（Coordinated Representation）。联合特征表示将各模态信息映射到相同的特征空间中，而协同特征表示分别映射每个模态的信息，但是要保证映射后的每个模态之间存在一定的约束，使它们进入所谓的协同空间。联合特征表示最简单的例子是对单个模态数据特征进行串联。复杂的方法有神经网络、概率图模型和序列模型。

其中，神经网络是一种常用的单模态数据特征表示方法，广泛用于视觉、听觉和文本数据，并且越来越多地用于多模态领域。应用神经网络构造多模态特征表示时，每个模态数据都分别经过几个单独的神经网络层，然后经过一个或多个隐藏层将模态映射到联合空间，得到联合特征。最后将联合特征通过多个隐藏层或直接用于最终的预测。最流行的基于概率图模型的特征表示方法是深度玻耳兹曼机（DBM），与神经网络类似，模型通过堆叠 RBM 形成。DBM 的优势在于它们不需要监督数据进行训练。此外，DBM 可以很好地处理缺失数据，但缺点在于需要消耗巨大的计算成本。序列模型主要用于可变长度的序列，如句子、视频或音频流。序列模型主要采用 RNN 及其变体，如长短期记忆网络。早期的研究工作主要将 RNN 构造多模态特征表示应用于音视频语音识别（AVSR），并以此来进行情感识别和人类行为分析。

协同特征表示将每个模态投影到分离但相关的空间，每个模态的投影过程是独立的，但最终的多模态空间通过某种限制来协同表示。这部分主要分为基于相似性的模型和结构化协调空间模型。其中，基于相似性的模型的主要目标是最小化协调空间中不同模态之间的距离。例如，模型需要让"汽车"单词和汽车图像特征之间的距离要小于"飞机"单词和汽车图像特征之间的距离。但结构化协调空间模型在模态之间相似性的基础上强制附加其他约束，这种约束视不同的任务而定。

5.4.2 模态融合

模态融合将来自不同传感器或不同数据源的多个模态（如图像、文本、音频等）的信息融合起来，用于分类任务或回归任务，以提高任务的准确性和效率。模态融合的方法大致可分为与模型无关和与模型有关两类。

其中，与模型无关的融合方法主要包括 3 种：早期融合、晚期融合和混合融合。早期融合在提取了各模态的特征后，立即进行融合，最常见的方法是对特征进行简单的连接操作。早期融合方法利用每个模态低水平特征之间的相关性和相互作用，由于只需要单一模型的训练，早期融合方法的训练更容易。晚期融合对每种模态单独训练一个模型，而后采用某种融合机制对所有单独模态模型的结果进行集成。常用的晚期融合方法有平均方法、投票方法、基于信道噪声和信号方差的加权方法、训练融合模型等。晚期融合方法针对不同的模态训练不同的模型，因而可以更好地对每种模态数据进行建模，从而实现更大的灵活性。此外，当缺失某个模态数据时，一般不会导致模型难以训练。混合融合是以上两种方法的结合，在综合早期融合和晚期融合优点的同时，也增加了训练的难度。在深度学习中，各模型灵活性和不确定性较大，大多使用混合融合方法。

与模型有关的融合方法从实现技术和模型的角度解决多模态融合问题，常用的方法有3 种：多核学习方法、图像模型方法、神经网络方法等。多核学习方法是指支持向量机允许对数据的不同形式/视图使用不同的核，使得每个模态都找到其最佳核函数。图像模型方法主要通过图像分割、拼接和预测，对浅层或深度图形进行融合，从而生成模态融合结果。该方法的优点是容易利用数据的空间和时间结构，并允许将专家知识嵌入模型中，让模型的可解释性增强；神经网络方法已经大量地应用于多模态任务中，通过拼凑模型可以达到比前面两种方法更优的性能。此外，神经网络在图像字幕处理任务上表现良好，能够从大量的数据中自主学习。但随着网络模态的增加，其可解释性会变得越来越差。

模态融合技术的应用领域非常广泛，包括计算机视觉、自然语言处理、智能交互系统等方面。以运动检测辅助为例，模态融合可以通过综合利用不同信息源的优势，提高对用户状态和行为的识别及理解的准确性，从而为用户提供更加精准的运动指导和评估。同时，通过整合多种信息源，系统可以更全面地了解用户的个性化需求和偏好，从而为用户提供更加个性化、精准的服务和建议。

参考文献

[1]　IDC. 中国人工智能软件 2022 年市场份额[R].2022.

[2]　艾瑞咨询.AI 专题报告：2022 年中国人工智能产业研究报告[R]. 2022.

[3]　赛迪顾问. 2022—2023 年中国 NLP 市场研究年度报告[R]. 2023.

[4]　IDC. 中国多模态技术及应用场景趋势展望[R]. 2023.

[5]　杨晓静, 张福东, 胡长斌. 机器学习综述[J]. 科技经济市场, 2021(10): 40-42.

[6]　马敏. 论人工智能技术发展及应用[J]. 科技创新与应用, 2023, 13(8): 173-176.

[7]　王丁. 关于自然语言处理技术的分析与研究[J]. 科技创新导报, 2020(7): 141-142.

[8]　宋琰霖. 计算机视觉技术与运用研究[J]. 通讯世界, 2021, 28(8): 195-196.

第6章 人工智能重大演进进展

人工智能历经了数十年的演进，迎来了全新的发展阶段。在深度学习、大规模计算与大数据的支撑下，AI 呈现出更加普及化、集成化、智能化的发展态势，并对经济社会发展和人类文明进步产生深远影响，给世界带来巨大机遇。

6.1 AI 产业体系横向拓展

6.1.1 AI 产业体系概述

在技术进步、市场需求和政策支持的共同推动下，全球人工智能产业规模平稳增长，并在效率提高、决策优化、个性化服务和经济增长等方面体现了重要作用。总体来看，人工智能产业链如图 6-1 所示，主要包括 3 层：基础层、技术层和应用层。各层环环相扣，基础层和技术层提供技术运算的平台、资源、算法，应用层的发展离不开基础层和技术层的支撑。

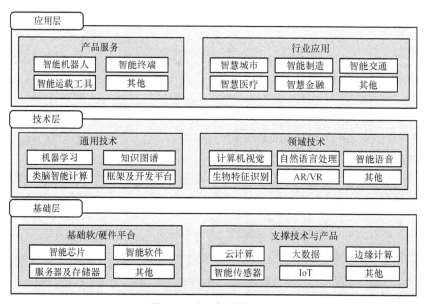

图 6-1　人工智能产业链

基础层主要涉及数据的收集与运算，是人工智能发展的基础。具体来看，基础层主要包括基础软/硬件平台和支撑技术与产品，基础软/硬件平台涵盖智能芯片、智能软件、服务器及存储器等；支撑技术与产品涵盖云计算、大数据、边缘计算、智能传感器、物联网等，其中，智能传感器及大数据主要负责数据的收集，智能芯片和云计算负责运算。

技术层处理数据的挖掘、学习与智能处理，是连接基础层与应用层的桥梁，这是人工智能行业发展的核心。技术层主要包括通用技术和领域技术，通用技术涵盖机器学习、知识图谱、类脑智能计算、框架及开发平台；领域技术涉及计算机视觉、自然语言处理、智能语音、生物特征识别等，其中，计算机视觉为技术层 AI 企业布局最集中的领域，是人工智能最核心的技术之一。

应用层是建立在基础层与技术层基础上，将人工智能技术进行商业化应用，实现技术与行业的融合发展以及不同场景的应用，主要包括产品服务与行业应用。产品服务涵盖智能机器人、智能终端、智能运载工具等；行业应用涵盖智慧城市、智能制造、智能交通、智慧医疗、智慧金融等。

6.1.2　AI 产业发展趋势

2023 年全球人工智能产业规模不断扩大，全球人工智能市场收入达 5132 亿美元，同比增长 20.7%，预计到 2026 年市场规模可达 8941 亿美元，全球人工智能产业规模及增速如图 6-2 所示。其中，AI 软件收入持续占据主导地位，占近九成的市场份额，2023 年市场规模高达 4488 亿美元，同比增长 20.4%。以区域市场规模来看，美洲地区规模最大，2023 年达 2886 亿美元，占 AI 软件市场的 64.3%；亚太地区市场则相对规模较小，2023 年仅为 550 亿美元。

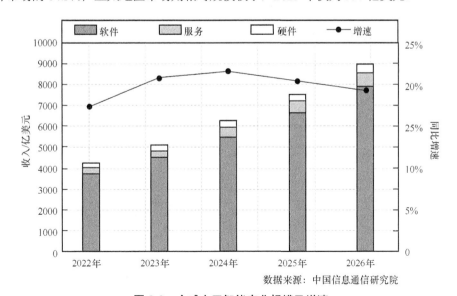

数据来源：中国信息通信研究院

图 6-2　全球人工智能产业规模及增速

从产业分布区域差异来看，美国主导 AI 芯片、AI 框架等核心技术，处于全球领先地位。特别是在 GPU 芯片方面，英伟达占据了主要市场并远超其他竞争对手。美国虽然在人工智能领域拥有优势，但也面临来自中国的强大的挑战和竞争，AI 产业重要环节及厂商如图 6-3 所示。中国芯片产业链逐渐成熟、协同创新的趋势正在显现，例如，华为的昇腾系列 AI 芯片已经初步适配了中国国内 100 多个大模型，逐步取代英伟达 AI 芯片，算力达到了英伟达高端芯片 A100 的水平，为中国算力奠定了基础。

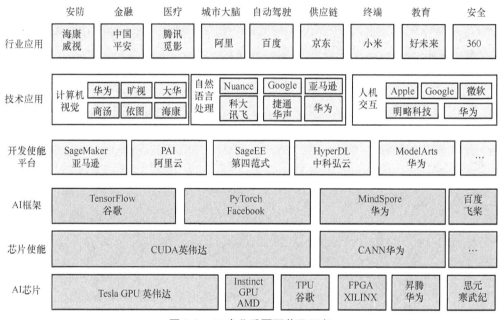

图 6-3　AI 产业重要环节及厂商

中国 AI 应用发展繁荣，已处于世界前沿水平。目前，AI 在安防、制造业、金融业、零售业、教育行业的应用具有较高的成熟度，产业规模及行业渗透率都较高；在政务、医疗、农业、文娱方面应用成熟度较低，尚有较大的可拓展空间；在行业应用上包括智能机器人、智能驾驶、无人机、AR/VR、大数据及数据服务、各类"AI+"的垂直领域应用等。截至 2023 年年底，中国人工智能产业蓬勃发展，核心产业规模达到 5787 亿元，企业数量达到 4482 家，人工智能产业链已覆盖芯片、算法、数据、平台、应用等上下游关键环节，细分领域不断取得突破。

从产业趋势来看，AI 产业体系开始横向拓展，总体呈现以下三大变化。

一是计算需求分化，专用计算芯片兴起。英伟达 BlueField-3 数据处理器（DPU）在 I/O 路径中提供强大的计算能力和多种可编程加速引擎，使软件定义硬件加速的 IT 基础设施应用于云原生超级计算、多租户和安全加速等领域。英伟达 ConnectX-6 Dx 将开放的 vSwitch 数据路径转发从主机的 CPU 分流到网卡的专用集成电路（ASIC），能够实现较高的性能和可扩展性。

二是垂直行业平台/特定应用不断涌现。以医疗行业为例，为满足新冠疫情带来的新药需求，提高因集采、医保等政策持续走低的收益，药企开始借助 AI 缩减新药研发时间、降低失败概率，例如，星药科技利用 AI 发现针对自身免疫性疾病的小分子临床前候选化合物，在药效、药代动力学、安全性等方面表现优异，且在体外和体内临床前研究中都显示出颇有前景的结果，验证了 AI 技术驱动药物发现能力的闭环。

三是 AI 开发工具向精细化方向发展，开始覆盖数据流转和模型开发全生命周期。CB Insights 2022 年度 AI 100 榜单中新增 AI 开发工具类别，榜单上接近三分之一的企业正在开发平台等工具，以支持 AI 生命周期各个阶段的管理，包括数据标注、模型开发及模型监控等，降低了 AI 开发门槛。

6.2　AI 芯片迭代构筑底层技术优势

在 AI 产业发展中，算力可看作算法和数据的底层基础设施，算力的实现核心为各类计算芯片。AI 芯片是专门为 AI 计算加速而设计的芯片，"CPU+X"的异构计算模式极大提高了 AI 应用的运算效率。X 指代 AI 芯片，常见产品类型包括 GPU、FPGA、ASIC 与类脑芯片，不同类型芯片情况对比如表 6-1 所示，国内外不同类型 AI 芯片主要厂商如图 6-4 所示。

表 6-1　不同类型芯片情况对比

技术架构	定制化程度	可编辑性	算力	价格	优点	缺点	应用场景
GPU	通用型	不可编辑	中	高	通用性较强且适合大规模并行运算，设计和制造工艺成熟	并行运算能力在推理端无法完全发挥	高级复杂算法和通用性人工智能平台
FPGA	半定制化	容易编辑	高	中	可通过编程灵活配置芯片架构适应算法迭代，平均性能较高，功耗较低，开发时间较短	量产单价高，峰值计算能力较低，硬件编程困难	适用于各种具体的行业
ASIC	全定制化	难以编辑	高	低	通过算法固化实现极致的性能和能效，平均性能强，功率很低，体积小，量产后成本最低	前期投入成本高，研发时间长，技术风险大	当客户处在某个特殊场景，可为其独立设计一套专业智能算法软件
类脑芯片	模拟人脑	不可编辑	高	—	最低功耗，通信效率高，认知能力强	目前仍处于探索阶段	适用于各种具体的行业

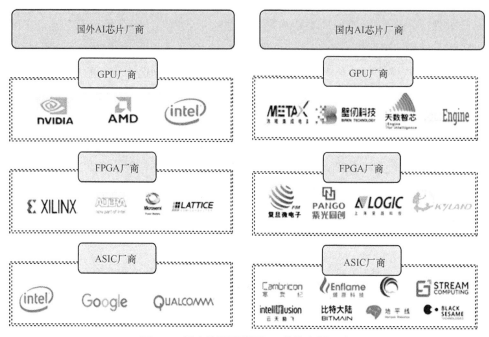

图 6-4　国内外不同类型 AI 芯片主要厂商

依据 Gartner 数据，2023 年全球 AI 芯片（包括 GPU、FPGA，以及以视频处理单元（VPU）、张量处理单元（TPU）为代表的 ASIC 芯片）市场规模为 534 亿美元，比 2022 年增长 20.9%，2024 年将增长 25.6%，达到 671 亿美元。到 2027 年，AI 芯片营收预计将是 2023 年市场规模的两倍以上，达到 1194 亿美元。随着智能安防、无人驾驶、智能手机、智慧零售、智能机器人等行业对 AI 芯片的需求不断增长，全球 AI 芯片数量情况呈现出逐年增长的趋势，据统计 2022 年全球 AI 芯片数量为 1433 万套，同比增长 18.2%；2023 年 AI 芯片的数量增至 1640 万套，同比增长 14.4%。

全球 AI 芯片产品以 GPU 为主导，主要应用设备为计算电子类，包括数据中心、计算机、服务器等。2023 年，AI 大模型的迅猛发展推高了 GPU 售价，推动 AI 芯片（包括 GPU、FPGA）收入规模高速增长。据统计，英伟达 H100 价格在过去半年里涨幅超 20%，行业预计从 2024 年起收入增速会回落至 15% 左右，并保持稳定增长。

全球 AI 芯片市场高度集中。目前全球 AI 芯片市场主要被英伟达（NVIDIA）、超威半导体（AMD）、英特尔（Intel）、谷歌（Google）等欧美地区厂商主导。GPU 产品领域，英伟达一家独大，占据了全球 GPU 市场八成份额，剩余市场份额主要被超威半导体和英特尔占领。面对英伟达在通用 AI 芯片的垄断格局，谷歌、亚马逊（AWS）、微软等云服务商纷纷入场，从 ASIC 等专用芯片切入，加速抢占全球 AI 市场。根据 Liftr Insights 数据，2022 年，在数据中心 AI 加速市场，英伟达市场份额达 82%，亚马逊和 Xilinx 分别占比 8%、4%，超威半导体、英特尔、谷歌均占比 2%，2022 年美国数据中心 AI 芯片市场份额如图 6-5 所示。

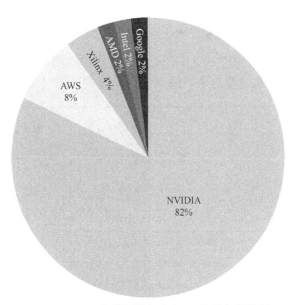

图 6-5 2022 年美国数据中心 AI 芯片市场份额

中国高度重视 AI 芯片产业发展，陆续发布一系列支持政策，如表 6-2 所示，为人工智能芯片业营造优良的政策环境，促进行业繁荣发展。

表 6-2 中国 AI 芯片产业发展相关政策

政策名称	发布部门	发布时间	相关内容
《"十四五"数字经济发展规划》	国务院	2022 年	瞄准传感器、量子信息、网络通信、集成电路、关键软件、大数据、人工智能、区块链、新材料等战略性前瞻性领域，发挥我国社会主义制度优势、新型举国体制优势、超大规模市场优势，提高数字技术基础研发能力
《"十四五"国民健康规划》	国务院	2022 年	推广应用人工智能芯片、大数据、5G、区块链、物联网等新兴信息技术，实现智能医疗服务、个人健康实时监测与评估、疾病预警、慢性病筛查等
《中华人民共和国国民经济和社会发展第十四个五年规划和 2035 年远景目标纲要》	十三届全国人大四次会议	2021 年	"十四五"期间，我国新一代人工智能产业将着重构建开源算法平台，并在学习推理与决策、图像图形等重点领域进行创新，聚焦高端芯片等关键领域
《国家新一代人工智能标准体系建设指南》	国家标准化管理委员会、中央网信办、国家发展改革委、科技部、工业和信息化部	2020 年	到 2023 年，初步建立人工智能标准体系，重点研制数据、算法、系统、服务等重点急需标准，并率先在制造、交通、金融、安防、家居、养老、环保、教育、医疗健康、司法等重点行业和领域进行推进

中国 AI 芯片市场规模呈现爆发式增长，逐渐成为全球 AI 芯片市场的重要力量。2022年，中国 AI 芯片市场规模为 850 亿元，2023 年，中国 AI 芯片市场规模依据德勤预估达到1206 亿元，201—2023 年复合增长率高达 80%。中国 AI 芯片市场规模如图 6-6 所示。

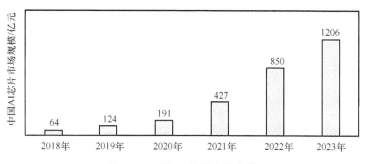

图 6-6　中国 AI 芯片市场规模

中国 AI 芯片也以 GPU 为主，2022 年 GPU 市场份额占据了绝对主导地位，占比为 86%；其次是 NPU，占比为 12%；最后是 ASIC，占比为 2%。中国 AI 芯片市场产品结构如图 6-7所示。中国 AI 芯片行业起步晚，目前 AI 芯片高度依赖进口，2022 年中国 AI 加速卡出货量约为 109 万张，其中英伟达在中国 AI 加速卡市场份额 85%，华为市场份额为 10%，百度为 2%，中国 AI 芯片企业竞争格局（按出货量）如图 6-8 所示。

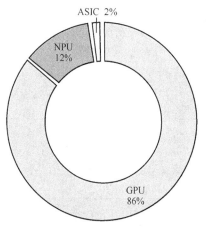

图 6-7　中国 AI 芯片市场产品结构

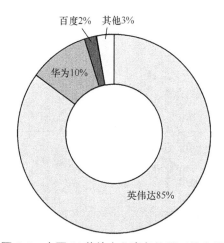

图 6-8　中国 AI 芯片企业竞争格局（按出货量）

面对国外厂商的垄断压力，中国互联网厂商与 AI 芯片创业厂商积极入局，选择特殊应用集成电路（ASIC-DSA）或通用图形处理器（GPGPU）等细分产品架构切入中国 AI 芯片市场。未来，在中国东数西算、智算中心、新型数据中心的建设浪潮与互联网厂商自研及投资驱使下，ASIC-DSA 架构的 AI 芯片产品由于 ASIC 定制化可实现的极致产品性能及特定领域架构（DSA）部分软件可编程扩大场景范围的优质特性，将率先在推理侧展开对 GPU 的替代，顺应"先推理后训练"的发展路径，逐步实现国产 AI 芯片的多点开花。

从产品进展来看，互联网厂商依托持续研发投入、雄厚技术实力与内部应用场景进展领跑，以华为海思与百度昆仑为代表的云端 AI 芯片产品现已达数万片量级的落地规模，在实现自身应用的同时完成部分对外的销售落地。中国 ASIC 初创厂商多已完成产品迭代，与互联网短视频、泛安防厂商或车企达成联盟协作，有序进入产品验证、小规模销售或规模化应用阶段；中国 GPGPU 厂商产品也在 2023 年陆续完成点亮发布。综合来看，中国 AI 芯片厂商的产品已实现切实落地，未来将更强调系统集群与软件生态建设，自主可控基底不断加厚。

6.2.1　英伟达

英伟达成立于 1993 年，是全球知名的显卡企业，以设计和制造计算机处理器起家，经过三十多年的发展成为了全球 AI 芯片领域的巨头，2023 年市值冲破万亿美元。

英伟达作为第一家发明 GPU 的芯片公司，1999 年 GPU 的问世重新定义了计算机图像，激发了个人计算机（PC）端游戏的发展市场，促进了现代人工智能领域的发展，同时给元宇宙的创新注入了强劲动力。目前，英伟达发展成了一家全栈计算公司，以 CPU、GPU、DPU 为主营业务，英伟达主要产品如表 6-3 所示，在数据中心、游戏、专业可视化、汽车等领域提供具有竞争力的产品及服务，主要客户包括微软、谷歌、亚马逊、阿里巴巴等全球知名企业。

表 6-3　英伟达主要产品

数据中心	游戏	专业可视化	汽车
DGX 系统	GeForce RTX 40 系列	Quadro 系列	Drive AGX 系列
Grace CPU	GeForce RTX 30 系列	RTX 系列	Orin 系列
BlueField DPUs	GeForce RTX 20 系列	Quadro Virtual	NVIDIA DRIVE
Hopper GPU	GeForce GTX 16 系列	Workstation	—

目前在英伟达四大业务板块中，数据中心和游戏业务占主要部分，共同驱动英伟达的业绩不断壮大。2022 年以来，游戏业务受终端需求的影响逐渐疲软，英伟达数据中心业务得益于人工智能算力需求增长强劲，2023 年第二季度以来超过了游戏业务的营收，已成为英伟达最重要的业务。

数据中心产品方面，英伟达打造了从硬件到软件的全面覆盖的产品体系，以"强大的 GPU+CUDA 软件生态"构建了公司坚固的产品护城河，英伟达软/硬件产品情况如表 6-4 所示。

表 6-4　英伟达软/硬件产品情况

硬件产品		软件产品
CPU	Grace CPU，台积电 4N 工艺制造，72 核 ARM v9 指令集架构，自研 CPU 核心 性能：相比于 x86CPU 运行速度快 2.3 倍、内存密集型数据处理性能快 2 倍 量产时间：2023 年下半年	CUDA：2006 年推出，是英伟达基于其 GPU 开发的一个并行计算平台和编程模型。借助 CUDA 平台可以充分释放 GPU 的通用计算能力，将应用领域从 3D 游戏和图像渲染处理拓展到科学计算、大数据处理、机器学习等密集计算领域
GPU	H100：台积电 4N 工艺制造（5nm），800 亿个晶体管，算力 1513/1979TOPS、是 A100 的 3～6 倍，互联网带宽 128Gbit/s PCIe 或 400/900Gbit/s NVLink，80GB 内存 H800（中国版）：5nm 制程，算力 1513/1979TOPS，互联带宽 128Gbit/s PCIe 或 450Gbit/s NVLink，80GB 内存 A100：7nm 制程，算力 624TOPS，互联带宽 64Gbit/s PCIe 或 600Gbit/s NVLink，40GB/80GB 内存 A800（中国版）：7nm 制程，算力 624TOPS，互联带宽 64Gbit/s PCIe 或 400Gbit/s NVLink，40GB/80GB 内存 V100：12nm 制程，算力 112/125/130T OPS，互联带宽 32Gbit/s PCIe 或 300Gbit/s NVLink，16GB/32GB 内存	CUDA 对开发者非常友好： （1）使用门槛较低，包括安装过程简单，支持很多编程语言，如 C 语言、C++、Fortran、Java、Python 等； （2）兼容性很好，可以运行在 Windows、Linux、MacOS 等操作系统上； （3）免费开放 CUDA 开发资源丰富： （1）拥有强大的社区资源，这个社区由专业的开发者和领域专家组成，通过分享经验和解答疑难问题，为 CUDA 开发者提供支持； （2）拥有丰富的代码库资源，涵盖各个计算应用 CUDA 拓展丰富用户群体：
DPU	专注于底层数据基础设施的效能提升，处理"CPU 处理效率低下、CPU 处理不了"的负载 BlueField 系列：BlueField-3 传输速率 400Gbit/s，32GB DDR5 内存，16 个 ARMA78 CPU 核，10 倍加速计算能力和 4 倍加密速度	（1）CUDA 引入大学课程，从源头上扩大 CUDA 的使用范围和受众群体； （2）建立了 CUDA 认证计划、研究中心、教学中心； （3）CUDA 在众多领域建立了强大合作伙伴网络，包括深度学习、图像和自然语言处理、大模型、科学计算（天气模拟、流体动力学、分子动力学、量子化学、天体物理模拟等）等
GraceHopper 超级芯片	72 核 Grace CPU 与 Hopper 100 GPU 通过 NVLink Switch 技术连接继承，96GB 的 HBM3、512GB 的 LPDDR5X、2000 亿个晶体管 性能：CPU 内存带宽最高 546GB/s、GPU 内存带宽 3000GB/s、GPU-CPU 双向连接带宽 900GB/s、GPU-GPU 双向连接带宽 900GB/s	DOCA：2021 年推出，运行在 DPU 上的软件开发平台，通过创建高性能的、软件定义的、云原生的 DPU 加速服务，可以对数据中心基础架构进行编程，更大限度发挥数据中心的加速性能。
DGX GH200 超级计算机	将 256 个 GH200 超级芯片和高达 144TB 共享内存连接成一个单元性能：突破 1Exaflop（1 百亿亿次） 量产时间：2023 年年底	DOCA 之于 DPU 就像 CUDA 之于 GPU

其中，硬件方面，英伟达数据中心业务主要围绕 CPU、GPU、DPU 三者开展，分别研发出了 Grace CPU 架构、BlueField DPU 架构、Hopper GPU 架构 3 种主要类型产品。Hopper

架构通过 Transformer 引擎推进 Tensor Core 技术的发展，能够应用混合的 FP8 和 FP16 精度，以大幅加速 Transformer 模型的 AI 计算。与上一代相比，Hopper 还将 TF32、FP64、FP16 和 INT8 精度的每秒浮点运算（FLOPS）提高了 3 倍。在 2023 年 COMPUTEX 大会上，英伟达还推出 DGX GH200 人工智能超级计算机，该型计算机将会用于驱动生成式人工智能、推荐系统和资料分析，新结构提供了比前一代系统更高的带宽，相比竞争对手的产品，互连能耗效率高出了 5 倍，DGX GH200 相较前代在 GPU 内存上的提升如图 6-9 所示。同时与单个英伟达 DGXA100 320GB 系统相比，NVIDIA DGX GH200 通过 NVLink 为 GPU 共享内存编程模型提供了近 500 倍的内存。

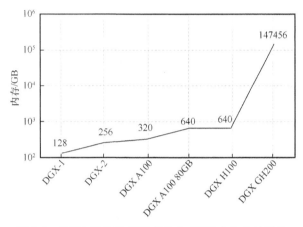

图 6-9 DGX GH200 相较前代在 GPU 内存上的提升

软件方面，英伟达建立了以 CUDA 为核心的软件开发平台和生态系统，使开发者可以使用 C 语言、C++、Fortran 等语言为 CUDA 架构编写程序，并利用 GPU 的并行计算能力来加速各种复杂的计算问题。早在 2006 年，英伟达就大力支持 CUDA 系统在 AI 领域的开发与推广，在当时每年投入 5 亿美元的研发经费，年营业额只有 30 亿美元，对 CUDA 进行不断更新与维护，并让当时美国大学及科研机构免费使用 CUDA 系统，使 CUDA 系统迅速在 AI 以及通用计算领域开花结果，其他 GPU 厂商若无法与英伟达的架构、封装技术、驱动优化等均保持一致，就不能与其适配。目前 CUDA 几乎只支持英伟达的 Tesla 架构 GPU，英伟达通过 CUDA 与 GPU 高度绑定，构筑极高的 AI 芯片行业壁垒，短期内其他企业难以撼动。

6.2.2 AMD

AMD 成立于 1969 年，是全球知名的半导体企业。AMD 以 CPU 业务发家，并通过不停地并购，逐步建立"CPU +GPU+ DPU+ FPGA"完整的芯片布局。目前公司在 CPU 领域与英特尔直接竞争，在 GPU 领域与英伟达直接竞争，CPU 与 GPU 市占率（市场占有率）均为全球第二。

AMD 主营业务涉及游戏业务、用户业务、数据中心和嵌入式产品服务，2022 年收入占比分别为 29%、26%、25%、20%。产品方面，数据中心业务产品包括主要面向云计算、企业和高性能计算的霄龙服务器处理器（EPYC），面向高性能计算和人工智能的 Instinct MI GPU 加速器，以及 Xilinx 中的 AI 部分以及 Pensando 的 DPU 产品；游戏业务产品包括为游戏机厂商制作半定制 SOC 的半定制业务、消费级 Radeon 系列显卡以及为工作站推出的 Radeon Pro 系列显卡；客户端业务产品包括面向个人台式机和笔记本计算机的锐龙、速龙处理器，以及为工作站推出的 Thread ripper PRO 处理器和锐龙 Pro 处理器；嵌入式业务产品包括锐龙和霄龙嵌入式处理器，以及 Xilinx 的 ALVEO、VERSAL 和 ZYNQ 系列产品，主要面向医疗保健、工业、机器人、汽车、计算机视觉等领域用户。

当前 AI 已成为 AMD 的战略首位，公司 2023 年 12 月发布的 MI300 系列产品，已成为公司切入 AI 赛道的重要里程碑。MI300 系列产品包含两个版本，一是适用于人工智能计算的高级图形处理器 MI300X，二是面向人工智能和科学研究，将图形处理功能与标准中央处理器相结合的 MI300A。目前 MI300X 已出货，科技和云巨头 Meta、微软、甲骨文和服务器供应商戴尔、惠普、联想、超微等均是关键客户，如图 6-10 所示。MI300X 性能相较英伟达 H100 SXM 有所提升，在各项浮点精准度的 AI 算力上能实现高达 9 倍的提升，在高性能计算（HPC）负载上也能实现 2.4 倍的提升，AMD 主要 GPU 参数与英伟达对比如表 6-5 所示。

图 6-10　AMD Instinct MI300X 主要客户

表 6-5　AMD 主要 GPU 参数与英伟达对比

产品名称	AMD			英伟达	
	MI250X	MI300A	MI300X	H100 SXM	H200 SXM
发布时间	2021 年 11 月	2023 年 12 月	2023 年 12 月	2022 年 3 月	2023 年 11 月
AI 应用中的峰值算力/TFLOPS	INT8:383TOPS FP16:383 BFLOAT16:383	FP8:1,961.2 INT8:1,961.2TOPS FP16:980.6 BFLOAT16:980.6 TF32(Matrix):490.3	FP8:2,614.9 INT8:2,614.9TOPS FP16:1,307.4 BFLOAT16:1,307.4 TF32(Matrix):653.7	FP8:1,978.9 INT8:1,978.9TOPS FP16:989.4 BFLOAT16:989.4 TF32(Matrix):494.7	FP8:1,978.9 INT8:1,978.9TOPS FP16:989.4 BFLOAT16:989.4 TF32(Matrix): 494.7
最高时钟频率/GHz	1.7	2.1	2.1	1.98	1.98

产品名称	AMD			英伟达	
	MI250X	MI300A	MI300X	H100 SXM	H200 SXM
工艺制程	TSMC 6nm FinFET	TSMC 5nm/6nm FinFET	TSMC 5nm/6nm FinFET	TSMC 4nm	TSMC 4nm
芯片面积/mm²	724	1017	1017	814	—
晶体管数量/亿	582	1460	1530	800	800
内存容量/GB	128 HBM2e	128 HBM2e	192 HBM2e	80 HBM2e	141 HBM2e
内存带宽/ (TB·s⁻¹)	3.3	5.3	5.3	3.3	4.8
互联技术/ (Gbit·s⁻¹)	100	约 800	896	900NVLink 125PCIe Gen5	900NVLink 125PCIe Gen5
热设计功耗 TDP/W	500	550-760	750	700	700
流处理器	14080	14592	19456	16896	16896
纹理映射单元	880	880	880	528	528
GPU 架构	CDNA2	CDNA3	CDNA3	Hopper	Hopper

6.2.3　英特尔

PC 时代，英特尔以 90%的市场份额几乎垄断了 CPU 市场，但随着 GPU 和各类可替代处理器的不断推陈出新，CPU 的市场开始萎缩。在人工智能浪潮的冲击下，英特尔开始依托产业平台转型。英特尔先是收购了 FPGA 芯片的制造商 Altera，后又收购了 Nervana，填补了其硬件平台产品的空缺，为 AI 芯片的发展奠定了人才及技术基础。

同时，英特尔持续丰富产品线，完善 AI 芯片的生态布局。2019 年发布了旗下首款云端 AI 专用芯片 Nervana NNP-I；2023 年 12 月，英特尔正式推出用于生成式人工智能软件的人工智能芯片 Gaudi3，Gaudi3 量产后将与英伟达的 H100 和 AMD 的 MI300X 竞争，助力英特尔加速抢占 AI 芯片市场。

6.2.4　华为海思

作为中国 ICT 产业领域的龙头企业，华为在 2018 年的全联接大会上公布了其最新的

AI 芯片战略，现已成为中国 AI 芯片领军企业。目前，华为以昇腾 Ascend 系列芯片产品为核心，实现了从边缘计算到高性能计算的全场景覆盖。2018 年 11 月，华为发布第一颗面向边缘计算场景的强算力 AI 芯片－昇腾 310，FP16 算力为 8TFLOPS，主要适用于移动端推理场景。2019 年华为发布了面向云端 AI 训练场景的 AI 芯片－昇腾 910，FP16 算力为 320TFLOPS，更适用于云端训练。2023 年，华为推出昇腾 910B 芯片，采用了先进的制程工艺，拥有更高的性能和更低的功耗。在产品参数性能方面，通过与英伟达 A100 和 H100 比较可知，昇腾 910 算力基本与英伟达 A100 相当，已成为英伟达 A100 的有力竞争者，昇腾芯片与英伟达 GPU 参数对比如表 6-6 所示。

表 6-6 昇腾芯片与英伟达 GPU 参数对比

	昇腾 310	昇腾 910	昇腾 910B	A10080GB PCIe	A10080GB SXM	H100 PCIe	H100 SXM
处理器架构	达芬奇架构	达芬奇架构	达芬奇架构	Ampere	Ampere	Hopper	Hopper
INT8/TOPS	16	640	640	624/1248*	624/1248*	1513/3026*	1979/3958*
FP16/TFLOPS	8	320	376	312/624*	312/624*	756/1513*	989/1979*
功耗/W	8	310	400	300	400	300～350	700
制程/nm	12FFC	7	7	7	7	4	4
应用场景	推理	推理和训练	推理和训练	推理和训练	推理和训练	推理和训练	推理和训练

注：*表示采用稀疏技术

6.2.5 寒武纪

寒武纪成立于 2016 年，并于 2020 年成功上市。公司研发团队成员主要来自中国科学院，董事长陈天石曾任中国科学院计算技术研究所研究员。自成立以来，公司一直专注于人工智能芯片产品的研发与技术创新，致力于打造人工智能领域的核心处理器芯片。公司主营业务包括各类云服务器、边缘计算设备、终端设备中人工智能核心芯片的研发、设计和销售，提供云端智能芯片及加速卡、训练整机、边缘智能芯片及加速卡、终端智能处理器 IP 以及对应的配套软件开发平台等一系列产品，寒武纪主要产品介绍如表 6-7 所示。

表 6-7 寒武纪主要产品介绍

产品线	产品类型	主要产品	推出时间
云端产品线	云端智能芯片及加速卡	思元 100（MLU100）芯片及云端智能加速卡	2018 年

产品线	产品类型	主要产品	推出时间
云端产品线	云端智能芯片及加速卡	思元 270（MLU270）芯片及云端智能加速卡	2019 年
		思元 290（MLU290）芯片及云端智能加速卡	2020 年
		思元 370（MLU370）芯片及云端智能加速卡	2021 年、2022 年
	训练整机	玄思 1000 智能加速器	2020 年
		玄思 1001 智能加速器	2022 年
边缘产品线	边缘智能芯片及加速卡	思元 220（MLU220）芯片及边缘智能加速卡	2019 年
IP 授权及软件	终端智能处理器 IP	寒武纪 1A 处理器	2016 年
		寒武纪 1H 处理器	2017 年
		寒武纪 1M 处理器	2018 年
	基础系统软件平台	寒武纪基础软件开发平台（适用于公司所有芯片与处理器产品）	持续研发和升级，以适配新的芯片

　　当前，寒武纪正重点布局以思元系列产品为代表的云端产品线。其中思元 370 是寒武纪第三代云端产品，采用 7nm 制程工艺，是寒武纪首款采用 Chiplet 技术的 AI 芯片，最大算力高达 256TOPS。新一代云端智能训练新品思元 590 芯片量产也在加速推动，计划在 2024 年上半年量产，该产品有望在大模型训练和推理任务中在一定程度上替代英伟达 A100 芯片。

　　寒武纪云端产品也已打入阿里云等头部互联网客户，并与头部银行等金融领域客户进行了深度技术交流，同时也得到了头部服务器厂商的认可。随着以 ChatGPT 为代表的 AI 大模型不断涌现，AI 算力需求加速增长，AI 算力芯片供应趋于国产化，寒武纪作为中国领先的 AI 芯片公司，产品研发、市场拓展、客户导入均有较强先发优势，将获得快速成长，在未来全球 AI 芯片市场上占据越来越重要的地位。

6.3　AI 云平台助力创新业务落地

　　AI 云平台是智能化时代的 AI 生产力工具，通过集成端到端开发和支撑工具，提供涵盖数据处理、算法开发、模型训练、模型管理、部署推理等人工智能模型开发全链路技术服务，快速推动智能算法的创新与应用落地。

　　差异化需求催生垂直领域 AI 平台快速发展。不同行业在应用需求上的差异反向驱动垂直领域 AI 技术平台的快速发展，迎合专业化个性化需求，更加强了端到端方案价值。基于此路径构建的行业平台已逐步深入医疗、交通、城市等行业，推动辅助医疗诊断、病灶筛查、高精度定位、环境感知、虚拟仿真等应用场景。例如，云从科技人机协同平台能够在街道安全管理、港口船舶检测等场景进行规模化应用，实现高精度算法下的异常行为分析、车辆分析等功能；上海依图科技城市平台通过创建可视化界面，实现数据实时回传下的道路分析、交通预警等场景应用。此外，专业技术能力与特定解决方案整合至行业技术平台有助于逐步消除合成孔径雷达（SAR）水体检测、罕见疾病诊断、放疗辅助等长尾场景。

目前，AI 云平台处于快速发展阶段。国际数据公司（IDC）数据显示，2023 年全球 AI 平台软件市场规模平稳增长，市场规模约为 264 亿美元，增速为 35%。全球 AI 平台软件市场收入如图 6-11 所示，预计到 2026 年，全球 AI 软件市场规模将达 600 亿美元。其中，生成式 AI 平台和应用有望产生 283 亿美元的营收。

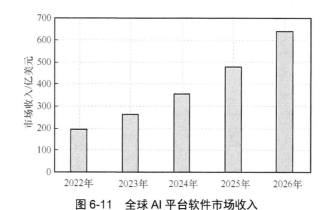

图 6-11 全球 AI 平台软件市场收入

从市场应用层面看，多家头部企业布局 AI 云平台。阿里云、AWS、百度、谷歌、国际商业机器公司（IBM）、微软和腾讯等超大规模云平台供应商通过低代码/无代码开发技术和定制软件包等方式，降低 AI 云部署所需的专业水平，在人工智能服务的采用速度上展开竞争。各云平台搭载各厂商最新的 AI 通用模型，形成区分竞争，2022 年第 4 季度全球 AI 云平台头部厂商服务概况如表 6-8 所示。

表 6-8 2022 年第 4 季度全球 AI 云平台头部厂商服务概况

厂商	主要 AI 云平台服务	服务地理范围
阿里云	预训练 DAMO 基础模型调用平台，提供智能人机交互客服	中国
AWS	亚马逊 SageMaker 机器学习模型、亚马逊 Kendra 人工智能服务等	全球
百度	无代码开发平台、开源深度学习平台、百度大脑行业解决方案库等	中国
谷歌	Vertex 人工智能模型训练平台、AI 文档、医疗健康 AI 平台等	全球
IBM	Watson 人工智能自然语言处理平台、Maximo 计算机视觉检查系统等	全球
微软	Azure AI 平台，包含智能语音、翻译、自然语言处理功能及 Open AI 服务	全球
腾讯	腾讯智能平台，包括在线建模服务	中国

6.3.1　微软

依托微软在 AI 和云计算领域的深厚积累，微软云计算平台 Azure 打造了专注于提供人工智能服务的 Azure AI。Azure AI 可以提供各种 AI 工具和服务，具体可分为 Azure 的机器学习、认知服务和应用 AI 服务。其中，Azure 认知服务是一套预包装的 AI 算法，主要包括视觉、语音、语言、决策和 Azure OpenAI 服务五大部分。

作为 OpenAI 独家平台，微软与 OpenAI 合作打造了 Azure OpenAI，并于 2023 年 3 月正式上线。Azure OpenAI 可以提供企业级服务，打造行业解决方案。基于平台拥有 GPT 模型、GPT-4 模型和 DALL-E 等多种预训练基础模型，用户可以运用 Azure AI 定制预训练模型，开发适用于零售、客服、金融、制造、财务、法律、医疗、IT 等各大主流行业、业务场景的智能应用，打造属于企业自己的多模态模型。例如，毕马威（KPMG）为帮助银行检测不良活动，利用 Azure AI 的语音、语言以及翻译的 AI 能力，打造了风险分析解决方案 Magna，Magna 整合了电子邮件、电话、聊天等来源中不断增长的非结构化数据，快速识别潜在风险，将告警发布时间从 30 天缩短到了 2 天。此外，毕马威全球税务团队正基于 Azure OpenAI 服务通过生成式人工智能构建用例。他们将其纳入毕马威数字门户，最初旨在帮助企业更高效地识别、归类可用于 ESG（Environmental, Social and Governance）税务的数据。Azure OpenAI 服务助力毕马威评估数据关系，正确提取、预测税务数据和类型，从而降低风险因素，增强信心。

同时，微软还通过不断深化合作，拓展伙伴关系，为客户和开发人员提供支持。在 Azure AI 平台上，用户可以轻松获取 Databricks、Hugging Face、OpenAI 等公司的先进 AI 模型，这些模型都由 Azure AI 基础设施和企业级安全等级、网络安全和隐私保护提供支持。微软通过与 OpenAI 合作，不断扩展 Azure OpenAI 服务。微软还在 OpenAI 模型中嵌入了认知搜索、视觉、语音和语言服务等 Azure AI 服务。

6.3.2　亚马逊

基于亚马逊在人工智能和机器学习领域超过 20 年的创新实践，亚马逊云科技（AWS）作为旗下云计算服务平台，从全球数据中心提供超过 200 项功能齐全的服务，包括弹性计算、存储、数据库、物联网等，连续 12 年被 Gartner 评为"全球云计算领导者"。

Amazon EC2（弹性云计算）是 AWS 平台上最核心、最基础的服务，拥有针对机器学习培训和图形工作负载的 GPU 实例，以及云中每次推理成本最低的实例。针对机器学习（ML）训练和生成式 AI 应用等广泛的工作负载，亚马逊云科技推出新一代自研芯片 Amazon Graviton4 和 Amazon Trainium2。其中，Trainium2 能够部署在多达 10 万个芯片的计算集群中，大幅降低了模型训练时间，并提升能效多达 2 倍。

同时，亚马逊云科技提供完全托管的机器学习服务 Amazon SageMaker。Amazon SageMaker 作为亚马逊云科技 AI 开发者服务的集大成者，提供了全托管的基础设施、工具和工作流程，可以为各种应用场景构建、训练和部署机器学习模型。例如，数据科学家可以使用 SageMaker Studio 准备数据并构建、训练和部署模型。业务分析师可以使用 SageMaker Canvas 的可视化界面进行机器学习预测。

面向生成式 AI，亚马逊云科技还推出了面向企业级生成式 AI 的一系列新服务及功能，包括重塑未来工作方式的新型生成式 AI 助手 Amazon Q、Amazon Bedrock 提供更多的模型选择和全新强大功能、Amazon SageMaker 助力规模化开发应用模型的五大新功能等，帮助企业更轻松、安全地构建和应用生成式 AI。

6.3.3　华为云

华为云是领先的云服务品牌，用在线的方式将华为 30 多年在 ICT 基础设施领域的技术积累和产品开放给客户，做智能世界的"黑土地"，致力于提供稳定可靠、安全可信、可持续创新的云服务，推进实现"用得起、用得好、用得放心"的普惠 AI。面向大中型企业，华为云帮助他们解决云转型中的困难，更好地把握未来，引领数字化转型；面向中小型企业，华为云帮助他们应对互联网业务云基础设施 2.0 时代的新挑战，陪伴他们成长。

华为云 EI 是华为云提供的一项人工智能服务，旨在为开发者和企业提供高性能、高效率的 AI 解决方案。EI 代表 Enterprise Intelligence，表明了华为云 EI 的目标是提升人工智能的智能化水平，帮助用户构建更强大的 AI 应用。华为云 EI 提供一个开放、可信、智能的平台，结合产业场景，使能企业应用系统能看、能听、能说，具备分析和理解图片、视频、语言、文本等能力，让更多的企业便捷地使用 AI 和大数据服务，加速业务发展，造福社会。

华为云通用 AI 解决方案（EI 服务）主要以云为基础，以 AI 为核心，通过统一的平台和架构，将云、大数据、AI 等创新技术与行业机理、专家知识融合，提供一体化协同的智能服务，包括一站式开发平台 ModelArts、智能数据湖 FusionInsight 等

- 一站式开发平台 ModelArts：ModelArts 是面向开发者的一站式 AI 开发平台，为机器学习与深度学习提供海量数据预处理及半自动化标注、大规模分布式训练、自动化模型生成，以及端-边-云模型按需部署能力，帮助用户快速创建和部署模型，管理全周期 AI 工作流。ModelArts 支持各种 AI 场景，如计算机视觉、自然语言处理、音/视频场景等；支持图片、文本、语音、视频多种标注任务，如图片分类、对象检测、图片分割、语音分割、文本分类等场景的数据标注任务；同时支持面向自动驾驶、医疗影像、遥感影像等领域标注的数据处理和预标注。ModelArts 通过机器学习的方式帮助不具备算法开发能力的业务开发者实现算法的开发，基于迁移学习、自动神经网

络架构搜索实现模型自动生成,通过算法实现模型训练的参数自动化选择和模型自动调优的自动学习功能,让零 AI 基础的业务开发者可快速完成模型的训练和部署。依据开发者提供的标注数据及选择的场景,不需要任何代码开发,自动生成满足用户精度要求的模型。可支持图片分类、物体检测、预测分析、声音分类场景。可根据最终部署环境和开发者需求的推理速度,自动调优并生成满足要求的模型。

- 智能数据湖 FusionInsight:华为云 FusionInsight 智能数据湖为政企客户提供湖仓一体、云原生的大数据解决方案,是华为云数据使能方案的数据底座。其主要包含云原生数据湖(MapReduce Service,MRS)、数据仓库服务(Data Warehouse Service,DWS)、云搜索服务(Cloud Search Service,CSS)、图引擎服务(Graph Engine Service,GES)、数据湖探索(Data Lake Insight,DLI)、数据湖治理中心(DataLake Governance Center,DGC)等云服务,支撑政企客户全量数据的实时分析、离线分析、交互查询、实时检索、多模分析、数仓集市、数据接入和治理等大数据应用场景,一站式解决分析域数据问题,释放海量数据价值,助力政企客户实现一企一湖、一城一湖。

华为云 EI 作为华为云提供的人工智能服务,为开发者和企业提供了丰富的功能和计算资源。无论是机器学习、视觉处理、语音处理还是自然语言处理,华为云 EI 都能提供强大的支持,帮助用户构建更强大的 AI 应用。通过使用华为云 EI,开发者和企业可以更高效地开发和部署人工智能应用,提升自身在人工智能领域的竞争力。

6.3.4 阿里云

阿里云已构建一套完善的 AI 云服务产品体系,为开发者提供涵盖语言、视觉和机器学习服务等 1600 多种产品服务,尤其在大规模预训练语言模型、数字人、手语翻译上实力强劲。

2021 年云栖大会,阿里云发布大数据+AI 一体化产品体系"阿里灵杰",包含机器学习平台(PAI)、云原生大数据计算服务 MaxCompute 等产品,其中 PAI 自研的 Whale 分布式深度学习训练框架,可以帮助千亿多模态预训练模型快速迭代训练。

2022 年,阿里云在业界首次提出"模型即服务(MaaS)"理念,提倡以模型为中心的 AI 开发新范式,据此搭建了一套以 AI 模型为核心的云计算技术和服务架构,并将这套能力全部向大模型初创企业和开发者开放。为此,阿里云发起了 AI 模型社区魔搭(ModelScope),开发者可以在魔搭上下载各类开源 AI 模型,并直接调用阿里云的算力和一站式的 AI 大模型训练及推理平台,目前魔搭社区已经集聚了 1000 多款 AI 模型和 200 多万 AI 开发者,模型累计下载量超过 4500 万次。

2023 云栖大会,阿里云还推出了一站式大模型应用开发平台——阿里云百炼,该平台集成了国内外主流优质大模型,提供模型选型、微调训练、安全套件、模型部署等服务和全链路的应用开发工具,为用户简化了底层算力部署、模型预训练、工具开发等复杂工作。

开发者可在 5min 内开发一款大模型应用，几小时即可"炼"出一个企业专属模型，开发者可把更多精力专注于应用创新。

6.3.5　百度智能云

百度智能云 AI 平台核心产品包括面向专业人员的全功能 AI 开发平台（BML）和面向低代码开发人员的零门槛 AI 开发平台 EasyDL。目前已经服务于国家电网、中国人寿、中国联通等不同行业的上万家客户。

相较于其他云 AI 平台，百度智能云 AI 平台的领先性主要体现在 3 个方面。一是强健的 AI 算力基础设施，百度智能云百舸异构计算平台为 AI 集群提供了稳定高可靠的系统、高性能的训练推理服务和基于高速网络的数据交换能力，它兼容国内外主流芯片和操作系统，不同厂商、不同代际的算力资源可以混合部署在同一个平台里，高效配合使用；它内置性能增强的训练、推理引擎，能有效缩短训练时间，节省推理成本。二是强大的 AI 能力，百度智能云 AI 平台将文心系列基础模型嵌入具有可靠产品路线图的产品组合中，为 AI 开发提供领先的基座大模型，百度飞桨 PaddlePaddle 深度学习框架与文心大模型联合优化，高效支撑大模型训练和推理部署；同时围绕飞桨和文心打造活跃的生态系统，有效地吸引了人工智能开发人员进行共同创新。三是一站式企业级平台，百度智能云 AI 平台提供从数据管理、模型开发训练到模型管理、推理服务等 AI 开发全生命周期管理能力，它的架构设计灵活可扩展，即使在客户复杂业务现场环境下也能够与企业数据中台、业务中台、业务前台高效对接和适配，并为客户提供企业级的安全保障和高质量服务。

此外，面对全球 AI 大模型爆发的浪潮，百度智能云升级了 AI 平台产品组合，把大模型开发和应用的关键能力整合进来，全新推出百度智能云千帆，打造出大模型服务的"超级工厂"。百度智能云千帆针对想要直接调用大模型 API、基于现有大模型做二次开发，以及基于大模型开发 AI 原生应用等类型客户提供差异化服务。例如，针对希望直接调用大模型的客户，百度智能云千帆上不仅独家接入了能力强大的文心大模型 4.0，还支持 44 个国内外主流大模型，客户可自由选择、部署调用。目前百度智能云千帆的月活企业数近万家，大模型 API 调用量持续高速攀升。

6.4　AI 框架成为工程实践能力核心

人工智能工程化开始成为各界关注焦点。学术界，卡内基梅隆大学软件工程学研究所于近年启动人工智能工程化研究，并联合高校和工业界承担了一项由美国官方机构资助的国家研究计划；世界知名人工智能专家乔丹（Michael I. Jordan）、邢波等认为人工智能工程化是一门新兴的工程科学，是人工智能从理论学科到工程学科发展的趋势。产业界，Gartner连续两年把人工智能工程化列为年度战略技术趋势之一，阿里云等企业把人工智能工程化视作将 AI 变为企业生产力的关键。

Gartner 公司在关于 2022 年战略技术趋势的一份报告中提出，如果企业让人工智能提供变革性的价值，就不能只是单点地应用 AI 技术，而是需要在其商业生态系统中将 AI 模型工业化，以便快速持续地提供新的业务价值，而要做到这一点的关键就是应用 AI 工程技术，AI 工程技术全景如图 6-12 所示。

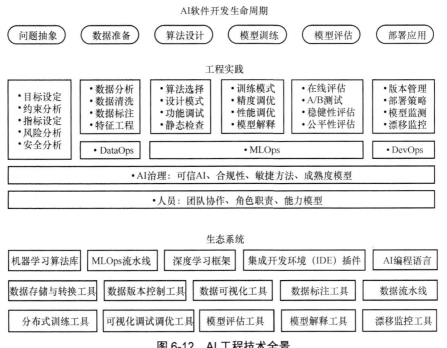

图 6-12　AI 工程技术全景

6.4.1　AI 框架：加速 AI 应用产业规模增长及工程化落地

AI 框架是智能经济时代的操作系统。作为人工智能开发环节中的基础工具，AI 框架承担着 AI 技术生态中操作系统的角色，是 AI 学术创新与产业商业化的重要载体，助力人工智能由理论走向实践，快速进入了场景化应用时代，也是发展人工智能所必需的基础设施之一。随着 AI 框架重要性的不断凸显，它已经成为人工智能产业创新的焦点之一，引起了学术界、产业界的重视。

1. AI 框架内涵及发展

AI 框架是 AI 算法模型设计、训练和验证的一套标准接口、特性库和工具包，集成了算法的封装、数据的调用以及计算资源的使用，同时面向开发者提供了开发界面和高效的执行平台，是现阶段 AI 算法开发的必备工具。AI 框架负责给开发者提供构建神经网络模型的数学操作，把复杂的数学表达转换成计算机可识别的计算图，自动对神经网络进行训练，得到一个神经网络模型用于解决机器学习中分类、回归的问题，实现目标分类、语音识别等应用场景。

结合人工智能的发展历程和 AI 框架的技术特性来看，AI 框架的发展大致可以分为 4 个阶段，分别为萌芽阶段（2000 年初期）、成长阶段（2012—2014 年）、稳定阶段（2015—2019 年）、深化阶段（2020 年以后）。其发展脉络与人工智能，特别是神经网络技术的异峰突起有非常紧密的联系，AI 框架技术演进如图 6-13 所示。

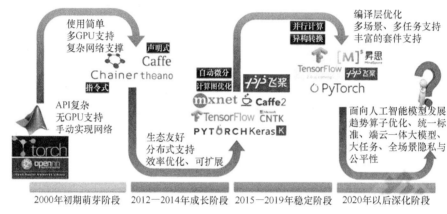

图 6-13　AI 框架技术演进

- 萌芽阶段：受限于计算能力不足，这一阶段的神经网络技术影响力相对有限，一些传统的机器学习工具可以提供基本支持，也就是 AI 框架的雏形，这一阶段的 AI 框架并不完善，开发者不得不进行大量基础的工作。

- 成长阶段：2012 年，Alex Krizhevsky 等提出了一种深度神经网络架构，即著名的 AlexNet，在 ImageNet 数据集上达到了最佳精度，并碾压第二名，引爆了深度神经网络的热潮。自此极大地推动了 AI 框架的发展，在这一阶段，AI 框架体系已经初步形成。

- 稳定阶段：2015 年，何恺明等提出的 ResNet，再次突破了图像分类的边界，在 ImageNet 数据集上的准确率再创新高，深度学习成为下一个重大技术趋势。AI 框架迎来了繁荣，而在不断发展的基础上，各种框架不断迭代，也被开发者自然选择。经过激烈的竞争后，最终形成了两大阵营，TensorFlow 和 PyTorch 双头垄断。

- 深化阶段：随着人工智能的进一步发展，新的趋势不断涌现，如超大规模模型的出现，向 AI 框架提出了更高的要求，AI 框架需要最大化地实现编译优化，更好地利用算力、调动算力，充分发挥硬件资源的潜力。

2．市场格局

全球来看，国际主流 AI 框架形成了以 Google-TensorFlow 和 Meta-PyTorch 为代表的双寡头格局。中国来看，双寡头并驱态势下 AI 框架市场格局向着多元化发展。中国在 AI 应用方面优势显著，相当规模的 AI 应用均构筑在国际主流 AI 框架之上。不仅如此，近两年中国厂商推出的 AI 框架市场占有率也正稳步提升。MindSpore 框架开源后获得国内外开发者的积极响应，在 Gitee 千万个开源项目中综合排名第一，成为中国最活跃的 AI 开源框架。百度飞桨 PaddlePaddle 开发者规模也在持续壮大。

3．AI 框架技术构成

根据技术所处环节及定位，当前主流 AI 框架的核心技术可分为基础层、组件层和生态层，AI 框架核心技术体系如图 6-14 所示。

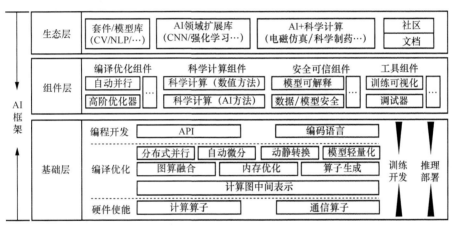

图 6-14 AI 框架核心技术体系

基础层实现 AI 框架最基础核心的功能，具体包括编程开发、编译优化以及硬件使能 3 个子层，编程开发层为开发者提供构建 AI 模型的 API；编译优化层负责完成 AI 模型的编译优化并调度硬件资源完成计算；硬件使能层帮助开发者屏蔽底层硬件技术细节。组件层主要提供 AI 模型生命周期的可配置高阶功能组件，实现细分领域性能的优化提升，包括编译优化组件、科学计算组件、安全可信组件、工具组件等。生态层主要面向应用服务，用以支持基于 AI 框架开发的各种人工智能模型的应用、维护和改进，对于开发人员和应用人员均可见，主要包括套件/模型库、AI 领域扩展库、AI+科学计算、文档及社区等。

6.4.2 训练平台：弹性分布式训练驱动 AI 工程化进程

1．资源配置

根据对实际数据的拟合，AI 计算量每年至少增长 10 倍，速度远超摩尔定律的每

18 个月增加一倍，因此深度学习训练中调整任务资源的能力变得尤为重要。现阶段，随着集群规模的扩大，集群中给定时刻出现机器故障的概率在增加。且随着训练模型复杂度的提升，训练资源与训练时间均显著增长，任务的容错性在下降。此外集群规模的提升让空闲资源的浪费变得不可忽视，集群资源配置的灵活性需求不断提升。

分布式训练可提供底层资源的弹性配置，提升系统的资源利用率。例如，百度飞桨通用异构参数服务器可以对任务进行切分，让用户可以在硬件异构集群中部署分布式训练任务，实现对不同算力的芯片高效利用，为用户提供更高吞吐、更低资源消耗的训练能力。但是，分布式训练的应用也存在较大阻碍。在各个框架上实现弹性控制的模块，以及进行对应调度系统的适配来实现弹性训练需要极大的工作量。此外，如果不同的框架都拥有各自的弹性训练方案，在 AI 开发平台层面整合不同的框架方案也需要投入很高的维护成本。

弹性分布式训练是 AI 开发平台服务的趋势，可以为用户实现降本增效的体验：当用户需要大量运算资源时扩容，提升算力和稳定性，降低模型训练时间；当用户需求量小时降低底层资源配置，为客户降低因资源占用而产生的服务费用。

2．算法升级

算法是 AI 与大数据的关联节点。社交媒介、定位技术、搜索引擎等互联网应用实时生成和储存着大量数据。在海量数据的基础上，AI 持续对用户的兴趣偏好和需求进行推断，生成不同的用户画像，实现数字文化从生产、传播到接受的全程个性化、精准化定制。

现阶段，AI 训练平台已集成或将集成多种人工智能技术，如计算机视觉、自然语言处理、跨媒体分析推理、智适应学习、群体智能、自主无人系统以及脑机接口等。

- 计算机视觉技术：通过摄影机和计算机代替人眼对目标进行识别、跟踪和测量，对环境进行三维感知。

- 自然语言处理技术：通过建立形式化的计算模型来分析、理解和处理自然语言。

- 跨媒体分析推理技术：协同综合处理多种形式，如文本、音频、视频、图像等混合并存的复合媒体对象。

- 智适应学习技术：模拟教师学生一对一教学过程，赋予学习系统个性化教学的能力。

- 群体智能技术：集结多个意见转化为决策的过程，降低单一个体做出随机性决策的风险。

- 自主无人系统技术：通过先进技术进行操作或管理而不需要人工干预的系统。

- 脑机接口技术：在人或动物脑与外部设备间建立直接连接通路，以完成信息交换。

随着 AI 学习方法在金融、医疗、社交等场景实用化落地，大量数据的哺育将不断完善 AI 训练算法。例如，CVPR 2021 的一篇论文中提出了名为跳跃卷积（Skip-Convolutions）的新型卷积层，它可将前后两帧图像相减，并只对变化部分进行卷积；在图像预处理技术中，基于卷积神经网络（CNN）的神经网络作为特征提取手段，CNN 强大的学习能力也可以增强 AI 模型中特征提取的鲁棒性；由多个级联分类器组成的 FrameExit 的网络可以随着视频帧的复杂度来改变模型所用的神经元数量，即在视频前后帧差异大的时候，AI 会用整个模型计算,而在前后帧差异小的时候,则只用模型的一部分计算,技术原理分析如图 6-15 所示。

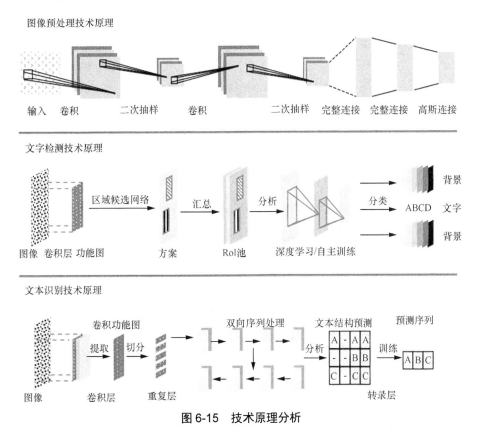

图 6-15　技术原理分析

6.4.3　MLOps:打通 AI 工程化"最后一公里"

围绕数据处理（Data）、机器学习模型训练与推理（Model）、应用交付与维护（Implementation）这几个关键流程,Gartner 认为,AI 工程主要由 DataOps、MLOps 和 DevOps 三部分核心技术组成,其目标是通过跨职能协作、自动化、快速反馈等方法,缩短数据分析、机器学习和应用部署上线的周期,从而让 AI 模型快速、持续地提供业务价值,AI 工程化核心技术体系如图 6-16 所示。

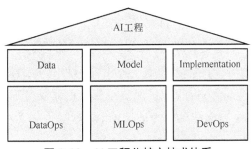

图 6-16　AI 工程化核心技术体系

DevOps 是一组软件开发和运维团队之间的文化理念、实践和工具的结合，以便提高团队的快速交付能力，在微服务与云原生应用的交付团队中备受推崇；DataOps 是将数据处理和集成过程与自动化和敏捷软件工程方法相结合的技术实践，以提高数据分析的质量、速度和团队协作，并促进持续改进；MLOps 是在生产环境中可靠而高效地部署和维护机器学习模型的实践，是当下人工智能行业中备受瞩目的重点领域，MLOps 将传统的 DevOps 理念与机器学习领域相结合，致力于提高机器学习模型的部署、监控和管理效率，从而加速模型上线和持续优化的过程。

MLOps 作为 AI 工程化的重要组成部分，其核心思想是解决 AI 生产过程中团队协作难、管理乱、交付周期长等问题，最终实现高质量、高效率、可持续的 AI 生产过程。当前，MLOps 作为将机器学习模型落地的关键一环，已经成为机器学习领域的重要发展方向。Gartner 连续 2 年认为，MLOps 为打通人工智能工程化落地的"最后一公里"。

1. MLOps 技术体系内涵

简单来说，MLOps 就是模型开发、训练、部署、运维、监控的一套工具包。随着机器学习模型的广泛应用、人工智能和机器学习技术的迅猛发展，机器学习模型的部署和维护遇到了相当复杂和困难的任务，需要一种更加高效和可靠的方式来管理和运维这些模型，而 MLOps 就是为解决这一问题诞生的。MLOps 涉及将机器学习模型从实验室环境部署到实际生产环境的全过程，从模型的训练、验证、部署、监控和维护等多个环节，需要跨越数据科学家、算法工程师、运维 IT 人员等多个领域协作。MLOps 不仅提升了模型训练的效率和质量，更注重模型上线后的稳定性和性能，结合了机器学习工程、软件开发和运维的最佳实践，提高了企业生产环境中机器学习模型的可靠性和可重复性。

MLOps 可以实现自动化的模型部署和持续集成，极大地简化了模型上线的流程，提高了部署的效率。MLOps 还注重模型监控和维护，确保模型在生产环境中持续稳定地运行，及时发现模型异常行为，并采取相应措施调整、优化模型，提高机器学习模型的管理和运维效率。在实际应用中，MLOps 不仅可以帮助企业更快地将模型应用到生产环境中，还能有效降低模型上线后的维护成本，提高模型的稳定性和可靠性。

2. MLOps 市场规模不断扩大

情报和市场研究平台 MarketsandMarkets 2022 年研究报告显示，MLOps 市场规模从 2022 年的 11 亿美元将增长到 2027 年的 59 亿美元。

近年来，MLOps 相关工具链已成为 AI 投融资领域的明星赛道，涌现了诸多以 MLOps 工具为主打产品的初创公司。例如，聚焦于深度学习可视化工具的 Weights&Biases 获得 2 亿美元融资，且平台估值达 10 亿美元；聚焦于提供机器学习平台的 Tecton 获得 1.6 亿美元融资；聚焦于机器学习模型多硬件适配部署的 OctoML 获得 1.33 亿美元融资，且平台估值达 8.5 亿美元。

在资本市场的驱动下，MLOps 工具持续创新。据不完全统计，目前全球约有 300 款工具，大致可分为两类：一类是 MLOps 端到端工具平台，为机器学习项目全生命周期提供支持，端到端工具平台包括国外的 Amazon SageMaker、Microsoft Azure、Google Cloud Platform、DataRobot、Algorithmia、Kubeflow、MLflow 等，中国的百度智能云企业 AI 开发平台、阿里云机器学习平台 PAI、华为终端云 MLOps 平台、腾讯太极机器学习平台、九章云极 DataCanvas APS 机器学习平台等；另一类是 MLOps 专项工具，对特定步骤提供更为集中的支持，主要包括数据处理、模型构建、运营监控三大类，专项工具包括国外 Cloudera 提供的数据共享工具、DVC 和 DAGSHub 提供的数据和模型版本管理工具、Neptune.ai 提供的元数据管理工具等，以及中国的星环科技提供的运营监控工具、第四范式提供的特征实时处理工具、云测数据提供的标注工具等，MLOps 工具分类一览如图 6-17 所示。

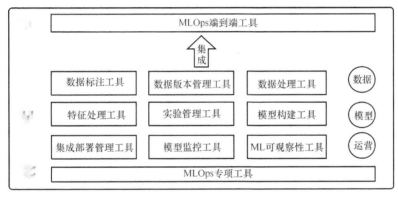

图 6-17　MLOps 工具分类一览

作为人工智能工程化的关键工具，MLOps 已成为诸多厂商重点布局的方向。亚马逊、微软、谷歌、百度、阿里等厂商在 MLOps 均有布局，覆盖数据管理、特征提取、版本控制、自动化训练等方面。同时，也出现第四范式、星环科技等一批专注于人工智能工程化某一功能的创新型公司，国内外人工智能企业在工程化方面的产品布局如表 6-9 所示。

表 6-9　国内外人工智能企业在工程化方面的产品布局

人工智能厂商	人工智能工程化相关产品
亚马逊	AmazonS3（数据管理）、Amazon SageMaker（MLOps 平台）、AWS codecommit（版本控制）
微软	Azure Blob Storage（数据挖掘）、Azure ML（MLOps 平台）、Azure DevOps（版本控制）
谷歌	Vertex AI（MLOps 平台）
IBM	IBM Wastson Studio（MLOps 平台）
百度	EasyDL（MLOps 平台）、BML（MLOps 平台）
阿里	阿里灵杰（人工智能工程化的工具平台，包含 MLOps 平台）
第四范式	Sage AlOS（MLOps 平台）
九章云极	DataCanvas APS（MLOps 平台）、DataCanvas RT（数据管理）
星环科技	Sophon MLOps（MLOps 平台）

3. MLOps 行业应用稳步推进，落地实践成果颇丰

MLOps 产品提供方和应用方不同程度地受益于 MLOps 体系的蓬勃发展。随着工具市场和行业应用的发展不断推进，新工具不断涌现，在 IT、金融、电信等行业得到了广泛应用和落地。

第一，国外 MLOps 落地广泛、效果显著。其主要应用于组织内部的服务运营、产品或服务开发、营销、风险预测及供应链管理等场景，应用行业涉及 IT、金融、电子商务、制造、化工和医疗行业等。IT 行业：应用 MLOps 后，美国某 IT 公司将开发和部署新 AI 服务的时间缩短到原来的 1/12～1/6，运营成本降低 50%；德国某 IT 公司，通过自动化编排和实验跟踪，以相同的工作量运行 10 倍的实验数量；以色列某 IT 公司实验复现时间减少 50%；某美国出行科技公司 3 年内的机器学习产品数量从零扩展到数百个。

第二，中国 MLOps 处于规划和建设前期，落地探索成效初显。IDC 2022 年预测，2024 年 60%的中国企业将通过 MLOps 运作其机器学习工作流。近 3 年来，中国各行业开始探索契合自身特点的 MLOps 落地解决方案。在数智化转型热潮中，IT、金融和电信等数字化程度较高的行业处于相对领先地位，其他行业进展稍缓。

6.5 算力突破支撑 AI 跨越式发展

依托坚实的智能算力支撑，AI 技术将逐渐转变为像网络电力一样的基础服务设施，向全行业、全领域提供通用的 AI 能力，为产业转型打造智慧底座，促进产业数字化升级和变革，生物、医药、天文、地理等科技领域将产生一大批新的研究成果，智能驾驶、影视渲染水平大幅提升，人民群众在日常生活中能够切身体会算力带来的变化。

6.5.1 AI 计算从粗犷使用向精细化协同演进

受益于软/硬件系统各层级的共同优化，人工智能计算增益已超过摩尔定律。随着先进制程的工艺从微米级到纳米级，同样小的空间里集成越来越多的硅电路，产生的热量越来越大，摩尔定律"两年处理能力加倍"开始变得乏力。但是 MLPerf 数据显示，AI 训练结果在 18 个月内提升了 16～17 倍，说明软/硬件优化增益显著。系统集成商、互联网巨头、芯片厂商等主体从计算系统、算法框架、数据格式、底层芯片架构等不同层面切入，推动算力向精细化、大规模、灵活性方向发展，共同推进人工智能计算支撑能力的显著提升。

软件系统协同，兼容主流、面向行业，抢占应用生态话语权。在计算系统方面，软件迭代与应用场景紧密耦合，分布式异构计算拟提高大模型分布式训练性能。在硬件方面，英伟达发布计算机视觉和图像加速库 CV-CUDA（Computer Vision-Compute Unified Device Architecture），流处理量相当于单个 GPU 流处理量的 10 倍；针对医疗、自动驾驶、机器人、元宇宙推出相关工具，加速布局垂直场景；NVLink-C2C 支持异构芯片互联，数据传输速度是 PCIe5.0 的 7 倍。在软件方面，飞桨新增异构多元分布式训练功能，实现多个算力中心互联训练。

AI 模型优化，提高硬件利用率与降低计算负载并重。优化底层运算机理，降低算法计算负载，带来性能提升。例如，Deepmind 的 AI 系统 AlphaTensor 发现新型矩阵乘法，通过减少累乘次数提升 20%计算速度。

运算效能升级，强调底层对 AI 原生支持。针对 AI 计算特点设计与算法适配的硬件架构，英伟达 H100 引入 Transformer 引擎，采用 16 位浮点精度和新增的 8 位浮点数据格式，以更快的速度训练更大的网络；底层指令集通过递归和记忆化技术，可以加速医疗、模拟工作流程，DPX 指令集将动态编程速度提升 40 倍。Intel、ARM、英伟达联合发布 FP8 数据格式标准，实行训推统一的低精度数据格式，在 Bert 模型上实现了 4.5 倍加速。

智能算力将无处不在，呈现"多元异构、软/硬件协同、绿色集约、云边端一体化"等特征。多元异构体现为 CPU、GPU、ASIC、FPGA 和 NPU、DPU 为代表的"可拓展处理器单元（XPU）"芯片使得算力日趋多元化，传统 x86 架构之外，ARM、RISC-V、MIPS 等多种架构也正在被越来越多的芯片公司所采纳，异构计算加速崛起；软/硬件协同设计要求高效管理多类型资源，实现算力的弹性扩展、跨平台部署、多场景兼容等特性，例如，可以不断优化深度学习编译技术，提升算子库的性能、开放性和易用性，尽可能屏蔽底层处理器差异，向上兼容更多 AI 框架；绿色集约强调了对于数据中心和 5G 设施平衡算力提升和能耗降低问题的重要性，包括提高绿色能源使用占比、采用创新型制冷技术降低数据中心能耗、综合管理 IT 设备提高算力利用效率等。

6.5.2　云边端一体化推动算力泛在化发展

随着 5G、物联网、工业互联网等产业规模化落地，集中式云计算已无法满足在网络时延、带宽成本、数据安全、业务敏捷等方面的需求。边缘计算和人工智能彼此之间相互赋能并催生了新的研究领域——边缘智能。边缘计算将计算资源从云中心转移到网络边缘侧的服务器，为联网的终端设备提供计算支持，将算力传递到设备和传感器端可以更快速地开展实时处理和决策，减少对网络的依赖，同时保护数据隐私。而以深度学习为代表的人工智能技术让每个边缘计算的节点都具有计算和决策的能力，这使得某些复杂的智能应用可以在本地边缘端进行处理，满足了敏捷连接、实时业务、数据优化、应用智能、安全与隐私保护等方面的需求。

在边缘智能中，边缘计算和人工智能二者相互受益。边缘计算利用人工智能对边端进行智能的维护和管理，人工智能在边缘计算平台上提供智能化的服务，通过在边缘节点上进行数据的计算和分析减少数据传输和处理的延迟，提升智能应用的实时性。目前，边缘智能正深入推动智慧交通、智能制造、云游戏等应用的发展，促进了产业的实现与落地，为全面提升智能化水平提供了重要保障。未来边缘智能将在公共安全、智能交通、智能制造、智能驾驶等诸多场景得到广泛应用，大量的智能设备被部署在边缘节点上，边缘侧将成为整个网络数据汇聚处理的最前线。如何应对海量异构数据的冲击是边缘计算技术的重要挑战，数据的筛分、整合、存储、访问、安全管理等也将成为边缘智能的技术研究热点。

在边缘智能的基础之上，云边端一体化是在云端数据中心、边缘计算节点以及终端设备三级架构中合理部署算力，推动算力真正满足各类场景需求。云端负责统一管理和大规模集中式计算，边缘进行数据敏捷接入和实时计算，终端实现泛在感知和本地智能，通过云边端一体化的算力资源管理、智能调度，实现低时延、成本可控的算力服务，满足更多行业场景对算力的需求。基于云边端一体化的新型分布式操作系统，通过整合泛在接入、网络管理、云边端协同、统一调度、人工智能、数据平台、组件开发、生态开放等能力，屏蔽底层异构资源差异，对接企业内部业务系统为业务场景提供统一应用和运营管理，将成为各行业数字化转型的基础性平台，实现对各行各业数字化转型与智能化升级的深度赋能。

6.5.3　智能算力支撑数字孪生元宇宙构建

数字孪生是充分利用物理模型、传感器更新、运行历史等数据，集成多学科、多物理量、多尺度、多概率的仿真过程，在虚拟空间中完成映射，从而反映相对应的实体装备的全生命周期过程。国外关于数字孪生的理论技术体系较为成熟，当前已在相当多的工业领域实际运用。中国数字孪生技术处于起步阶段，研究重点还停留在理论层面。数字孪生技术目前呈现出与物联网、3R（AR、VR和MR）、边缘计算、云计算、5G、大数据、区块链及人工智能等新技术深度融合、共同发展的趋势，数字孪生的技术体系如图6-18所示。

智能算力可以支持数字孪生模型的建模、仿真和优化并推动其在行业中的广泛应用。从技术角度看，通过云计算、大数据分析和机器学习等技术手段，智能算力能够处理和分析大规模的数据，并生成高度精确的数字孪生模型。同时，智能算力还能够实现实时的数据同步和模型更新，提高数字孪生系统的性能和可靠性。

图 6-18　数字孪生的技术体系

从行业应用角度来看,智能算力在数字孪生领域已经得到广泛应用。例如,在教育领域,基于华为 AI 算力底座可以创建沉浸式的学习环境,提供更丰富、更真实的学习体验,通过 3D 数字孪生元宇宙技术,将抽象的概念和知识变得可视化和具体化,为学生提供更直观、更生动的学习材料和案例;通过模拟化学实验室的场景,学生可以在虚拟环境中实验,观察化学反应的过程和结果,提高他们的实验操作技能和科学思维能力。在城市规划和交通管理方面,智能算力能够建立城市的数字孪生模型,优化交通流量和环境布局。对城市的道路、建筑和绿化等进行三维建模和模拟,以评估城市规划方案的效果;模拟不同规划方案对交通流量、环境污染等的影响,可以帮助规划师制定更科学合理的城市规划方案,提高城市的可持续发展水平。在医疗领域,智能算力能够创建人体的数字孪生模型,辅助手术规划和医学研究。对人体的生理过程进行高精度模拟和预测,模拟人体器官的运动、代谢和病变等过程,可以辅助医生进行诊断和治疗。在手术前可以通过 3D 数字孪生元宇宙技术对手术过程进行模拟和演练,帮助医生制定更精准的手术方案,提高手术成功率和患者的治疗效果。

6.5.4　多技术协同升级加速先进计算发展

前沿计算技术呈螺旋式推进,逐渐在部分领域展现出算力优越性,部分技术路线产业化进程加快。一方面,计算技术加速演进,异构计算成为智能计算周期高算力主流架构。

在摩尔定律演进放缓、颠覆技术尚未成熟的背景下，以 AI 大模型为代表的多元应用创新驱动计算加速进入智能计算新周期，进一步带动计算产业格局的重构重塑。智能计算时代，搭载各类计算加速芯片的 AI 服务器、车载计算平台等将成为算力的主要来源，如表 6-10 所示。

表 6-10　先进计算进入智能计算时代

代际	电子管晶体管时代	大小型机时代	PC 时代	互联网时代	移动互联网时代	智能计算时代	非经典计算时代
时间	1945—1960 年	1960—1975 年	1975—1990 年	1990—2005 年	2005—2020 年	2020—2035 年	2035—2050 年
代表计算设备	电子管计算机 晶体管计算机	大型机 小型机	超级计算机 个人计算机	个人计算机 通用服务器	通用服务器 智能手机	AI 服务器 边缘服务器 嵌入式AI平台	量子计算机 光计算 类脑计算
主流计算器件	电子管、晶体管	早期专用集成电路	16/32 位 CPU	32/64 位 CPU	64 位 CPU 移动 SOC 芯片	计算加速芯片	量子芯片 光计算芯片 类脑芯片
重要基础软件	机器语言 汇编语言 高级语言	操作系统 数据库 程序设计语言	桌面操作系统	面向对象语言 开源操作系统	云操作系统 移动操作系统 深度学习框架 异构计算软件栈	面向大模型的深度学习框架 云边端协同软件栈	量子计算基础软件 类脑计算基础软件…
代表产品	ENIAC IBM709 TRADIC Metrovick 950	IBM 360 PDP-8/11 NOVA1200	Altair8800 IBM System Apple-1 Intel 8086	ThinkPad 700C 康柏 SystemPro Intel Xeon	AWS 平台 苹果 iPhone 英特尔酷睿 高通骁龙	英伟达 A100/H100 英伟达 DRIVE 英特尔至强可扩展 AMD 霄龙	—
代表技术	电子管技术 晶体管技术 数字计算机	中小规模集成电路技术	大规模和超大规模集成电路技术 图形界面技术 计算机网络技术	集群计算技术 跨平台编程技术	虚拟化技术 并行计算技术 深度学习 异构计算技术	高速数据存储与处理 安全计算技术 绿色计算技术 泛在计算技术	量子计算技术 光计算技术 类脑计算技术

另一方面，先进计算体系化创新活跃，创新模式和重点发生转换，呈现出软/硬耦合、系统架构创新的特征。技术创新持续覆盖基础工艺、硬件、软件、整机不同层次包括 4nm 及 3nm 工艺升级，互联持续高速化、跨平台化演进，软/硬耦合加速智能计算进入 E 级时代。长期来看，随着存算一体、量子计算、光计算、类脑计算等前沿计算技术创新步伐的不断加快，2035 年后先进计算将逐步开启非经典计算规模化落地应用的发展阶段。

其中，存算一体是突破 AI 算力瓶颈和大数据的关键技术，不仅能满足边缘侧低功耗需求，还具备大算力潜力。与以往的冯·诺依曼架构相比，打破了计算单元与存储单元过于独立而导致的"存储墙"（CPU 处理数据的速度与存储器读写数据速度之间严重失衡的问题，严重影响目标应用程序的功率和性能），达到用更低功耗实现更高算力的效果。作为可10 倍提升单位功耗算力的颠覆性技术之一，存算一体有望降低一个数量级的单位算力能耗，在 VR/AR、无人驾驶、天文数据计算、遥感影像数据分析等大规模并行计算场景中，具备高带宽、低功耗的显著优势。目前，主流的实现方案包括以下几种：一是利用先进封装技术把计算逻辑芯片和存储器（如动态随机存储器（DRAM））封装到一起；二是在传统 DRAM、静态随机存储器（SRAM）、NOR 型闪存（NOR Flash）、NAND Flash 中实现存内计算；三是利用新型存储元件实现存算一体。存算一体技术仍处于发展的早期阶段，我国存算一体芯片创新企业与海外创新企业齐头并进，在该领域先发制人，为我国相关技术的弯道超车提供了巨大可能性。

量子计算的核心在于利用量子力学的原理，特别是量子叠加和量子纠缠，实现对数据的高速处理和复杂计算。这种全新的计算方式，使得量子计算机在处理特定类型的问题时，比传统计算机拥有几乎不可思议的速度优势。对于人工智能来说，机器学习模型常常面临组合优化问题，这些问题涉及大量变量和复杂运算。在传统计算机上，即使利用先进的 AI 技术，解决这些问题仍然耗时且难以找到最优解。但是，将 AI 与基于量子力学的量子计算机结合时，这些问题有可能瞬间得到解决，因为量子计算机能够识别出传统计算机难以捕捉的数据模式。目前，量子计算基础技术持续演进，谷歌将 53 个量子比特的超导量子计算系统扩展至 72 个量子比特，并且成功验证了量子纠错方案的可行性。量子计算在金融领域已取得初步商业化应用，在反欺诈、反洗钱等金融风控领域的场景具备比经典计算更快的计算速度和更高的客户画像精度。

在光计算方面，作为一种利用光波作为载体进行信息处理的技术，光计算具有大带宽、低时延、低功耗等优点，提供了一种"传输即计算，结构即功能"的计算架构，有望避免冯·诺依曼计算范式中存在的数据潮汐传输问题。光计算的优势体现在以下 4 个方面：一是光信号以光速传输，速度得到巨大提升；二是光具有天然的并行处理能力以及成熟的波分复用技术，从而使数据处理能力和容量及带宽大幅提升；三是光计算功耗有望低至 10～18J/bit，相同功耗下，光子器件比电子器件快数百倍；四是光计算技术的并行性运算特点，以及光学神经网络等算法和硬件架构的发展，为图像识别、语音识别、虚拟现实等人工智能技术对算力的需求提供了最有潜力的解决方案。目前适用于人工智能等对计算精度要求不高场景的模拟光计算是主要技术路线，但同时，包括量子、类脑等在内的非经典计算路线也均在探索与人工智能的结合，光计算并不具备显著技术优势，部分光计算企业转向激光光源、光子网络等基础技术的研究，以寻求新应用领域的开拓。

6.6 算法更新推动 AI 能力持续演进

6.6.1 以 AutoML 为代表的新算法让 AI 开发更简单

自动机器学习（AutoML）是人工智能领域的重要趋势之一，可以有效降低当前阶段人工智能开发门槛高、技术人才匮乏等挑战。AutoML 将能够把迭代过程集成到传统机器学习中，以构建一个自动化过程，大幅降低机器学习的门槛；AutoML 是一种机器学习过程通过一系列的算法和启发式方法实现从数据选择到建模的自动化。研究人员仅需要输入元知识（卷积运算过程/问题描述等），该算法即可自动选择合适的数据、自动优化模型结构和配置、自动训练模型，并使它可以部署到不同的设备。该技术主要包括自动数据预处理、自动特征工程、自动超参数搜索、自动模型网络结构设计、自动模型部署等内容，低代码开发、预训练模型等技术也与自动机器学习密切相关，并呈现融合发展的趋势。

AutoML 可帮助 AI 开发平台自动完成神经结构搜索、模型选择、特征工程、超参调优、模型压缩等任务。依赖于结构化或半结构化数据的分类或回归问题可通过 AutoML 实现自动化，大幅提升 AI 训练的效率。

典型的机器学习过程包括数据的摄取和预处理、特征工程、模型训练和部署几个步骤。在传统的机器学习中，Pipeline 中的每一步都是由人来监控和执行的。自动机器学习工具旨在自动实现这些机器学习的一个或多个阶段，使非专家更容易建立机器学习模型，同时消除重复性任务，使经验丰富的机器学习工程师能够更快地建立更好的模型，AutoML 工作流程如图 6-19 所示。

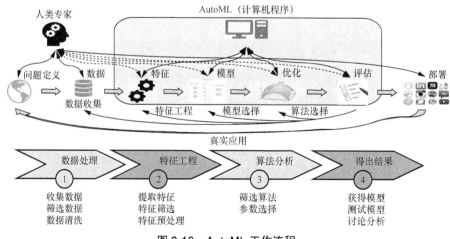

图 6-19 AutoML 工作流程

当前，头部互联网企业和创新企业已经开始积极布局 AutoML 技术和工具，但 AutoML 发展路径上仍存在部分难点需要解决。首先，AutoML 仍需要大量算力，企业仍需要在研发过程中尝试更多的解决方案；其次，AutoML 在提升处理复杂度的同时仍需要保持一定的透明度，以允许模型的用户确认模型的质量。AutoML 作为自动化工具，在提升工作效率的同时也受限于技术成熟度，AutoML 的应用场景还停留在某些开发环节（如特征工程）或者某些特定的技术领域（如语音识别、目标检测、智能对话等）。

6.6.2　以模型为中心的开源社区加速构建

以模型为中心的人工智能开源生态构建成为各环节生态构建的关键。以模型代码库、AI 模型开源社区为代表的开源生态蓬勃发展，在模型库方面，开发框架、硬件芯片、大模型等创新主体为构建自身生态，以提供模型代码为主，打造开源模型库。芯片企业基于硬件生态，构建 AI 模型资源库，加速软/硬件协同，如英国芯片厂商和飞桨共同推出 Model Zoo 模型库，包括图像分类、图像分割和对象检测，专注于消费、汽车和桌面服务器市场的 AI 芯片模型应用；技术研发企业以开发框架为主线，推动模型、框架融合发展，如基于百度飞桨开发框架的产业模型库数量已超过 500 个、谷歌 TensorFlow 推出 Model hub、Garden 提供模型及代码。此外大模型研发企业通过开源大模型，构建模型自身技术生态，如 Meta OPT、OpenBMB、浪潮"源"1.0 等。

在社区方面，HuggingFace、ModelScope 引领的以 AI 模型为中心的新型开源社区初现，逐步占领老牌代码托管工具 GitHub 市场从托管软件代码向 AI 模型的代码共享、部署托管、可视化使用、开源协作、评估选型侧重，聚焦"模型即服务"。通过社区闭源服务盈利，提供以下几类服务模式：一是端到端模型解决方案，用户创建任务，上传数据，自动创建模型，根据时间和计算资源计费；二是模型推理服务，提供 API 调用服务，用户可选择公有云/私有云部署；三是代码、模型托管，通过为用户托管模型、数据集、Pipeline 收取一定的费用；四是个性化定制，根据客户及项目需求个性化定制解决方案，根据具体情况收费。当前，此类社区发展迅速，以 HuggingFace 为例，平台已有超 7.7 万个预训练模型，提供模型训练、调用等服务，客户包括英特尔、高通、辉瑞、彭博社等，并于 2022 年 5 月完成 1 亿美元的 C 轮融资，估值达到 20 亿美元。

6.7　多元化数据服务为 AI"增值"

数据服务指为各业务场景中的 AI 算法训练与调优而提供的数据库设计、数据采集、数据清洗、数据标注与数据质检服务。整个基础数据服务流程围绕着客户需求而展开，产品以数据集与数据资源定制服务为主，为 AI 模型训练提供可靠、可用的数据。Gartner 数据显示，2023 年全球数据库市场规模突破 1000 亿美元，其中云数据库占比 55%，超大规模企业正在扩大收入差距。

从全球数据采标市场来看，北美地区基于云的媒体服务日益兴起，移动计算平台和人工智能在电子商务中被广泛应用，使该地区数据采标市场更为繁荣。亚太地区是数据采标市场高速发展地区，预计 2023—2030 年复合年增长率达 30.9%。美国数据服务企业数量占全球 AI 数据服务企业的 35%，中国占全球的 8%，主要国家 AI 数据服务企业数量如图 6-20 所示。美国数据服务头部企业澳鹏（Appen）采用生成式 AI 大型语言模型进行自动标注数据，提升数据交付速度，当前澳鹏的主要客户包括谷歌、亚马逊、微软等知名 IT 巨头，AI 数据服务代表企业如表 6-11 所示。

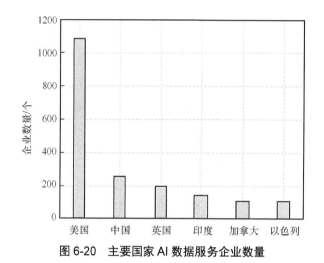

图 6-20　主要国家 AI 数据服务企业数量

表 6-11　AI 数据服务代表企业

厂商	国家	服务
Alegion	美国	提供高分辨率/高密度视频数据标注服务、视频标注平台，用于机器学习建模。目前用户包括沃尔玛、微软、airbnb 等
Appen	美国	业务范围包含数据采集、标注、准备等，自研 MatrixGo 企业级 AI 数据标注平台，利用 AI 技术实现人机协同数据采标
Amazon Mechanical Turk	美国	亚马逊数据众包平台，用户发布需要标注的数据匹配专业人力进行标注
Clickworker GmbH	美国	数据众包平台，拥有专业数据标注团队

随着数据集逐步向开源、开放化演进，行业场景数据集的体量与数据种类加速扩展。在中国，医疗、自动驾驶等重点行业的数据集建设成为热点，例如，上海交通大学发布 MedMNIST v2 数据集，相较于上一版本，该版本数据集包含 12 个 2D 数据集并新增 6 个

3D 数据集，为生物医学图像分析提供数据支撑；华为诺亚方舟实验室联合中山大学发布了 2D 自动驾驶数据集 SODA10M，该数据集涵盖 6 类人车场景的 1000 万张无标注图像以及 2 万张标注图像数据，有效提升自动驾驶场景下机器学习模型的鲁棒性；阿里巴巴基于自身电商平台发布最小存货单位（SKU）级别商品图像分类数据集，该数据集包含 5 万类别、300 万张商品图像数据，有助于模型准确识别大规模、细粒度的商品图像，从而加速推动模型工程化与商业化应用。

同时，数据服务进入深度定制化的阶段，多方协同推动数据场景化应用。一是企业主导并联合高校科研机构开展行业应用场景方向的数据集建设，例如，答魔数据已与冷泉港实验室、斯克利普斯研究所等多家科研机构、传统制药企业合作，完成了 3 万多种小分子药物和生物药的知识图谱搭建，形成多维度医药数据检索方式；金云数据与中国铁建、中国科学院、清华大学等企业、机构、高校开展密切合作，整合收集城市、建筑数据开展建设城市数字模型数据库和 BIM IDC。二是为高校主导联合科技企业构建高质量数据集，例如，清华大学智能产业研究院（AIR）联合北京市高级别自动驾驶示范区、百度 Apollo 等机构联合发布涵盖天气状况、路况信息等丰富场景的车路协同数据集。

现象级应用 ChatGPT 的出现以及席卷全球的对话大模型开发浪潮为 AI 基础数据服务产业发展带来助力——互联网公开数据需要运用文本分类标注、对话语料构建等标注类型帮助模型调优，避免恶意和偏见内容等 AI 伦理问题。目前，服务商普遍 AI 视觉和智能语音数据集产品的占比较高，NLP 相关业务占比较低。此轮产业机会需要服务商加深对 NLP 数据集和相关标注平台的开发优化。现阶段高质量、易监督数据存量见底，基于 AIGC 技术的合成数据或逐步成为 AI 训练的数据来源之一，解决 AI 模型训练中所需数据的"量、质与成本"限制。当然目前合成数据技术也在技术精度、人才匹配等上有自身局限，未来将与真实数据集产品合力成为 AI 产业的数据基石。

6.8　创新主体活跃掀起 AI 应用热潮

AI 成为企业数字化、智能化改革的重要抓手，也是各行业领军企业打造营收护城河的重要方向。截至 2023 年年底，全球人工智能企业超 2.9 万家，其中，美国企业为 9977 家，占全球总数的 33.6%；中国企业为 4482 家，占全球总数的 15%。全球人工智能企业新增高峰在 2016—2018 年，此后每年新增数量逐渐降低。英国、印度、加拿大位列第三、第四、第五。全球人工智能企业主要分布国家如图 6-21 所示。

受大模型发展的影响，资本对人工智能关注提升。在 2023 年全球投资收缩的背景下，多家人工智能独角兽涌现。

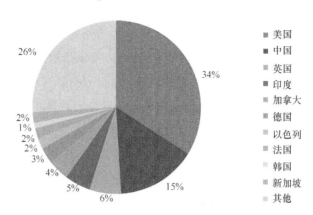

图 6-21　全球人工智能企业主要分布国家

随着全球人工智能产业链各环节逐步清晰，全球人工智能创新主体开始从盲目的 AI 技术突破转向各有侧重的细分赛道攻关，通用基础、企业级平台及高价值应用是三大核心赛道。整体来看，全球人工智能创新企业呈现以下三大特点。

一是平台主体向企业级服务侧重。视觉/语音任务、数据决策分析、对话助手、机器人等 AI 技术加速以企业级平台形式导入业务场景，例如，对话式智能 Uniphore 平台利用会话自动化技术，为企业提供 AI 对话助手、语音身份验证、语音－文字转录等服务，已获得 4 亿美元 E 轮融资，估值达 25 亿美元。

二是通用基础创新主体注重解决底层关键问题。芯片、框架、开发工具等通用基础类创新企业注重解决行业研发创新的底层问题，向细分领域水平化发展，CB Insights 2022 年度 AI 100 榜单的潜力企业榜单中包含众多细分领域的通用基础工具企业，如数据企业可细分为数据标注、数据合成、数据去身份化、数据质量等诸多领域，模型工具企业可细分为版本控制、模型修正与检测、ML 平台等方向。

三是高价值细分场景成为创新重点。医疗生物、自动驾驶等领域是全球应用创新竞争焦点。2022 年福布斯美国 AI 50 强创新企业中，有 11 家来自医疗生物领域，4 家来自自动驾驶领域。医疗影像明星企业 Lunit 聚焦生物标志物研究方向，"放射学+病理学"的布局方式驱使近 3 年营收翻 30 倍，并已在韩国上市，首日上涨 30%，受到资本热捧。

6.8.1　Adept AI：通用人工智能（AGI）工具

Adept AI 成立于 2022 年 1 月，是一个构建通用人工智能的机器学习研究和产品实验室。公司正在训练一个神经网络来使用世界上的每一种软件工具和 API。2022 年 9 月 14 日，Adept 团队推出了它们的第一个大模型 ACT-1（Action Transformer），它是专门设计和训练用于计算机上执行操作以响应自然语言命令的模型。ACT-1 是迈向基础模型的第一步，该模型可以使用现有的所有软件工具、API 和网站。

Adept AI 正在构建一个通用系统，能够帮助人类在计算机中完成所有任务。这个系统能够帮助人们在计算机前完成工作，成为每个知识工作者的通用协作者。这样的产品不仅对每个使用计算机的人都有用，而且可能是实现通用智能的最实用、安全的途径。未来的基础模型经过训练后，将可以使用现有的每个软件工具、API 和 Web 应用程序。

ACT-1 是一个大型 Transformer，该模型经过训练可以使用现有的各类数字工具。目前 ACT-1 已连接了 Chrome 扩展程序，能够在浏览器中进行部分操作，如单击、键入和滚动等。当前，ACT-1 已经具备一定的动作捕捉、执行和推断能力，能对简化工作发挥一定作用。在动作捕捉和执行能力方面，用户只需要在文本框中输入命令，ACT-1 就会完成剩下的工作。对于手动任务和复杂工具尤其有用，通常在 Salesforce 中需要单击 10 次以上的操作现在只需要一句话即可完成。在上下文关联推断能力表现中，ACT-1 深入使用电子表格等工具，展示现实世界的知识，从语境中推断出要表达的意思，并可以帮助我们做不知道如何做的事情。此外，ACT-1 也已经可以实现多工具协同、联机查询以及纠正反馈。

Adept AI 将会在 ACT-1 基础上持续不断训练自己的大模型，直到训练出真正的“Action Transformer”基础模型。相比对文本数据进行建模，对交互动作进行捕捉和建模是比较困难的，目前的模型效率和表现还有很大的迭代提升空间。在未来的一段时间内，Adept AI 可能依然会聚焦在模型的迭代工作中，持续提升模型的通用能力。

从短中期看，ACT-1 的定位可能就是一种生产力工具。它更加高效、安全和可用，主要针对的是日常办公使用的应用软件。长期来看，ACT-1 可能引领人机交互方式的变革。Adept AI 认为，未来大多数与计算机的交互将使用自然语言来完成。在这种行业趋势下，一种新的操作系统或平台将可能诞生，并彻底改变人们与计算机的交互方式，部分简单、重复性的软件操作可能会被 AI 接管。

6.8.2　Cohere：B 端定制式 AI 服务者

Cohere 成立于 2019 年，是一家加拿大 AI 初创企业，主要为开发者和企业提供不需要昂贵的机器学习开发的 NLP 解决方案，让各类开发人员都可以使用大型神经网络和最先进 AI 来解决任何语言相关问题，但却不依托于任何公共云，让模型能在私有云或本地部署中运行。

Cohere 创新了 T-Few 方法，T-Few 微调提供了一种有效的方法来微调大型语言模型，克服了训练时间慢和服务资源昂贵的挑战，T-Few 微调算法架构如图 6-22 所示。T-Few 微调通过仅更新模型权重的一小部分并启用模型堆叠，可显著减少训练时间，同时保持高质量的微调结果。他们引入了 MoV（Mixture of Vectors）和 MoLORA（Mixture of LORA）这两种参数高效型混合专家适应方法。在未曾见过的任务上，这种新方法只需要更新 0.32%的参数，就能实现与完全微调方法相当的性能，T-Few 微调过程如图 6-23 所示。其表现也能轻松胜过

(IA)³和 LoRA 等基础的参数高效型技术。Cohere 的研究团队基于 55 个数据集，在 12 个不同任务上，用 11byte 到 770MB 不同大小的 T5 模型进行了实验，均得到了一致的结果。

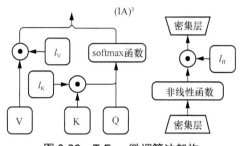

图 6-22　T-Few 微调算法架构

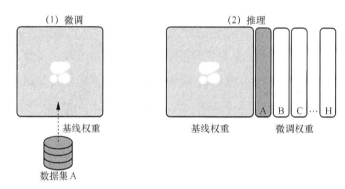

图 6-23　T-Few 微调过程

　　Cohere 还运用检索增强生成（RAG）方法增强了对话的准确性。要完成更复杂和知识密集型的任务，可以基于语言模型构建一个系统，访问外部知识源来实现，这样的实现与事实更加一致，生成的答案更可靠，还有助于缓解"幻觉"问题。这就是 RAG 方法。运用 RAG 方法，Cohere 的对话产品可以更好地理解消息背后的意图，记住对话历史记录，并通过多轮对话进行智能响应。将用户的模型与网络搜索和重要数据源连接起来，以提高聊天响应的相关性和准确性。Cohere 通过训练命令模式（Command）来优化 RAG 的准确性，包括从多个数据源确定相关信息，以及通过引用减少"幻觉"并在生成的响应和用户之间建立信任以了解响应的来源。

　　Cohere 主要面向 B 端企业客户，致力于为企业定制生成式 AI 服务。Cohere 的垂直应用产品集中在企业运营过程中与文本有关的 3 个关键领域，分别是文本生成、文本分类和文本检索。文本生成领域有 Summarize、Generate、Command Model；文本分类领域的主要产品是 Classify；文本检索领域有 Embed Model、Semantic Search Rerank。

　　在斯坦福大学的语言模型全面评估（HELM）中，从最大的 524 亿参数 Command 模型微调得到的对话模型 Command Beta，在 61 个模型中排名第二，准确率达 90.6%，仅次于属于 GPT-3.5 系列模型 text-davinci-002，HELM 准确度评估如图 6-24 所示。

Model/adapter	Mean win rate 1 [sort]	MMLU-EM 1 [sort]	BoolQ-EM 1 [sort]	Narrative QA-F1 1 [sort]	NaturalQuestions(closed-book)-F1 1[sort]	NaturalQuestions(open-book)-F1 1[sort]	QuAC-F1 1 [sort]	HellaSwag-EM 1 [sort]	OpenbookQA-EM 1 [sort]	Truthful QA-EM 1 [sort]
text-davieci-002	**0.914**	0.568	0.877	0.727	0.383	0.713	0.445	0.815	0.594	0.61
Cohere Commaed beta(52.4B)	0.906	0.452	0.856	**0.752**	0.372	0.76	0.432	0.811	0.582	0.269
text-davied-003	0.879	0.569	0.861	0.727	0.436	0.77	0.525	0.822	0.646	0.593
TNLG v2(530B)	0.828	0.469	0.809	0.722	0.384	0.642	0.39	0.799	0.562	0.251
Anthropic-LM v4-s3(52B)	0.815	0.481	0.815	0.728	0.288	0.686	0.431	0.807	0.558	0.368
Jurassic-2 Jumbo(178B)	0.799	0.48	0.829	0.404	0.385	0.669	0.421	0.788	0.558	0.437
gpt-3.5-turbo-0301	0.782	0.598	0.739	0.536	0.384	0.637	0.437	-	-	**0.639**
J1-Grande v2 beta(17B)	0.762	0.445	0.812	0.725	0.337	0.625	0.392	0.764	0.56	0.306
Lumincus Supreme(70B)	0.739	0.38	0.775	0.711	0.293	0.649	0.37	-	-	0.222

图 6-24 HELM 准确度评估

6.8.3 Jasper：集成式 AI 营销工具

Jasper 成立于 2021 年，致力于打造适合商业领域的 AI 助手，可帮助企业撰写博客文章、社交媒体帖子、销售电子邮件、网站文案等营销内容。Jasper 是更适合商业场景的人工智能。它帮助使用者迅速生成各种高质量类型的文案和内容，包括营销广告、电子邮件以及博客等，被创作者和营销团队评为排名第一的人工智能平台。

Jasper 提供多模态、多用法的内容生成方式，包括 Blank Document、Template、Blog Post 及 Art 四大模块，如图 6-25 所示。通过浏览器插件等形式，Jasper 可以支持用户随时进行创作。

图 6-25 Jasper 支持多种内容生成方式

Jasper Chat 是基于一系列模型（GPT 系列、T5、BLOOM 等）的聊天机器人，它能根据用户的输入场景自动选取合适的模型，再结合搜索引擎的结果，尽量为用户生成准确的内容。Jasper Chat 是为营销、销售等业务用例而构建的。它学习了网络上发布的海量文章、论坛、视频记录和内容，使其能够回应复杂的对话内容。Jasper Chat 能够协助用户生成特定指令（prompt），引用个性化的品牌内容，记忆之前与用户的对话，以及支持生成超过 30 种语言的内容。

Jasper 支持多语言模型及多种优化工具。其 AI 引擎首先从多个顶尖模型中提取数据，包括 OpenAI 的 GPT-4、Anthropic 以及 Google 的语言模型等。随后 Jasper 将这些数据与最新的搜索数据、Brand Voice 以及搜索引擎优化（Search Engine Optimization，SEO）和语法优化工具等结合输出高质量的结果，在营销垂直领域比 ChatGPT 拥有更强的适用性，如图 6-26 所示。

Jasper成为更适合商业领域AI助手的原因有哪些？	Jasper	ChatGPT+
针对品牌量身定制，而非通用输出	✓	✗
基于商业事实撰写营销文案	✓	✗
实时获取最新信息并应用信息来源	✓	✗
专为营销业绩和效果而打造	✓	✗

图 6-26　Jasper 在营销垂直领域比 ChatGPT 拥有更强的适用性

6.8.4　滴滴自动驾驶：AI+自动驾驶

自动驾驶作为全球汽车发展的新风口也是网约车行业未来重要的发展方向之一。滴滴出行于 2016 年成立自动驾驶部门，2019 年升级为独立公司，2020 年在上海启动智能网联汽车规模化载人示范应用，首次公开亮相滴滴的自动驾驶网约车并顺利完成测试。2023 年起，滴滴再次全速推动自动驾驶业务的发展，2023 年 4 月 13 日，滴滴发布首款未来服务概念车 DiDi Neuron 以及首个自动驾驶自动运维中心，并公布了在技术、硬件、量产以及新业务探索方面的进展；2023 年 5 月，滴滴自动驾驶公司与广汽埃安签订深化合作协议，共同发布无人驾驶新能源量产车项目"AIDI 计划"。滴滴计划于 2025 年将首款量产车型接入滴滴共享出行网络，实现全天候、规模化的混合派单。

当前滴滴的自动驾驶体系分为在线模块和支持模块，前者是自主联网，包括感知、定位、预测、规划、控制，后者则特指信息安全、高精度地图、开发工具、车路协同等交互能力，如图 6-27 所示。

图 6-27　滴滴自动驾驶集成的 AI 能力

6.8.5 达闼机器人：拥有"云端大脑"的人形机器人

达闼科技是智能机器人领域的独角兽头部企业，全球领先的云端机器人创造者、制造商和运营商。达闼科技专注于云端智能机器人技术的研究与开发，致力于实现运营商级别的大型融合智能机器学习和运营平台。截至 2022 年 12 月，达闼已经拥有超过 1600 项专利申请，在云端机器人领域专利数全球第一。

达闼的首代人形机器人产品 Ginger 1.0 于 2019 年世界移动通信大会推出。其迭代产品 Ginger 2.0 于 2022 年世界人工智能大会推出。Ginger 2.0 搭载公司自研的智能柔性关节 SCA2.0，主要应用场景为迎宾导航、活动庆祝、养老陪护等，达闼机器人 Cloud Ginger 2.0 技术参数如表 6-12 所示。

表 6-12 达闼机器人 Cloud Ginger 2.0 技术参数

技术参数	对应数据
身高/m	1.60
体重/kg	80
全身自由度	41 个柔性执行器
抓取能力/kg	5
续航能力	12h，可加载第二块电池
传感器	RGB 单目摄像机 3D 深度相机 激光雷达 单点 TOF 相机
末端执行	七自由度灵巧手
交互	千变脸-*栩栩如生，更有灵气，大幅提升交互体验*-

2023 年 8 月 16 日的世界机器人大会上，达闼科技正式推出了其首个双足人形机器人 XR4。这是一款达闼云端大脑赋能的、面向多场景应用的通用人形双足机器人。XR4 身高 165cm，体重 65kg，全身采用大量碳纤维复合材料，拥有 60 多个智能柔性关节。

达闼科技的机器人特色为具备"云端大脑"。基于"融合智能"云端大脑的实时多模态深度学习，Cloud Ginger 被赋予了以下功能：图像/物体/姿态/人脸/情感识别；视觉反馈操作，抓握/运动/按压；用于抓取/运动的 3D 语义地图、同步定位和建图（SLAM）、机器视觉导航定位（VSLAM）、自动导航避障；自然语言处理；丰富的垂直领域知识和多轮对话服务；基于云脑业务调度平台实现多机协同，达闼机器人"云端大脑"如图 6-28 所示。

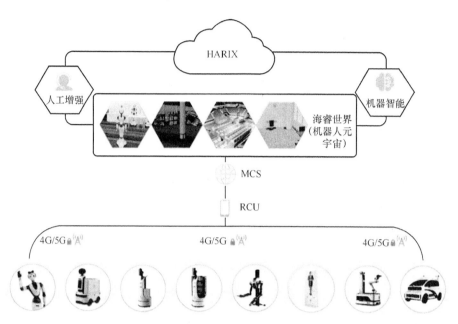

图 6-28 达闼机器人"云端大脑"

参考文献

[1] 中国信息通信研究院. 全球数字经济白皮书[R]. 2023.

[2] IDC. 中国半年度加速计算市场(2022 下半年)跟踪[R]. 2022.

[3] 中信建投. 半导体产业链投资机遇，AI 开启新周期，看好半导体国产化和周期反转[R]. 2023.

[4] 艾瑞咨询. 2022 年中国人工智能产业研究报告[R]. 2023.

[5] 郭朝先, 方澳. 全球人工智能创新链竞争态势与中国对策[J]. 北京工业大学学报(社会科学版), 2022, 22(4): 88-99.

[6] 天风证券. 定量测算国产 AI 芯片 2024 年增量[R]. 2023.

[7] 杜春玲, 王铁铮, 王琛伟. 数字经济下中国人工智能芯片技术发展现状、面临挑战及对策建议[J]. 科技管理研究, 2023, 23(12): 1-10.

[8] IDC. 中国人工智能软件 2022 年市场份额[R]. 2022.

[9] Gartner. 2023 年十大战略性技术趋势[R]. 2023.

[10] 头豹研究院. 2021 年中国 AI 开发平台市场报告[R]. 2021.

[11] Gartner. 云原生 AI 加速 AI 工程化落地[R]. 2022.

[12] 王强, 苏乐, 谢智刚. 人工智能框架技术趋势研究[J]. 智能安全, 2023, 2(1): 46-52.

[13] 中国信息通信研究院. 云计算发展研究[J]. 大数据时代, 2020(8): 28-39.

[14] HABIBIAN A, ABATI D, COHEN T S,et al. Skip-convolutions for efficient video processing[J]. arXiv preprint, 2021, arXiv: 2104.11487.

[15] 中国信息通信研究院. 人工智能研发运营体系(MLOps)实践指南(2023 年)[R]. 2023.

[16] 毕马威. 人工智能全域变革图展望: 跃迁点来临(2023)[R]. 2023.

第 7 章 大模型时代降临

在强算法、大数据、大算力等关键技术的共同推动下，大模型进入爆发期，迅速跻身人工智能热门方向之中。据预测，2024 年全球人工智能大模型市场规模将突破 280 亿美元，并且随着大模型的进一步发展和技术的不断创新，将为企业和组织提供更强大的数据分析、预测能力和智能化解决方案，为人工智能领域带来更多商机和发展空间，持续为市场贡献动力。这一趋势将推动人工智能领域的快速增长，并在 2028 年促使大模型市场规模突破千亿美元。

7.1 大模型发展历程及特点

7.1.1 大模型技术快速迭代，参数规模三段式激增

大模型的全称为大规模预训练模型，其中大规模是指参数规模超过 10 亿，预训练是指在海量通用数据上进行预先训练以实现良好的通用性，模型则指以 Transformer 为基础框架的可实现并行计算和自注意力的深度神经网络模型。大模型通常使用深度学习算法，如 CNN、RNN 和语言模型，这些算法能够自动从数据中学习特征，并生成更加准确的预测结果。

大模型的起源可以追溯到自然语言处理技术的出现。20 世纪 50 年代，计算机科学家开始尝试通过计算机程序来实现对自然语言的理解和生成，主要关注规则和基于知识的方法。1956 年，从"人工智能"概念被提出开始，AI 发展由基于小规模专家知识逐步发展为基于机器学习。1980 年，卷积神经网络的雏形 CNN 诞生。1998 年，现代卷积神经网络的基本结构 LeNet-5 诞生，机器学习方法由早期基于浅层机器学习的模型，变为基于深度学习的模型，为自然语言生成、计算机视觉等领域的深入研究奠定了基础，对后续深度学习框架的迭代及大模型发展具有开创性的意义。

大模型真正的历史从 2006 年深度学习（Deep Learning）首次在 *Science* 上发表开始，深度学习技术的发展极大地推动了自然语言处理的进步。2010 年，Tomas Mikolov 及其合

作者提出了基于 RNN 的语言模型，自然语言处理开始进入高速发展时期。2012 年，AlexNet
战胜 ImageNet 这一标志性事件，引发了行业对深度学习的关注和研究，谷歌、百度等行业
先行者也是在这一时期开始重视 AI 发展的。2013 年 Google Brain 项目发布了深度学习模
型 DistBelief，为大规模分布式训练奠定了基础。2014 年，被誉为 21 世纪最强大算法模型
之一的 GAN 诞生，标志着深度学习进入了生成模型研究的新阶段。

预训练模型的概念在 2015 年被提出，其核心思想是迁移学习，模型可以被复用，有效
降低了训练成本。由于预训练模型是在海量数据的基础上训练形成的，能最大限度地减少
与真实数据之间的误差，可使用特定领域数据微调实现多场景应用。预训练模型的诞生，
也成了大模型迅速发展的起点。

随后，由于技术获得快速迭代，大模型先后经历了预训练模型、大规模预训练模型、
超大规模预训练模型 3 个阶段，呈现出三段式爆发增长态势，如图 7-1 所示。

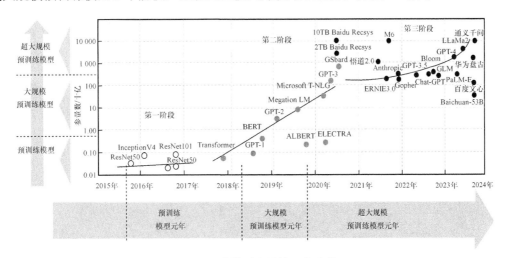

图 7-1　大模型发展的 3 个阶段

1．萌芽期（预训练模型）

第一阶段，在 2015—2017 年，大模型发展处于萌芽期。ResNet-50、DenseNet 等预训
练模型的出现为后续大模型的提出奠定了基础。在 ResNet 被提出之前，深度神经网络的训
练存在梯度消失和梯度爆炸的问题，难以训练深层网络。ResNet 通过引入残差学习的概念，
解决了这一问题，为深度学习的发展开辟了新的道路。随后，迅速出现了诸如 DenseNet、
ResNet 等知名模型。在这个阶段，研究者逐渐认识到，模型设计并不需要过多的技巧和变
化，而是可以依据一些简单而基本的设计原则。

2．突破期（大规模预训练模型）

第二阶段，在 2017 年 Google 的论文中提出 Transformer 架构，在机器翻译任务上取得
了突破性进展，为大规模预训练模型的主流算法架构奠定了发展基础和方向，大模型的发
展进程自此进入突破期。随后，Google 于 2018 年基于 Transformer 架构提出 BERT 大规模

预训练模型，OpenAI 同期提出 GPT 预训练模型，成为大规模预训练模型发展的关键节点。BERT-Base 版本的参数量为 1.1 亿个，BERT-Large 版本的参数量为 3.4 亿个，GPT-1 的参数量为 1.17 亿个，这在当时，相比其他深度神经网络的参数量已有数量级的提升。2019 年，Open AI 发布了 GPT-2，其参数量达到了 15 亿。此后，Google 发布了参数规模为 110 亿的 T5 模型。中国也相继推出了一系列大规模语言模型，包括清华大学 ERNIE、百度 ERNIE 等，在这个阶段研究主要集中在语言模型本身。

3．爆发期（超大规模预训练模型）

第三阶段，2020 年 OpenAI 公开 GPT-3 超大规模预训练模型参数量达到 1750 亿个，这是全球首个参数规模达到千亿级的预训练模型，此后大规模预训练模型的发展进入爆发期，全球开启千亿级参数量预训练模型的研发热潮。2022 年 11 月，ChatGPT 的发布带来了进一步突破。ChatGPT 通过一个简单的对话框，利用一个大规模语言模型就可以实现问题回答、文稿撰写、代码生成、数学解题等过去自然语言处理系统需要大量小模型定制开发才能分别实现的能力。2023 年 3 月，GPT-4 发布，相较于 ChatGPT 又有了非常明显的进步，并具备了多模态理解能力，展现了近乎通用人工智能的能力。各大公司和研究机构也相继发布了此类系统，包括 Google 推出的 Bard、百度的文心一言、华为的盘古系列大模型、科大讯飞的星火大模型、智谱的 ChatGLM、复旦大学的 MOSS 等，大模型呈现爆发式增长，2019 年以来出现的语言大模型（百亿规模以上）时间轴如图 7-2 所示。

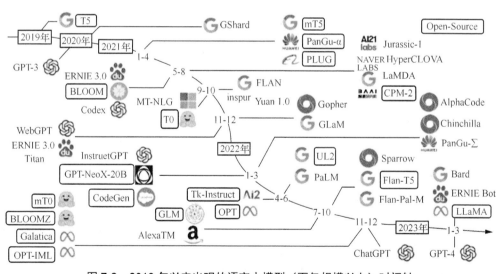

图 7-2　2019 年以来出现的语言大模型（百亿规模以上）时间轴

如今，国内外越来越多的玩家入局大模型，为大模型的发展按下了"加速键"，在推动技术进步的同时，还推进了大模型面向千行万业的应用拓展，开启了人工智能大模型发展的新篇章。随着技术的演进，大模型产业将朝着推进构建和部署模型的自动化进程、降低行业用户获得人工智能能力门槛的方向发展。

7.1.2　"大+小"模型协同进化，推动端侧化发展

在机器学习中，模型的大小通常根据模型中的可训练参数数量定义。通常，大模型指参数数量巨大的机器学习模型，而小模型则指相对参数较少的模型。这些参数是在训练过程中由算法优化并学习到的数值，用以最大化模型的性能表现。大模型通常具有更多的参数、更复杂的结构和更多的隐藏层单元或卷积核数量，使其能够处理更复杂的任务和更大规模的数据集，并具有更好的精度和预测能力。大模型和小模型各有优、缺点，尽管大模型从应用领域上看具有更强大的能力，可以完成多场景任务，但是小模型同样具有独特的优势和价值，在特定场景下仍是不可或缺的。

大模型的优势主要体现在模型本身的高精度和强泛化能力上。一方面，大模型通过大量的数据训练，可以在输入数据集中找到更明显的模式和流行趋势，达到非常高的预测精度；另一方面，大模型通过预训练和迁移学习的方式，能够对未知的数据进行合理的推断。利用海量的通用数据和知识，能够提升模型的泛化能力和通用性，降低对标注数据的依赖，从而解决数据不足的问题。这种强大的泛化能力使得大模型能够在陌生情境下进行恰当的推理、信息填充以及内容生成，展示出卓越的适应性和智能化。大模型的劣势主要体现在模型训练成本和过拟合上。一方面，使用大规模数据集进行训练，时间和计算成本都会相应提高，模型训练需要投入包括高端处理器、RAM 等硬件设施，以支持数据的计算和存储需求；另一方面，大模型中的许多参数往往过多追求精度，容易出现过拟合的情况。

小模型优势主要体现在训练成本和灵活性上。一是数据需求少，小模型训练数据需求较少，这使得数据的收集成本更低，对于数据稀缺或领域特定任务更具适应性，并且能够快速迭代和实验，提供更准确和高效的结果。二是训练速度较快，小模型的参数数量较少，训练时间较短，训练成本甚至可以更低，可以用来快速验证和原型化想法，并且可以在后续阶段再考虑是否需要使用大模型。三是硬件要求低，小模型不需要高昂的硬件配置，甚至可以直接部署在移动应用、嵌入式系统、浏览器插件等环境中。同时，小模型可以更快地加载和执行，更适用需要低时延和实时推理的应用场景。四是可部署性强，大模型通常需要在特定的硬件和软件环境下才能正常运行，小模型则更容易在不同的硬件和软件平台上进行迁移和部署，更适合在不同的设备和系统中使用，模型的灵活性和适应性均有提高。五是隐私保护性更好，大模型通常需要在云端进行训练和推理，这可能涉及用户的隐私数据。相比之下，小模型可以在本地设备上进行训练和推理，避免了将用户数据传输到云端的隐私风险。这对于一些对隐私保护要求较高的应用场景非常重要，如人脸识别、语音识别等。但是，小模型相较大模型的短板则显而易见，主要体现为模型精度不高和复杂问题适应性差等，大模型与小模型特征对比如图 7-3 所示。

对比维度	大模型		小模型
		VS	
数据需求	较多		较少
参数数量	较多		较少
预测能力	较强		较弱
泛化性	较强（可能过拟合）		较弱（欠拟合）
训练速度	较慢		较快
硬件要求	较高		较低
可部署性	较差		较好
隐私保护性	较差		较好
适用情况	大型和复杂的数据集及广泛的应用场景		小规模的数据集及较简单的应用场景

图 7-3　大模型与小模型特征对比

总体来说，大模型和小模型各有优、缺点，在不同的情况下具有不同的应用场景。大模型是一种功能强大的人工智能模型，具有高效任务拟合和精度表现，通常在自然语言处理、计算机视觉、推荐系统等方面表现良好，但需要更高的硬件成本和更长的训练时间，通常需要高性能计算资源（如标准的 GPU 或云端集群）的支持。小模型具有较低的硬件成本和更快的训练时间，但会牺牲一定的精度和预测能力，适合一些简单的、小规模的应用，如解决垂直行业领域问题等，它们具有更灵活的部署特性，可以在低功耗设备（如智能手机或物联网设备）上运行。在实际应用中，需要充分考虑计算资源、存储空间、时间、电力和精度等因素，并根据具体需求在二者之间进行权衡和选择。

未来几年，大模型和小模型将会协同促进推动人工智能发展，实现明确分工，高效率、低成本地解决业务问题。大模型负责向小模型输出模型能力，小模型更精确地处理自己"擅长"的任务，再将应用中的数据与结果反哺给大模型，让大模型持续迭代更新，形成大小模型协同应用模式，达到降低能耗、提高整体模型精度的效果。大规模参数并不是产业所追求的重点，更少的标注数据、更优的模型效果、更高的模型性能以及便捷的部署方式将是未来研究的重点。

7.1.3　大模型与人工智能相互促进，相辅相成

随着通用数据、硬件算力、优化算法等要素的快速发展，以 GPT 为代表的大模型开启了人工智能发展新范式。在多数据、大算力的加持下，大模型可充分借助预训练技术对海量无标注数据进行自监督学习，有效解决小模型开发"作坊式""碎片化"问题。大模型已成为人工智能发展的重要里程碑。人工智能算法层层演进，多重因素催生大模型人工智能，人工智能和大模型的层级关系如图 7-4 所示。

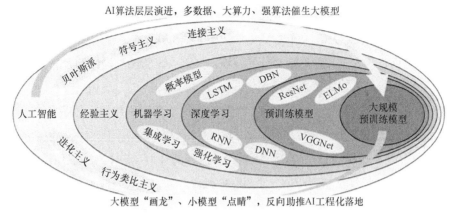

AI算法层层演进，多数据、大算力、强算法催生大模型

大模型"画龙"、小模型"点睛"，反向助推AI工程化落地

图 7-4　人工智能和大模型的层级关系

1．大模型为通用人工智能发展提供可行路径

在大模型出现之前，人们对于是否能够通过深度学习路径实现媲美人类智能水平的机器存有疑虑。大模型为通向通用人工智能开辟了一条全新的途径——"大算力+大数据+大参数"。在这种情况下，即使没有能够明确阐释智能产生原理的基础理论，通过大规模的参数学习，或将取得接近人类的智能水平。

2．大模型刷新人工智能研究范式

传统人工智能模型的技术研发过程通常由小团队主导，根据目标领域的发展情况，提出独立的问题，研发新的算法架构、加速方法、训练方法、评价方法解决这一问题，开发流程整体呈现碎片化的特点。这样的研发模式虽然推动了人工智能技术的进步，但主要属于"点"的突破，很难与其他人工智能技术发展形成联动。在大模型时代，超大规模模型的研发更偏向完成一个大型工程项目，项目需要来自算法、数据、硬件等方面的复合型人才，通过配合的方式，产出跨学科的研究成果，大模型成为加速 AI 普惠发展的强劲动力引擎如图 7-5 所示。

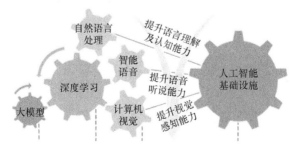

图 7-5　大模型成为加速 AI 普惠发展的强劲动力引擎

3．大模型助推深度学习发展

大模型能在很大程度上整合算力、算法、数据、知识等关键要素，持续释放深度学习红利。

作为新一代人工智能的标志性技术，大模型强力助推深度学习实现自然语言处理、智能语音、计算机视觉等 AI 技术取得突破，解决了人工智能开发过程中的"碎片化"问题，加快人工智能落地进程，进而带动人工智能基础设施的发展，加速人工智能外溢性和普惠性发展。

4. 大模型为强人工智能发展奠定基础

大模型对于弱人工智能走向强人工智能发挥了引擎和桥梁作用，既为人工智能的发展带来了动力，也与其产生纽带效应，加速构建智能时代的新型基础设施。系统工程层面，大模型开发处于人工智能核心位置，向下对接芯片级的算力，向上对接应用层实际需求。模型算法层面，AI 应用场景已从碎片化过渡到深度融合一体化，大模型成为 AI 算法规模化创新的基础。总体来说，大模型受益于技术、市场的积累，如今其自身正是 AI 领域最大的动力之源，推动弱 AI 从技术积累、行业应用到产业变革，最后成为赋能千行万业的基础设施，大模型肩负引擎和桥梁作用如图 7-6 所示。

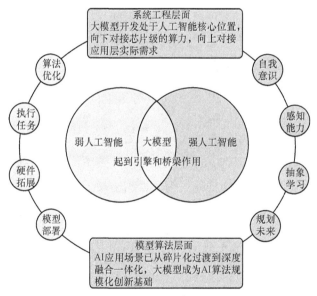

图 7-6 大模型肩负引擎和桥梁作用

7.1.4 大模型迭代周期缩短，总体呈现多种发展趋势

近年来，随着大模型参数规模与模型性能的不断提升，大模型更迭持续提速，呈现出多种发展趋势。

1. 家族化发展

自 2018 年开始，OpenAI 相继推出 GPT-1、GPT-2、GPT-3、GPT-3.5、GPT-4 大模型，不断进行迭代升级。GPT-4 大模型在 GPT 大模型的基础上，参数量得到大幅提升，在优化人机交互体验、提供专业服务、提升组织效能、文化传承与保护等方面都展现了巨大的潜能。ChatGPT 的诞生也刮起了 GPT 生态狂潮，越来越多的企业宣布接入 ChatGPT 的能力，其中不乏一些已经取得优秀商业化的应用，如 Jasper、Quizlet、Shop 等，在语言文字创造、人机交互、教育、绘画、影音、零售等多场景落地应用。此外，例如，百度提出的 ERNIE 文心系列大模型是在 ERNIE1.0 的基础上持续研发升级的，华为的盘古大模型也是大模型家族化发展的典型代表。

2．多模态发展

大模型逐步支持聚合多元数据信息，提升大模型表征空间的精确度，在多模态大模型领域，OpenAI 已研发 DALL·E、CLIP 等多模态模型，参数达 120 亿，在图像生成等任务上取得优异表现。此外，阿里达摩院、智源研究院等机构也在积极研发多模态预训练模型，探索文本之外的领域。2021 年 3 月，阿里达摩院联合清华大学提出了参数规模达 1000 亿的中文多模态预训练模型 M6，同年 6 月，在万亿参数版本的 M6 发布研发过程中，该模型在 480 卡的 V100GPU 上进行了训练，相比 Google、NVIDIA 等机构，节省算力资源超 80%，训练效率提升近 11 倍。M6 能够完成跨模态检索、视觉问答、图片配文字等任务，生成图像质量达到 1024×1024（单位为像素）的水平，已在阿里巴巴 30 多项业务中实现应用。

3．知识融合趋势

大模型需要具备更强的决策能力，为突破常识、逻辑推理提供全新的解题思路。面向未来产业界更为复杂的智能决策场景，研发基于多种网络数据预训练，具有决策、应变能力的大模型，是下一步发展的重要趋势。例如，Google 发布的 MUM（Multitask Unified Model）基于大量的网页数据进行预训练，擅长理解和解答复杂的决策问题，能够理解 75 种语言，从跨语言、多模态网页数据中寻找信息。MUM 还能通过用户英文提问搜索日文信息源，提供旅行攻略。这说明当大模型学习更为丰富的模态数据后，在处理复杂信息理解和生成任务时会有更强的表现。

7.2 大模型的典型应用领域

目前，全球互联网、计算等头部企业将基础通用大模型建设提升至竞争高点，已基本完成语言、视觉和多模态 3 种类型全能力布局，引领通用基础模型的发展。自 2018 年大语言模型出现以来，模型支持模态逐步从自然语言拓展到视觉和多模态，且模型更新频率显著加快，能力迭代迅速，三类大模型发展进程如图 7-7 所示。

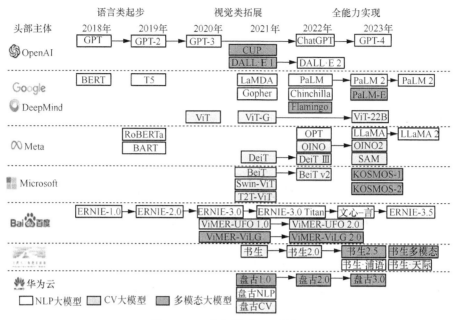

图 7-7　三类大模型发展进程

7.2.1　NLP 大模型

1．概述

NLP 是大模型应用的重要领域之一，其起源可以追溯到 2017 年，当时 Google 发布了 Transformer 模型，该模型采用大规模的预训练和自监督学习，可以在大规模计算资源上训练出高性能的 NLP 模型。随着计算能力的不断提升和数据集的不断扩大，NLP 大模型逐渐成了主流的 NLP 技术。

NLP 大模型有很多种，其中最具代表性的是 BERT 模型和 GPT 系列模型。BERT 模型是一种基于 Transformer 的双向预训练语言模型，具有强大的语言理解能力，被广泛应用于各种 NLP 任务中。GPT 系列模型是一种基于 Transformer 的自回归语言模型，通过大规模的预训练和生成式任务训练，具有强大的语言生成能力，被广泛应用于文本生成、摘要、翻译等任务中。

NLP 大模型的工作原理主要是通过大规模的预训练和自监督学习，提高模型的语言理解和生成能力。在预训练过程中，模型会根据大量的无标签文本数据进行训练，通过学习大量的语料库中的语言模式，提高其对语言的理解能力。而自监督学习则是通过大规模的监督信号进行训练，使模型能够自动发现输入序列中的规律和模式，从而在不需要人工标注的情况下完成对文本数据的理解和生成。

2．研究进展

目前，闭源 GPT-4 基础模型在 NLP 领域处于领先地位，在 MMLU（UC Berkley 等机构发布的占据主导地位的 57 个学科英文专业知识客观测评基准）、MT-Bench 和 Arena Elo（UC Berkeley 等机构发布的聚焦多轮问答推理与指令遵循能力的主观任务评测榜单）等评测上位列第一，分别如表 7-1 和表 7-2 所示。但是，以 LLaMA 为代表的开源基础语言模型正在推动业界技术研究与创新应用，不断提升模型能力，对闭源模式发起挑战。

表 7-1　MMLU 测评

楼型	厂商	参数量	得分
GPT-4	OpenAI	—	86.4%
PaLM 2	谷歌	—	78.3%
Chinchilla	DeepMind	70B	67.6%
InternLM	上海人工智能实验室	104B	67.2%
LLaMA	Meta	65B	63.4%
Falcon	TII	40B	63.2%
Guanaco	华盛顿大学	65B	62.2%

表 7-2　MT-Bench 和 Arena Elo 测评

模型	MT-Bench 得分	Arena Elo 得分
GPT-4	8.99	1227
GPT-3.5	7.94	1130
Claude	7.90	1178
Vicuna-33B	7.12	—
WizardLM-30B	7.01	—
Guanaco-33B	6.53	—
LLaMA-30B	6.41	—
PaLM	6.40	1038
Vicuna-13B	6.39	1061

　　开源模型随着技术迭代，阅读理解、常识推理、世界知识、编程等通用能力不断提高。在一些任务上，开源模型已具备与闭源模型同等能力水平。美国以 Meta LLaMA 为代表，中国以清华大学 ChatGLM、上海人工智能实验室书生·浦语为代表的开源大模型不断技术迭代，试图打破闭源模型的技术壁垒。开源模型通过使用更高质量、更大规模数据训练、更大上下文长度进行技术迭代升级。中国厂商与研究机构纷纷跟进，其中高校、科研机构为主体。目前一系列国内外开源大模型已全面开放支持研究用途与商业用途，开源基础模型总览如表 7-3 所示。

表 7-3 开源基础模型总览

	开源基础模型	厂商/机构	发布时间	模型参数大小	训练token数	最大上下文长度	是否可商用
美国模型	LLaMA	Meta AI	2023年2月	7B/13B/33B/65B	1T	2k	不可商用
	LLaMA2	Meta AI	2023年7月	7B/13B/33B/65B	2T	4k	可商用
	Falcon	TII	2023年5月	7B/40B	1.5T	2k	可商用
	BLOOM	BigScience	2022年7月	1.1B、1.7B、3B、7.1B	1.5T	2k	可商用
中国模型	ChatGLM	清华大学/智谱AI	2023年3月	6B	1T	2k	可商用
	ChatGLM2	清华大学/智谱AI	2023年6月	6B	1.4T	32k	可商用
	Baichuan	百川智能	2023年6月	7B/13B	1.2T/141	4k	可商用
	书生浦语 InternLM	上海人工智能实验室	2023年6月	7B	1.6T	8k	可商用
	QWE	阿里云	2023年7月	7B/7B-Chat	2.2T	8k	可商用

Meta 的 LLaMA 在开源大模型中占据主导地位，诸多机构与厂商基于 LLaMA 指令微调二次开发了十余款模型。其中，高校与研究机构为微调训练主体，通过构建高质量指令微调数据进一步提高模型指令遵循能力，中国机构主要进行数据汉化与技术跟随。目前，中国开源模型通过高质量指令数据训练，在国内外十亿级参数规模模型中，在学科考试、常识推理、阅读理解、数学计算等多个任务上都具有一定优势。

此外，企业也开始通过构建 NLP 服务能力平台、框架、工具降低技术使用门槛。头部企业及创新企业均基于 NLP 技术构建服务平台，面向用户提供 API 调用、模型训练、解决方案等多种服务形式。英伟达推出可用于标记和创建文本分类器的开源系统 Label Sleuth 平台支持零门槛使用；初创公司 Cohere 推出多项 NLP 领域服务，其中提供基于大模型的 API 服务，用户只需要载入 3 行代码即可快速实现 NLP 能力。中国以百度、华为为代表的企业基于自身深度学习研发框架及工具，面向用户提供全流程专业模型训练部署及零门槛模型调用，以多种形式提供 NLP 技术服务能力。

3．业务场景

NLP 大模型具有广泛的业务场景，除了情感分析、文本摘要、机器翻译等典型任务之外，还涉及问答系统、语音识别、文本生成等领域。OpenAI 的 GPT-2 模型和 GPT-3 模型，以及谷歌的 BERT 模型和 ALBERT 模型等，都可以在情感分析、文本摘要和文本生成等任务中取得很高的准确率。

（1）情感分析

NLP 大模型在情感分析方面具有出色的性能，它可以识别文本中的语义关系，帮助用户更好地理解文本内容，以及分析其中的情感色彩。企业可以使用来自情感分析的见解来改进其产品、调优营销消息、纠正误解并确定积极的影响因素。

（2）文本摘要

NLP 大模型可以自动为长文本提取摘要（简短的概述），如新闻报道或论文摘要。典型的模型之一是 BERTSUM，它由 BERT 模型设计而成，用于生成可读性高的文本摘要。

（3）机器翻译

NLP 大模型通过预训练和微调技术，可以在不同语种之间实现高质量的翻译。低资源场景的多语种翻译是目前机器翻译的攻克重点方向，如微软研发支持 102 种语言的模型 DeltaLM、谷歌翻译模型 MT5、百度 ERNIE-M 等。增大模型规模是提升泛化能力的重要技术方法，例如，Meta 提出的通用翻译模型 NLLB-200，参数达 500 亿，可实现超 200 种语言高质量互译，已在 Facebook、Instagram 上实际应用，日翻译次数超 250 亿次。

（4）问答系统

问答系统是 NLP 大模型的热门应用之一，大型语言模型技术可以用于构建问答系统，通过理解问题并从大规模知识库或文本中提取答案，主要应用于智能助手、客服机器人等领域。典型的问答系统是 Google 提出的 BERT-QA，该系统使用 BERT 模型作为文本输入，将问题和上下文分别编码成向量，并在这些向量之间执行匹配和预测答案。

（5）语音识别

神经网络加速计算性能的提升，使得语音识别任务的复杂度显著降低。NLP 大模型可以更准确地判断音频的发音、语速、节奏和音调，提高语音识别和合成系统的精度和流畅度。DeepSpeech 就是语音识别领域的一个重要代表性工具，可以训练出精确度不错的语音识别模型，而且部署简单。

（6）文本生成

NLP 大模型可以通过学习大规模文本数据的概率分布，生成能够模拟自然语言的语言模型。大模型可用于自动文本生成、自动摘要等任务，更敏捷、精准地生成新闻报道、小说、邮件等文本数据。这些应用说明 NLP 大模型在语言处理任务中具有广泛的潜力，并且正在改变语言处理的方式。这些模型还可以与其他技术和方法结合使用，以构建更加智能和高效的语言处理系统。

4．创新应用

NLP 大模型的出现能够满足以前技术无法应对的应用需求，给包括教育、医疗、科研、法律、金融等在内的各行各业带来全新的应用机会。

（1）会话式信息搜索

当前搜索引擎仅能返回与查询相关的网页列表，无法理解用户复杂深层的意图，也无法将答案精准地总结提供给用户，而新一代搜索引擎则能利用大模型的能力实现与用户的多轮会话，理解用户的真实信息需求，并直接返回精准答案信息，大幅提升用户信息获取的效率和满意度。例如，2023 年 2 月，微软正式推出了全新基于 AI 驱动的 Bing 搜索引擎以及新一代 Edge 浏览器，将 ChatGPT 能力集成到 Bing 上，让用户可以直接用 Bing 与 AI 进行对话，成为近年搜索引擎领域的又一重大创新。新版 Bing 带有一个扩展的聊天框，除了可以回答事实问题和用户提供各种链接，在 ChatGPT 的帮助下，还能够为用户即时生成各种个性化的规划、建议、分析等，解决更复杂的搜索问题。

（2）智能科研助手

NLP 大模型有能力对科技文献进行解读、解释科学概念，并总结科研进展，也能帮助用户进行论文、演讲稿、项目申请书的撰写和准备， 因此利用大模型技术能够构建智能科研助手系统，在科研过程的众多环节为科研人员提供帮助，提升科研人员的科研效率。例如，2022 年 7 月，谷歌提出语言模型 Minerva，可回答微分方程、化学、狭义相对论等高难度学科问题。在麻省理工学院（MIT）的物理等各种本科级别的定量推理学科领域问题上，该模型可正确解决接近三分之一的问题；中国人民大学提出第一个针对中文领域的数学预训练语言模型九章，在下游 9 个数学相关任务上均取得了较好的效果。

（3）智能小说创作

利用 NLP 大模型进行部分类型的文学作品大纲或部分段落的自动撰写或辅助撰写已成为可能。例如，用户可以利用 ChatGPT 技术帮助撰写情节相对简单的网络小说。基于 GPT-3 开发的人工智能写作工具 Sudowrite，可以根据它所学习的一般概念，生成独一无二的文本，帮助创作者快速生成高质量的文本内容，包括小说、博客、营销文案、学术论文等。Sudowrite 还可以根据创作者的输入和指定的风格，自动写出符合语法和逻辑的文章。

（4）虚拟医生及助手

基于 NLP 大模型阅读大量文献资料掌握丰富的医学知识，可信赖的虚拟医生有望被构建，通过与患者的交谈并结合相关身体指标检查结果，提供相应的治疗和康复建议。例如，谷歌发布 Conditions 临床医生搜索工具，该技术能够创建患者医疗状况的摘要，对医疗状况进行排序，显著提升诊疗效率。

（5）虚拟心理咨询师

随着社会上心理不健康或亚健康的群体日渐增多，心理咨询师的数量已远远不够，很多患者也不愿意对人类心理咨询师透露个人隐私。利用 NLP 大模型可实现虚拟心理咨询师，帮助人类排忧解难，解决心理和情绪上的问题，提升人类的幸福指数。例如，2017 年推出的基于 Facebook Messenger 的聊天机器人 Woebot，其在心理健康领域的疗效几乎是药物治疗的两倍。Woebot 通过使用经过人工训练的生成式 AI 中的反馈循环，可以快速识别正在考虑自杀的用户，并可以通过倾听帮助他们放松。

（6）智能投资顾问

NLP 大模型通过阅读掌握大量金融相关材料，能够对金融形势和股票趋势进行研判，为用户提供投资建议。例如，2022 年度小满上线，并运用智能征信中台将 NLP 技术、图像算法应用在征信报告的解读上，能够将报告解读出 40 万维的风险变量，更好地识别小微企业主的信贷风险。将银行风控模型的风险区分度提升了 26%。随着模型的迭代，大模型在智能风控上的潜力将进一步释放。

7.2.2　CV 大模型

1．概述

随着深度学习技术的发展和计算能力的提升，计算机视觉（CV）大模型在 CV 领域取得了很多重要成果，包括图像分类、物体检测、物体分割、物体追踪、姿态估计等典型任务。CV 大模型的基本思想是通过学习从输入图像到输出结果的映射，将输入图像转换为输出结果，如识别图像中的物体类别或位置等信息。

2020 年谷歌宣布推出 ViT（Vision Transformer），受到了行业的广泛关注。随后在 2021 年，基于 ViT 的 TNT（Transformer iN Transformer）、SWIN（Shifted Window）、DINO（Self-Distillation with No Labels）等 CV 大模型陆续推出，正式开启 CV 大模型的发展萌芽期。目前，一些著名的 CV 大模型包括 ResNet、Inception、VGG（Visual Geometry Group）、EfficientNet、MobileNet 等。这些模型都采用了不同的架构和优化技术，以提高其计算效率和精度。CV 大模型的优势在于可以自动地从输入图像中提取特征，并生成高质量的图像结果。这使得它们可以应用于很多需要处理大量图像数据的场景，如自动驾驶、人脸识别、安防监控、医疗图像分析等领域。

从技术角度看，CV 大模型技术主要分为文本提示、视觉提示和多元提示 3 类。文本提示算力耗费低，模型复杂度低，输入直观；视觉提示算力耗费和模型复杂度适中；多元提示泛化能力强，但模型复杂度高，算力消耗大。虽然 CV 大模型尚处初级阶段，但其在低数据集分割上的能力已助力安防、物流等领域提升视觉泛化，降低开发成本。未来，随着技术进步与算力成本降低，CV 大模型在行业的整体应用渗透率预期将大幅攀升。

从产业链角度看，CV 大模型上游由算力基础设施、数据服务商以及算法框架供应商组成；中游为各类大模型开发厂商；下游为业务场景以及在各行业中的垂直应用。CV 大模型的上游算力基础设施主要包括 AI 计算芯片、算力/网络设备以及数据中心，这三者构建了 CV 大模型的底层基础支持。AI 商业化落地逐渐拓展，将推动模型的推理部分拥有更大占比。

2．研究进展

ViT 是 CV 大模型的主导架构，相较于传统 CNN、RNN 局部感知，ViT 可以在整个图像范围内并行建立像素之间的上下文联系，在图像特征提取与分类任务上超过传统模型，ViT 模型架构如图 7-8 所示。ViT 的研究工作在 2022 年出现爆炸性增长，其应用范围不断扩大，可以生成逼真的连续视频帧，利用 2D 图像序列生成 3D 场景，并在点云中检测目标。尤其在 AIGC 浪潮中，助力基于扩散模型的文本到图像生成器的进展。产业界从模型结构和下游任务两方面对开源 ViT 模型进行改进，在任务性能和覆盖范围方面不断取得突破。

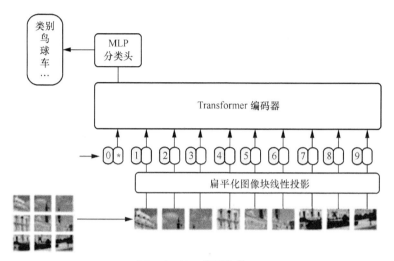

图 7-8　ViT 模型架构

一方面，基于开源 ViT 的衍生变体持续提高模型能力。多尺度注意力、知识蒸馏、自编码图像重构等模块与 ViT 结合，提升模型特征提取能力。代表性衍生模型有微软 Swin Transformer、Meta MAE、Meta DeiT、苏黎世联邦理工学院 PVT（Pyramid Vision Transformer）、McGill 大学 CvT（Convolutions to Vision Transformers）等，开源 ViT 模型架构改进如图 7-9 所示。

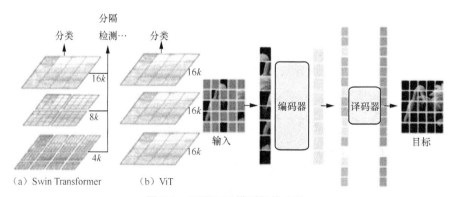

图 7-9　开源 ViT 模型架构改进

另一方面，不断微调基础 ViT 模型应用于新任务、新应用。采用不同预训练架构进行微调训练，在分类、分割、图像检索、深度估计等下游任务取得突破。例如，Meta SAM

（Segment Anything Model）学会了物体的一般概念，用于零样本泛化分割任务；百度 UFO（Unified Feature Optimization）、上海 AI 实验室+商汤书生（INTERN-2.5）、华为盘古等大模型采用了丰富多元的训练数据、性能先进的训练与推理框架，以及灵活易用的微调与部署工具链。

放眼未来，CV 技术在适应三维世界、突破依赖标注数据输入的局限、降低算力能耗、多模态信息融合分析、与知识和常识结合解决高层次问题、主动感知与适应复杂变化等方面仍有待突破。此外"技术同质化"并不意味着"算法同质化"，CV 算法厂商的工程能力仍是 CV 技术在工业界落地的试金石。

3．业务场景

CV 大模型目前涵盖多个业务场景，除图像分类、语义分割、目标检测等传统应用外，还涉及视频修复、图像生成、视觉问答及多任务部署等新领域。其核心价值在于泛化传统的视觉子任务，提供通用解决方案，降低部署成本并提升效率。

（1）图像分类

CV 大模型在目标检测和图像分类任务上具有优势，例如，使用深度学习中的 CNN 和大规模训练数据，可以训练出具有强大图像识别能力的模型，这些模型在 CV 领域的实际应用中已取得了领先地位。

（2）语义分割

语义分割将输入的图像像素分为不同的类别，即为每个像素分配一个语义标签。CV 大模型在语义分割任务中可以捕捉更多的上下文信息和细节特征，从而提高分割的准确性和鲁棒性。

（3）视频修复

CV 技术可以自动检测和修复视频中的噪点、抖动、曝光不足等问题，提高视频的质量。大模型的深度学习还可以提升修复效果的清晰度、色彩、流畅度和瑕疵消除等。

（4）图像生成

CV 大模型可以生成各种形式的图像，如真实世界的照片、动画或艺术品。生成对抗网络（GAN）是一种非常流行的图像生成技术，使用两个神经网络相互对抗，一个生成图像，另一个评估生成的图像与真实图像之间的差距。

（5）视觉问答

视觉问答是基于对图像的识别、理解、推理，回答使用自然语言提出的各种问题。CV 大模型可以应用于视觉问答，通过将 NLP 和 CV 相结合，可以实现图像和视频的问题回答、场景描述和智能对话等。

4．创新应用

当前，CV 大模型仍处于发展的初级阶段，未来将广泛应用于安全监控、自动驾驶、医疗图像分析、智能家居等领域。

（1）遥感测绘

CV 大模型可以用于地理信息的提取和分析，通过对卫星遥感图像和航拍图像进行深度学习模型的训练，实现对城市建筑、道路、绿地等元素的自动识别和分类。这可以为城市规划部门提供大量的地理信息数据，辅助进行自然资源规划和土地利用的决策。例如，在 2022 年度广东省自然资源常态化监测中，广东省国土资源测绘院利用"商汤地界"的变化检测算法，全年提取了超过 30 万个图斑，与过去的人工标注方式相比，效率提升 5 倍以上。

（2）智能安防

CV 大模型可以用于视频监控，通过训练大规模的深度学习模型，可以实现对视频监控画面中的异常行为、可疑人物等的自动识别和报警；此外，CV 大模型还可以用于人脸识别系统，实现对人员身份的自动识别和验证，提高安防系统的智能化水平。例如，华为通过盘古 CV 大模型赋能城市安全感知，利用城市海量视频资源，结合 CV 大模型的图像泛化分析能力，快速、全面感知安全事件，同时结合场景小模型协同发现，让城市管理者基于"千里眼""顺风耳"，实现城市的安全风险全域感知。

（3）自动驾驶

CV 大模型可以用于对车辆行驶过程中的图像进行分割，以标注出图像中的不同物体和区域，并帮助自动驾驶系统更加准确地感知和理解周围环境，以实现安全、高效的自动驾驶。例如，由 Meta 公司开发的 Segment Anything 模型，作为一种分割模型，可根据输入提示（如点、框、mask、text）生成高质量的对象掩码，用于为图像中的所有对象生成掩码。在行人识别和车道线跟踪中使用 SAM 可以帮助自动驾驶系统更好地预测行人和车辆运动轨迹，从而避免潜在的交通事故发生。

（4）物流监控

物流场景涉及单证多、格式不统一等问题，面对海量且质量参差不齐的单证信息，能否对其进行快速、准确的标准化识别，提取结构化数据并做好纠错、补全等操作，会影响后续运单分单、履约配送等环节的质量和效率。CV 大模型具有较好的图像识别和标注能力，在物流光学字符识别（OCR）等方向有发展空间。例如，盘古 CV 大模型协助浦发银行打造浦慧云仓项目，实现了 1 个模型覆盖 9 种物流场景，监测收货、入库、在库和出库全流程。浦发银行借助盘古大模型对叉车入库时的货堆进行精确计数，确保了货物入库的真实性。此外借助盘古 CV 大模型的小样本学习能力，大大节省了识别仓库中上百种外观不同箱体的样本采集和标注工作量，将项目开发周期从 1~2 个月缩短至 2~3 天，极大降低了开发成本，提高了开发效率。

（5）智慧种植

在农田中部署摄像机和传感器，并结合 CV 大模型，可以实现对作物的生长情况、病虫害的发生等信息的自动监测和分析，帮助农民及时采取措施，提高农作物的产量和质量。例如，上海人工智能实验室联合商汤科技等单位发布的新一代通用视觉技术体系"书生"

（INTERN），能系统化解决当下人工智能视觉领域中存在的任务通用、场景泛化和数据效率等一系列瓶颈问题。以农业种植为例，INTERN 在花卉种类识别"FLOWER"任务上，每一类只需要两个训练样本，就能实现 99.7% 的准确率。

（6）医学诊断

CV 大模型可以用于医学影像的自动分析和诊断，通过训练大规模的深度学习模型，实现对 X 光片、CT 扫描、病理切片等医学影像的自动识别和疾病分析。这将大幅提高 AI 医生的工作效率，减少误诊率，为患者的治疗提供更准确的指导。例如，Google 研发了一种能从眼睛外部侦测疾病迹象的深度学习大模型，该模型从眼睛外部照片截取有用的生物标记，侦测糖尿病患者视网膜病变、糖化血色素（HbA1c）升高以及血脂升高等现象，减少了对专业设备的需求，增加了健康筛检的各种可能性。

7.2.3　多模态大模型

1. 概述

多模态大模型是结合不同的大型语言模型来优化各种任务的模型，主要目标是处理和关联多源异构信息（如语音信息、文本信息、图像信息、视频信息等），通过设计相应信息融合或交互方法来综合提取多模态知识。因此，多模态任务与前述 CV 或者 NLP 等处理单一模态的任务不同，需要在海量的多模态数据上完成预训练，然后将预训练的知识迁移到下游各项任务中，提升相应下游任务的精度。典型的多模态包括跨模态检索（如以文搜图或以图搜文）、视觉问答（通过图像内部所提供的信息对相关问题作答）、视觉定位（定位在一张图像中一段话所描述的对应区域）等。

OpenAI 在 GPT-4 的发布会上就展示了非凡的多模态能力。例如，GPT-4 可以生成非常详细与准确的图像描述、解释输入图像中不寻常的视觉现象、发现图像中蕴含的幽默元素，甚至可以根据一幅手绘的文字草图构建真实的前端网站。增加了多模态能力的 GPT-4 也带来了应用层面的更多可能，例如，在电商领域中，商家可以将产品图像输入 GPT-4 进行描述生成，为消费者提供更加自然的商品介绍；在娱乐领域中，GPT-4 可以被用于游戏设计和虚拟角色创造，为玩家带来更加个性化的游戏体验和互动快乐。

2023 年 5 月 9 日，Meta 宣布了开源多模态大模型 ImageBind，一个跨 6 种模态（图像、文本、深度、热量、音频和惯性测量单元（IMU）数据）的整体化人工智能模型，展示了未来的人工智能模型如何能够生成多感官内容。ImageBind 通过利用多类型的图像配对数据来学习单个共享表示空间。该研究不需要所有模态相互同时出现的数据集，相反利用了图像与各种模态相连接的绑定属性，即许多模态的信息和图像模态可以产生联系，利用图像模态作为连接各个模态之间的桥梁，从而达到模态两两联系的效果。ImageBind 模型如图 7-10 所示。

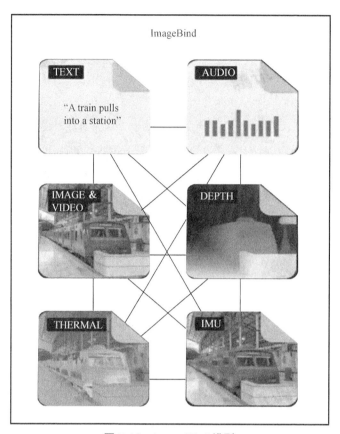

图 7-10　ImageBind 模型

OpenAI 也开发了许多多模态 AI 案例，如 DALL·E、CLIP（Contrastive Language-Image Pre-Training）等，可以识别图像中的对象，同时生成与图像相关的描述性文本，或由文本指导生成有关物品的新图像。

随着多模态技术的进展，多模态 AI 在理解和处理不同类型数据时能够实现更高程度的融合。算法和模型可以在不同数据类型之间建立联系，提取跨模态的共享信息。与单纯通过自然语言进行交互或输入输出相比，多模态应用显然具备更强的可感知、可交互、可"通感"等天然属性，更加贴近真实世界，在深度人机交互和全面智能应用方面具有潜力，是探索通用智能的重要实现路径。

2. 研究进展

目前，多模态大模型按 3 类技术路线并行发展。

一是语言大模型作为中央处理器，集成外部视觉专家模型实现多轮交互，应用于生成任务。代表性多模态模型有 OpenAI Visual ChatGPT、浙江大学+微软亚洲研究院 Hugging GPT、谷歌 PaLM-E 等。以 Visual ChatGPT 为例，Visual ChatGPT 将 ChatGPT 等作为中央处理器调动其他模块完成任务，如 ViT、BLIP、StableDiffusion 等不同视觉基础模型，Visual ChatGPT 模型框架如图 7-11 所示。

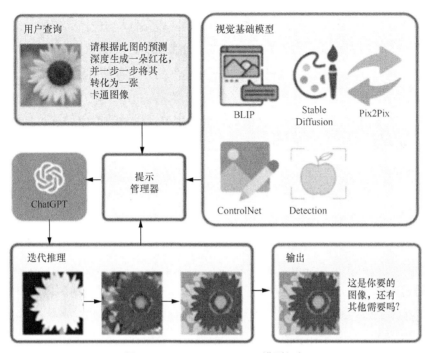

图 7-11　Visual ChatGPT 模型框架

　　二是跨模态特征对齐学习直接对齐融合图像信息和文本信息，实现跨模态交互，应用于图文理解与生成任务。代表性多模态模型有微软 KOSMOS 系列、OpenAI CLIP、OpenAI DALL·E、Stability AI Stable Diffusion 等。以 CLIP 为例，CLIP 联合训练一个图像编码器和一个文本编码器，通过对比学习将不同模态的特征对齐，使模型学习到"文本—图像"对的匹配关系，CLIP 跨模态特征对比学习架构如图 7-12 所示。

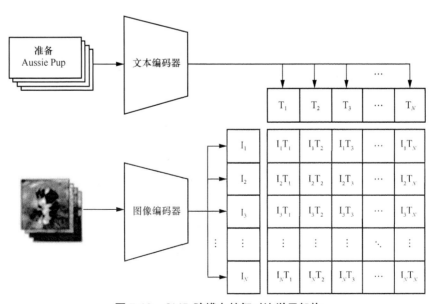

图 7-12　CLIP 跨模态特征对比学习架构

三是多模态模型微调学习，通过跨模态编码器实现不同模态信息交互。一方面，分别冻结预训练语言模型和视觉模型，通过小规模参数微调的方式引导视觉特征空间和文本特征空间对齐；另一方面，构建小规模"视觉－文本"指令数据集并进行提示微调，进一步提高模型的多模态理解与推理能力。代表性多模态模型有 DeepMind Flamingo、SalesforceResearch BLIP 系列、Instruct BLIP、威斯康星大学+微软 LLaVA、上海 AI 实验室 LLaMA-Adapter v2、阿卜杜拉国王科技大学 Mini GPT-4 等。

3. 业务场景

多模态大模型能够处理的任务类型，可以大致分为视觉理解、图文检索、图像描述、视觉问答、视觉推理、视觉生成等几类。

（1）视觉理解

在 AI 领域，视觉理解是指使计算机系统能够解释和理解视觉信息的能力。视觉理解的核心问题是通过预训练使得神经网络的主干架构 backbone 获得强大的图像理解能力。模型训练方法可根据监督信号的不同分为 3 类：标签监督、语言监督和纯视觉自监督。其中，纯视觉自监督的监督信号来源为图像本身。相关方法有对比学习、非对比学习和掩码图像建模。在这些方法之外，常用的预训练方法还有多模态融合、区域级和像素级图像理解等。

（2）图文检索

图文检索是多模态检索中的一种。多模态检索是指把多个媒体类型（如图像、音频、文本等之间）的数据嵌入同一空间中，进行信息检索和交互的过程。图文检索的核心在于如何有效地理解和对齐不同模态的信息，通过将图片特征和文本特征转化为多模态特重向量，再对向量进行相似度检索，以提高检索效率和准确性。

（3）图像描述

图像描述是一种典型的多模态任务，它需要根据给定的图像生成相应的文本描述。图像描述任务的技术核心是 CV 技术与 NLP 技术，是深度学习中图像识别和 NLP 领域间融合的一个前景广泛的研究方向。

（4）视觉回答

视觉问答是一项结合计算机视觉和 NLP 的学习任务。计算机视觉技术用来理解图像，NLP技术用来理解问题。视觉问答需要对给定图像和问题进行处理，经过一定的视觉问答技术处理后生成自然语言答案。两项技术必须结合起来才能有效地回答图像情境中的问题。

（5）视觉推理

视觉推理与视觉问答的形式类似，但输入的问题更难，且会涉及物体之间的多跳关系，这就要求模型具有推理能力。视觉推理旨在通过推理和推断来理解图像中的物体和场景，让计算机更好地理解和处理图像信息。目前，基于知识图谱和逻辑推理的视觉推理技术正在逐渐成为主流。

（6）视觉生成

视觉生成是 AI 图像生成与理解的核心，不仅包括图像生成，还包括视频、3D 点云图等多种内容的生成。视觉生成不仅可以应用于艺术、设计等内容创作领域，它还在合成训练数据方面发挥着巨大作用，从而促进多模态内容理解与生成的闭环发展。视觉生成的重点在于如何生成与人类意图一致的图像，常见的 4 类相关研究方向为有空间可控生成、基于文本再编辑、遵循文本提示生成和生成概念定制。当前研究趋势和未来短期研究方向是创建通用的文生图模型，以更好地满足人类意图，并提升上述方向的可替代性。

4．创新应用

多模态大模型可以跨领域整合数据来源，具有很高的实用性和可扩展性，为解决复杂问题提供支持。目前，多模态大模型的研究和应用已在医疗、法律、金融、艺术等多个垂直领域取得显著进展，带来创新应用的蓝海。

（1）创意设计

多模态大模型可以为创意设计和艺术领域带来新的可能性，通过分析图片和文本数据，自动生成新的艺术作品，或为设计师提供更具创意的设计方案。例如，现象级产品 Midjourney 是一款基于 Dall·E2 的可以通过文字描述绘制图像的 AI 应用。用户可以输入任何自己想象的场景、物体、人物、风格等，不受限于预设的类别或模板，只需要 1min 就可以自动生成图像。除了核心功能，Midjourney 还提供了包括无线扩展、编辑和分享等其他功能。

（2）市场预测

多模态大模型通过融合销售数据、客户反馈、市场趋势等多维信息，能够实现更精确的市场预测，还可以预测潜在风险，以帮助企业及时进行规避与调整。例如，中国首个零售金融大模型——"天镜"可以扩展数据分析师的能力，发掘数据价值，降低使用数据的门槛。天镜大模型 SQL 生成平台不再需要代码等专业指令，可直接向 AI 发送语言指令，天镜自动理解需求、展开检索、生成答复，按照人的意思去完成数据挖掘的任务。

（3）医疗诊断

多模态模型可以结合医学影像数据、患者病史、基因数据等多模态信息，如 CT 扫描、磁共振成像（MRI）和 X 光片等，辅助医生进行疾病诊断和影像分析，提高诊断准确性。例如，Google DeepMind 旗下的 AlphaFold 是一个基于深度学习的多模态 AI 系统，结合生物学和计算机科学，预测蛋白质三维结构，重新定义了生物科学在药物研发和疾病研究领域的应用；"紫东太初"大模型部署于神经外科机器人 MicroNeuro，可实现在术中实时融合视觉、触觉等多模态信息，协助医生对手术场景进行实时推理判断，同时与北京协和医院合作，利用"紫东太初"具备的较强逻辑推理能力，尝试在人类罕见病诊疗这个挑战性医学领域有所突破。

（4）沉浸式体验

多模态 AI 可以扩展在社交媒体中的实时语音、文字、图像和视频的处理能力，为传统游戏和增强现实/虚拟现实（AR/VR）应用带来更为丰富和沉浸式体验。未来 5～10 年，结合复杂多模态方案的大模型有望具备完备的与世界交互的能力，在通用机器人、虚拟现实等领域得到应用。例如，Meta 发布的 ImageBind 多模态大模型，以视觉为核心，结合文本、声音、深度、热量（红外辐射）、运动（IMU），最终可以做到 6 个模态之间任意的理解和转换，可以极大地加持元宇宙的建设，让用户在元宇宙中的沉浸体验更出色。

（5）智能办公

文档智能技术中的多模态文档基础模型是智能办公未来发展的趋势之一。多模态模型的语音识别与图像生成功能可以用于会议记录、语音识别、管理和制作多媒体内容等，为办公场景提供会议和协作支持、多媒体内容管理、文档自动化处理等。例如，微软亚洲研究院研发的 LayoutLM 文档智能模型，能够处理大规模无标注数据的使用，理解多模态、多版式、多语言的富文本内容。2022 年发布的 LayoutLMv3 以更高的通用性和优越性，成为业界研究的基准模型，众多头部企业和机器人流程自动化（RPA）领域企业的文档智能产品中都有 LayoutLM 的身影。

（6）工业质检

缺陷检测是保证产品质量的一个重要步骤，CV 技术在工业缺陷检测方面发挥至关重要的作用，各行业产品质检的需求差异较大，多模态大模型的出现将进一步提升工业质检的效率和适用性。例如，在纺织质检领域，"紫东太初"大模型通过融合多模态信息，以语音识别来判断是否断纬和断经，验布过程中通过视觉识别来判断布匹的瑕疵，提升质检效率，错误率降低了 2/3。

7.3　大模型的基础是算力

AI 大模型需要大算力，其训练时长与模型的参数量、训练数据量成正比。根据业界论文的理论推算，端到端大模型的理论训练时间为 $8TP/(nX)$。其中 T 为训练数据的 token 数量，P 为模型参数量，n 为 AI 硬件卡数，X 为每块卡的有效算力。以 ChatGPT 为例，参数量为 175B 规模下，在预训练阶段，数据量为 35000 亿，使用 8192 张卡，其训练时长为 49 天。同等条件下参数变多，计算量变大，按照业界的经验，能达到可接受的训练时长，需要百亿参数百卡规模、千亿参数千卡规模、万亿参数万卡规模。这对算力资源的规模提出了极高的要求。算力不足意味着无法处理庞大的模型和数据量，也无法有效支撑高质量的大模型技术创新。

大模型将引发人工智能算力的革命，大模型参数量的增加导致训练过程的计算需求呈现指数级增长。为了快速训练大规模模型，需要强大的计算能力来支持高效的分布式训练和并行计算。高性能计算机和分布式计算平台的逐步普及，将成为支持更大规模的模型训练和迭代的重要方式。

7.3.1　通用算力——满足大多数普通用户需求

通用算力以 CPU 芯片输出的计算能力为主，适合复杂逻辑运算，是人工智能应用的重要组成部分之一。目前，市场上有很多代表性的 CPU 芯片公司，如北京龙芯、上海兆芯、中电科申泰、天津飞腾、华为、海光等国产 CPU 处理器。这些公司的 CPU 芯片在人工智能领域有着广泛的应用，如 NLP、CV、语音交互等。

以华为鲲鹏为例，它是基于鲲鹏处理器构建的全栈 IT 基础设施、行业应用及服务。鲲鹏处理器主要具有三大优势。一是拥有强大的性能，是业界首颗 64 核的数据中心处理器，性能比业界主流处理器高 25%。在相同功耗下，性能表现提高了 35%，可以为各种应用场景提供更高效的算力，如云计算、大数据、分布式存储、高性能计算等。二是高度集成，通过集成 CPU、南桥、网卡、串行 SCSI 技术 SAS 存储控制器 4 颗芯片的功能，能够使服务器释放出更多槽位，用于扩展更多加速部件功能，大幅提高系统的集成度、可靠性和易维护性，降低复杂度和成本。三是具有高水平的可靠性和安全性，鲲鹏采用了先进的可靠性、可用性和服务性（RAS）技术，支持内存差错校验（ECC）、内存地址奇偶校验、内存重映射等功能，提高了系统的容错能力和稳定性，同时支持安全启动、安全运行、安全存储等多层次的安全防护，保障系统的数据和代码不被篡改或泄露。

在鲲鹏领域，华为与合作伙伴共同推进技术创新、产品研发和市场拓展，为全球客户提供更为丰富的计算解决方案。自 2019 年以来，华为在鲲鹏领域发展迅速，目前已拥有 4700 家合作伙伴。这些合作伙伴包括整机合作伙伴、硬件伙伴、软件伙伴等，共同推动鲲鹏技术的应用落地。在整机合作伙伴方面，华为已与 11 家合作伙伴展开合作，其发货量在 2022 年已达到 95%。这些合作伙伴在鲲鹏处理器的基础上，研发出高性能、高可靠性的服务器产品，满足不同客户的需求。

7.3.2　AI 算力——适合逻辑简单、计算密集型的并发任务

智能算力以 GPU、FPGA、AI 芯片等输出的人工智能计算能力为主，适合逻辑简单、计算密集型的并发任务，同样是人工智能应用的重要组成部分之一。目前，市场上有很多代表性的 GPU、FPGA、AI 芯片等产品和公司，如英伟达、AMD、英特尔等 GPU 厂商，以及 Xilinx、Altera 等 FPGA 厂商，还有华为、寒武纪、比特大陆等 AI 芯片厂商。

以华为为例，华为于 2023 年 9 月发布全新架构的昇腾 AI 计算集群——Atlas 900 SuperCluster，可支持超万亿参数的大模型训练。新集群采用了全新的华为星河 AI 智算交换机 CloudEngine XH16800，借助其高密度的 800GE 端口能力，两层交换网络即可实

现 2250 节点（等效于 18000 张卡）超大规模无收敛集群组网。新集群使用了创新的超节点架构，大幅提升了大模型训练能力。同时，发挥华为在计算、网络、存储、能源等领域的综合优势，从器件级、节点级、集群级和业务级全面提升系统可靠性，将大模型训练稳定性从天级提升到月级。

华为昇腾 AI 产业生态围绕昇腾 AI 基础软/硬件平台（包括 Atlas 系列硬件、异构计算架构 CANN（Compute Architecture for Neural Network）、全场景 AI 框架昇思 MindSpore、昇腾应用使能 MindX 以及一站式开发平台 ModelArts 等）持续创新，释放昇腾 AI 澎湃算力，性能保持业界领先。基于昇腾系列，华为推出了 AI 训练集群 Atlas 900、AI 训练服务器 Atlas 800、智能小站 Atlas 500、AI 推理卡与训练卡 Atlas 300 和 AI 加速模块 Atlas 200，完成了 Atlas 全系列产品布局，覆盖云、边、端全场景，面向训练和推理提供强劲算力，华为昇腾 AI 产业生态如图 7-13 所示。

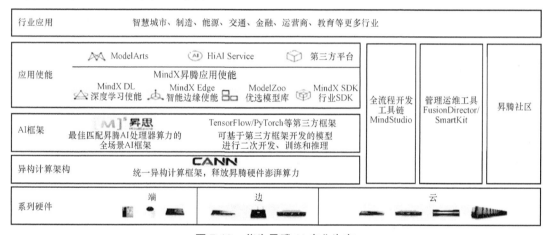

图 7-13　华为昇腾 AI 产业生态

此外，华为发布了更开放、更易用的 CANN 7.0 异构计算架构，不仅全面兼容业界的 AI 框架、加速库和主流大模型，还深度开放底层能力，让 AI 框架和加速库可以更直接地调用和管理计算资源，使能开发者自定义高性能算子，让大模型具备差异化的竞争力。截至 2023 年 7 月，昇腾 AI 集群已支撑全国 25 个城市的人工智能计算中心建设，其中 7 个城市公共算力平台入选首批国家"新一代人工智能公共算力开放创新平台"。同时，昇腾 AI 已发展 30 多家硬件伙伴、1200 多家独立软件开发商，联合推出了 2500 多个行业 AI 解决方案，规模服务于运营商、互联网、金融等行业。

7.3.3　HPC——特殊场景化需求的高性能计算集群

高性能计算（HPC）是一个计算机集群系统，它通过各种互联技术将多个计算机系统连接在一起，利用所有被连接系统的综合计算能力来处理大型计算问题，所以通常又被称为高性能计算集群。HPC 使用并行工作的强大处理器集群，处理海量多维数据集（大数据），并以极高的速度解决复杂问题。HPC 提供了超高浮点计算能力解决方案，可用于解决计算密集型、海量数据处理等业务的计算需求，缩短了计算时间，提高了计算精度。HPC 系统的运行速度通常要比最快的商用台式计算机、笔记本计算机或服务器系统快一百万倍以上。凭借高算力、高存力、高运力的特点，HPC 在科学研究、航空航天、气象预报、能源勘探、工业制造、生命科学、智慧城市等政府及科研领域被广泛应用，对增强国家的科技竞争力有着不可替代的作用。

以联想智能高性能计算平台 LiCO 为例，联想 LiCO 是联想企业科技集团开发的一套超算中心管理软件，同时也是联想高性能计算产品 x9000 的核心。LiCO 作为联想 HPC 的一站式解决方案，适用于各种规模的高性能集群，使用 LiCO 可以快速安装部署好一个 HPC 集群，同时 LiCO 可以针对管理员和普通用户提供易用的管理平台。LiCO-HPC 包含部署、监控、控制、分布式文件系统管理功能。同时，所有 HPC 软件接口直接向用户开放，用户可以非常方便地要求定制或进行二次开发。随着 HPC 开始逐渐与云计算、大数据和 AI 等技术相结合，并发展出 CPU+GPU 的异构计算架构。联想企业科技集团开发了针对高性能计算和人工智能的一站式解决方案——联想智能高性能计算平台 AI 增强版本，在一套集群中通过统一的资源调度，可以同时支持 HPC 作业和 AI 作业的运行。LiCO-AI 集成了集群需要的集群调度软件、监控软件、计算库、分布式文件系统等，使用 LiCO-AI 可以快速地部署好一个 HPC 和 AI 集群。在此基础上，HPC 为 AI 提供了算力支撑，AI 又反之为 HPC 带来了更好的优化，为更多企业和行业赋能。

7.4 大模型将赋能生成式 AI

随着数字人、元宇宙等新颖概念的不断出现，生成技术热潮开始席卷文娱、金融、设计等多个领域。多模态数字内容生成技术是指利用 AI 生成技术生成图像、视频、语音、文本、音乐等内容的合成技术。Gartner 预测，到 2026 年，超过 80% 的企业将在生产环境中使用生成式 AI API/模型和支持生成式 AI 的应用程序。生成式人工智能市场空间随着应用开展被逐渐抬高，不仅是文娱内容创建的基础技术，也是商业领域数字化基石。

《中国 AI 数字商业展望 2021—2025》报告披露，在 2020 年基于生成式人工智能技术创建的数字商业内容产业市场规模约 40 亿元，预测至 2025 年，AI 数字商业内容产业市场规模接近 500 亿元。目前，多模态内容生成有非常多且有趣的应用场景，如基于图像生成的虚拟试衣、AI 音乐生成、商品营销文案生成、AI 写诗、风格化 AI 书法生成、文本与图像的相互生成等，Gartner 2024 年十大战略技术如图 7-14 所示。

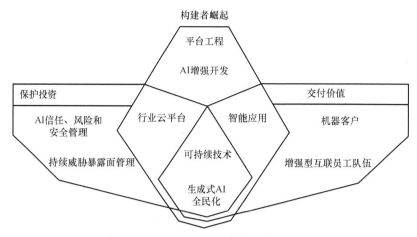

图 7-14　Gartner 2024 年十大战略技术

7.4.1　大模型改变内容生产

大模型的出现为内容生成技术注入了全新的动力，大模型在自然语言处理、计算机视觉、跨模态等领域上的能力为内容生成技术的提升提供了强力的支撑和全新的可能性，AIGC 三大前沿能力如图 7-15 所示。当前，内容生成技术的目标已由初阶的追求生成内容真实性进阶到了生成内容的多样性和可控性需求，同时生成内容的组合性也在不断提高，例如，虚拟数字世界中人、物和环境间的交互，长篇文字内容用词、语句、段落间的相互呼应及内在逻辑关系。新需求的出现对传统的人工智能算法提出挑战，而大模型具备较好的拓展性，支持多模数据的知识沉淀。在基础大模型上，压缩、量化技术衍生出轻量级模型，使其在小数据集场景下也能具备优秀的理解生成和泛化能力，视觉大模型、语言大模型、多模态大模型综合提升了大模型的孪生、编辑及创作能力。

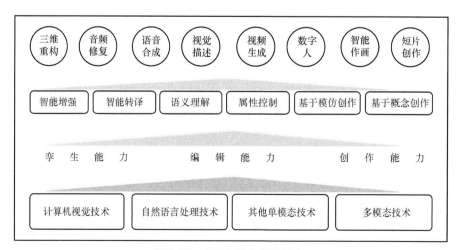

图 7-15　AIGC 三大前沿能力

- 视觉大模型提升内容生成的感知能力。基于 Transformer 衍生出了一系列网络结构，将人类先验知识引入网络结构设计，使得这些模型具有了更快的收敛速度、更低的计算代价、更多的特征尺度、更强的泛化能力，从而能更好地学习和编码海量数据中蕴含的知识。探索不同任务关联关系，挖掘丰富的监督信号，能够促使模型学习到更具泛化能力、可理解的特征表示。此外，对文本、语音等不同模态数据进行联合学习，探索不同模态数据的语义关联和信息互补，也是训练视觉大模型的重要路径。由此得到的视觉基础大模型在环境感知、内容检索、语义理解、模态对齐等任务上具备先天的优势，对于提升内容生成能力、丰富其应用场景具有重要价值。

- 语言大模型增强内容生成的认知能力。对于传统自然语言处理技术的普遍问题，基于语言的大模型技术可以充分利用海量无标注文本进行预训练，赋予文本大模型在小数据集、零数据集场景下的理解和生成能力。基于大规模预训练的语言模型不仅能够在情感分析、语音识别、信息抽取、阅读理解等文本理解场景中表现出色，而且同样适用于图片描述生成、广告生成、书稿生成、对话生成等文本生成场景。这些复杂的功能往往只需要通过简单的无标注文本数据收集，训练部署一个通用的大模型即可实现。不断构建语义理解能力增强、逻辑知识可抽象学习、适用于多种任务的语言大模型，将会对内容生成场景中的各项认知应用产生极大价值。

- 多模态大模型升级内容创作能力。多模态大模型致力于处理不同模态、不同来源、不同任务的数据和信息，从而满足内容生成场景下新的创作需求和应用场景。多模态大模型拥有两种能力，一种是寻找到不同模态数据之间的对应关系，如将一段文本和与之对应的图片联系起来；另一种是实现不同模态数据间的相互转化与生成，如根据一张图片生成对应的语言描述。为了寻找不同模态数据之间的对应关系，多模态大模型将不同模态的原始数据映射到统一或相似语义空间当中，从而实现不同模态的信号之间的相互理解与对齐，这一能力最常见的例子就是图文搜索引擎。在此基础上，多模态大模型可以进一步实现不同模态数据间的相互转化与生成，这是进行内容原生创作的关键能力。

生成式 AI 将有望成为数字内容创新发展的新引擎，为数字经济发展注入全新动能。生成式 AI 能够以优于人类的制造能力和知识水平承担信息挖掘、素材调用、复刻编辑等基础性机械劳动，从技术层面实现以低边际成本、高效率的方式满足海量个性化需求；同时能够创新内容生产的流程和范式，为更具想象力的内容、更加多样化的传播方式提供可能性，推动内容生产向更有创造力的方向发展。

7.4.2　生成式 AI 孕育新业态

目前，生成式 AI 在文本、代码、图像、语音等多个领域均有场景应用，大模型是目前的主要技术手段。伴随大模型技术发展，参数量及数据量增加，模型生成能力大幅提升。生成式 AI 有望将创造和知识工作的边际成本降至零，应用场景广阔，当前在文本、代码、图像、语音、视频、3D 等多个领域均有成效。

文本生成得益于语言模型的快速发展，在摘要生成、图像描述生成等领域已有应用，在中短文本任务中表现较好。在代码生成领域，除 GPT 等基础模型外，已出现该领域的特定模型及商业产品，例如，鹏城实验室推出具有 130 亿参数的多编程语言代码生成预训练模型 CodeGeeX；智能编程机器人提供商 aiXcoder 推出支持方法级代码生成的智能编程模型 aiXcoder XL，能同时理解人类语言和编程语言，可根据自然语言功能描述一键生成完整程序代码。

图像生成领域是目前生成式 AI 的热点方向，国内外多家企业依托大模型技术积极布局，如 OpenAI DALL·E2、谷歌 Imagen、文心 ERNIE-ViLG 等。此外，具有更大生成难度的视频及 3D 领域不断有新研究成果涌现。Meta 于 2022 年 10 月推出 Make-A-Video 人工智能系统，可以从给定的文字提示生成短视频；谷歌提出文本 3D 生成模型 DreamFusion，可以在任意角度、光照条件、三维环境中基于给定的文本提示生成模型，过程不需要 3D 训练数据。

平台产品及初创公司开始出现，积极探索 AIGC 商业应用路径，生成式 AI 应用领域及模型如图 7-16 所示。领军企业基于自身大模型推出平台产品，如百度基于大模型推出 AI 艺术和创意辅助平台——文心·一格，可根据用户输入的语言描述自动创作不同风格的图像，为视觉设计工作者提供创意辅助。图像生成赛道涌现多个初创公司，探索商业盈利模式。以开源社区驱动的初创公司 Stability AI 推出以文生图模型，各渠道累计日活用户超过 1000 万，面向消费者的 DreamStudioAI 作画工具已超过 150 万用户，生成超过 1.7 亿图片。在盈利模式上，Stability AI 提供 200 张免费额度，超过须付费使用。美国初创公司推出 AI 绘画工具 Midjourney，基于社区提升用户黏性，注重产品互动体验，针对用户使用频次及身份（个人、企业）进行收费。

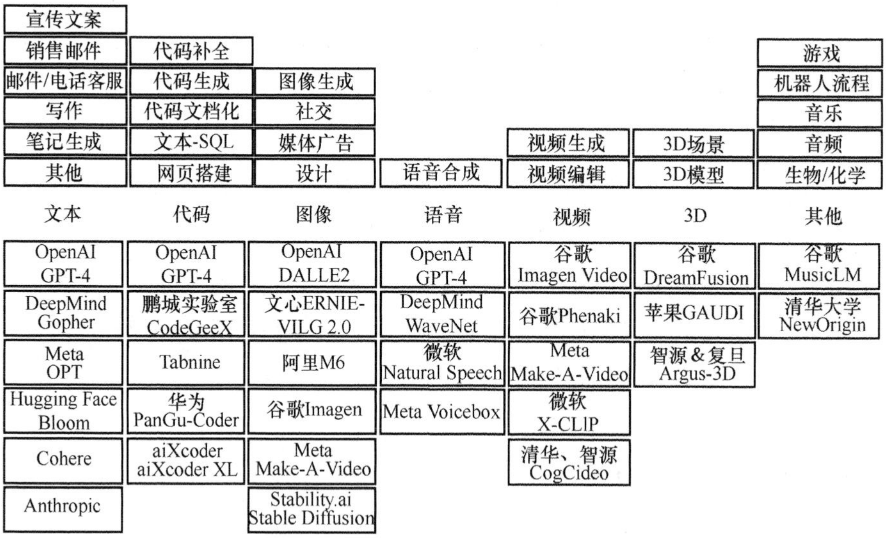

文本	代码	图像	语音	视频	3D	其他
宣传文案						
销售邮件	代码补全					游戏
邮件/电话客服	代码生成	图像生成				机器人流程
写作	代码文档化	社交				音乐
笔记生成	文本-SQL	媒体广告		视频生成	3D场景	音频
其他	网页搭建	设计	语音合成	视频编辑	3D模型	生物/化学

文本	代码	图像	语音	视频	3D	其他
OpenAI GPT-4	OpenAI GPT-4	OpenAI DALLE2	OpenAI GPT-4	谷歌 Imagen Video	谷歌 DreamFusion	谷歌 MusicLM
DeepMind Gopher	鹏城实验室 CodeGeeX	文心ERNIE-VILG 2.0	DeepMind WaveNet	谷歌Phenaki	苹果GAUDI	清华大学 NewOrigin
Meta OPT	Tabnine	阿里M6	微软 Natural Speech	Meta Make-A-Video	智源&复旦 Argus-3D	
Hugging Face Bloom	华为 PanGu-Coder	谷歌Imagen	Meta Voicebox	微软 X-CLIP		
Cohere	aiXcoder aiXcoder XL	Meta Make-A-Video		清华、智源 CogCideo		
Anthropic		Stability.ai Stable Diffusion				

图 7-16　生成式 AI 应用领域及模型

大模型已在数字人、图像创作、诗词生成等多个领域实现赋能。例如，基于智源"悟道"大模型的冬奥手语播报数字人在北京冬奥会期间正式投入应用，依据预先设定的播报内容将文字转换为手语，提供全流程智能化的数字人手语生成服务，方便听障人士收看赛事专题报道；基于百度文心大模型打造的"创作者 AI 助理团"，可以实现多种多样的 AI 自主创作，以及形态丰富的创作辅助功能，支持自动生产文案、自动生产图片、图文转视频等一系列应用；阿里 M6 大模型将作为 AI 助理设计师正式上岗阿里新制造平台，通过结合潮流趋势进行快速设计、试穿效果模拟，有望大幅缩短快时尚新款服饰设计周期。

此外，作为数实融合的"终极"数字载体，元宇宙将具备持续性、实时性、可创造性等特征，也将通过生成式 AI 加速复刻物理世界，进行无限内容创作，从而实现自发有机生长。生成式 AI 通过支持数字内容与其他产业的多维互动、融合渗透从而孕育新业态新模式，将打造经济发展新增长点，为千行万业发展提供新动能。

7.5　百模千态

当前，行业内重点受关注的大模型超过 200 余个。美国各类机构发布大模型数量全球领先，全球重点大模型各国分布如图 7-17 所示，全球占比达到 60%。2022 年后大模型发布速度加快，2022 年发布的大模型数量比 2021 年增长 134%。Google、OpenAI、Deepmind 等机构发布大模型数量大幅领先于其他机构。

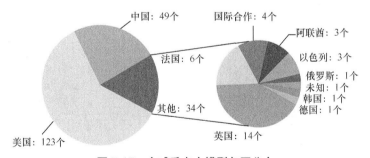

图 7-17　全球重点大模型各国分布

随着大模型技术不断迭代更新，研发机构在大模型方面的技术研发已较为成熟。当前全球大模型产业落地仍处于早期探索阶段，各企业开始探索大模型的产业落地模式，大模型逐步迈出实验室，在电力、电商、银行、保险等行业的应用效能愈发显现。目前，中国数据量超 10 亿的大模型已经超过 80 个，涉及产学研多个领域，主要集中在通用领域，涵盖 NLP、CV 和语音识别等技术领域，聚焦通过创新来提高效率、降低成本。典型大模型企业有华为、科大讯飞、百度、阿里等，中国大模型产业架构如图 7-18 所示。

图 7-18　中国大模型产业架构

7.5.1　OpenAI：ChatGPT 大模型

ChatGPT 是由美国人工智能公司 OpenAI 开发的用于自然语言处理的大型预训练语言模型，于 2022 年 11 月 30 日发布，是一款全新的聊天机器人模型，可以根据用户的对话输入，产生与其相关的回复，能够从文本输入中理解上下文，并生成有意义的句子回复，能够回答问题、承认错误、质疑不正确的前提和拒绝不适当的请求。

ChatGPT 采用基于 GPT-3.5 架构的大型语言模型，引入人类反馈强化学习（RLHF）技术训练模型。从技术原理看，ChatGPT 是基于 GPT-3.5 架构开发的对话 AI 模型，是 InstructGPT 的兄弟模型，采用"预训练+微调"的模型训练方式，引入 RLHF 技术对 ChatGPT 进行训练，利用强化学习方法从人类标注者的反馈中学习。

训练过程可分为 3 个步骤，ChatGPT 模型原理如图 7-19 所示。

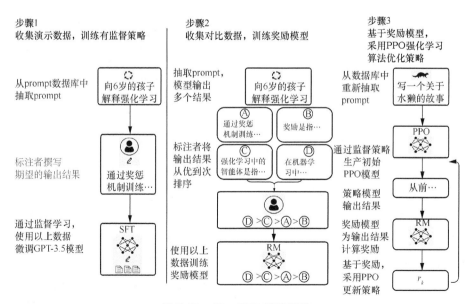

图 7-19　ChatGPT 模型原理

（1）训练监督学习模型：首先，ChatGPT 从 prompt 数据库中抽取若干问题并向模型解释强化学习机制，随后人类标注者撰写期望的输出值，对模型给予特定奖励或惩罚引导教育，最后，通过监督学习微调 GPT-3.5 模型。

（2）收集数据并训练奖励模型：从 prompt 数据库中取样，并由人类标注者对模型输出的多个结果进行投票，按质量排序，将排序后的数据结果用于训练奖励模型。

（3）采用近端策略优化（PPO）强化学习微调模型：近端策略优化是 2017 年 OpenAI 发布的强化学习算法，首先通过监督学习生成初始 PPO 模型，由奖励模型对回答打分后，将反馈结果优化并迭代初始 PPO 模型，通过多次优化迭代获得质量更高的模型。

RLHF 技术是通过人类反馈强化学习技术优化语言模型。将人类的反馈纳入训练过程，为机器提供了一种自然、人性化的互动学习过程，以更广泛的视角和更高的效率学习，允许人类直接指导机器，并允许机器掌握明显嵌入人类经验中的决策要素，RLHF 训练模型技术原理如图 7-20 所示。

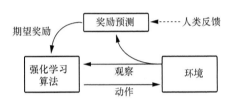

图 7-20　RLHF 训练模型技术原理

2023 年 3 月，OpenAI 推出 GPT 系列模型的最新版本 GPT-4.0。相比于早期版本，GPT-4.0 拥有更强大的自然语言处理能力和更高的语言生成准确性，可以模拟更加逼真的自然语言交互，使人机交互更加自然流畅。同时，GPT-4.0 还拥有更强大的预测能力，能够自主进行推理和思考，从而更好地理解人类的意图和需求。

7.5.2　Google：Gemini 原生多模态大模型

2023 年 12 月 6 日，谷歌发布 Gemini 1.0 模型。据谷歌官方公布，Gemini 模型能够高效运行在数据中心和移动端设备等各种平台上。为此，谷歌基于 Gemini 1.0 推出了 3 种不同尺寸的模型：Gemini Ultra、Gemini Pro 和 Gemini Nano。作为原生多模态大模型，Gemini 能够处理视频、音频、图像、文本和代码等多种形式的内容，且性能优于现有的"拼接型"多模态大模型。

Gemini 可无缝理解和推理各种模态的输入内容，并非将纯文本、纯视觉及纯音频模型拼接在一起。根据谷歌官方的评估，从自然图像、音频、视频理解到数学推理，Gemini Ultra 在 32 个常用的学术基准中，有 30 个超越 GPT-4。在大规模多任务语言理解（MMLU）测试中，Gemini Ultra 以 90.0% 的高分首次超过人类专家，力压得分为 86.4% 的 GPT-4，在图像、音频和视频等基准测试中，Gemini Ultra 超越之前的领先模型，且这一成果是在没有

OCR 系统帮助的情况下实现的，充分体现了 Gemini 原生多模态的特性。此外，基于定制版的 Gemini，谷歌还推出了更先进的代码生成系统——Alpha Code2，其性能几乎是初代的两倍。从谷歌官方公布的技术文档中的示例来看，Gemini 不仅能够进行双模态之间的转换（如文生图或文生视频），亦能处理需要进行多模态转换的复杂任务，如根据图表生成相应代码再由此生成顺序有变的图表。

Gemini 将与谷歌现有产品与平台充分结合，谷歌会陆续将 Gemini 同搜索，广告、Chrome 和 Duet AI 结合起来，目前谷歌已经开始在搜索中试验 Gemini，从效果来看，它能够降低搜索延迟，同时搜索质量也有所提高。

7.5.3　Meta: LLaMA 开源预训练大模型

LLaMA 模型集合由 Meta AI 于 2023 年 2 月推出，包括 4 种尺寸（7B、13B、30B 和 65B）。由于 LLaMA 的开放性和有效性， LLaMA 一经发布，就受到了学术界和工业界的广泛关注。LLaMA 模型在开放基准的各种方面都取得了非常出色的表现，已成为迄今为止最流行的开放语言模型。大批研究人员通过指令调整或持续预训练扩展了 LLaMA 模型。Meta 开源的 LLaMA 系列模型，因良好的基础能力和开放生态，已积累了海量的用户和实际应用案例，成为无数开源模型后来者模仿和竞争的标杆对象，并由此衍生出了诸多项目和应用，LLaMA 模型衍生如图 7-21 所示。

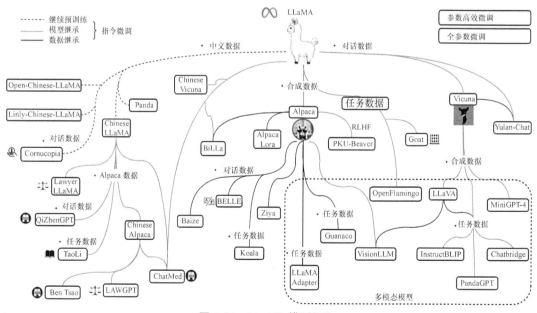

图 7-21　LLaMA 模型衍生

2023 年 7 月，Meta 发布了 LLaMA2 开源预训练大模型。该模型是 LLaMA1 的更新版本，在公开可用的数据集上进行训练。与 LLaMA 相比，LLaMA2 预训练语料库的大小增大约 40%，达到了 2.0TB。同时模型的上下文长度增加到了 4000Tokens，并采用了分组查询注意力（GQA）机制。LLaMA2 有 7B、13B、34B 和 70B 共 4 个版本，在多项基准测试中表现优异。特别是在阅读理解和常识推理方面，70 亿参数规模的 LLaMA2 预训练模型的表现已经可以与当前顶尖的预训练语言模型 GPT-3.5 和 PaLM-540B 相媲美。

7.5.4　华为：盘古大模型

2020 年，华为云团队立项 AI 大模型，并于 2021 年 4 月首次对外发布。盘古大模型集成了华为云团队在 AI 领域数十项研究成果，并且受益于华为的全栈式 AI 解决方案，与昇腾（Ascend）芯片、昇思（MindSpore）语言、ModelArts 平台深度结合。2023 年 7 月，在华为开发者大会上，盘古大模型 3.0 正式发布。作为中国首个全栈自主的 AI 大模型，盘古大模型 3.0 包括"5+N+X"3 层架构，如图 7-22 所示。

图 7-22　盘古大模型 3.0

其中，L0 层包括自然语言、视觉、多模态、预测、科学计算 5 个基础大模型，提供满足行业场景的多种技能需求。盘古 3.0 为客户提供 100 亿参数、380 亿参数、710 参数和 1000 亿参数的系列化基础大模型，匹配客户不同场景、不同时延、不同响应速度的行业多样化需求。同时提供全新能力集，包括 NLP 大模型的知识问答、文案生成、代码生成，以及多模态大模型的图像生成、图像理解等能力，这些技能都可以供客户和伙伴企业直接调用。无论多大参数规模的大模型，盘古都提供一致的能力集。L1 层是 N 个行业大模型，华为云既可以提供使用行业公开数据训练的行业通用大模型，包括政务、金融、制造、矿山、气象等大模型；也可以基于行业客户的自有数据，在盘古大模型的 L0 层和 L1 层上，为客户训练自己的专有大模型。L2 层为客户提供了更多细化场景的模型，更加专注于政务热线、网点助手、先导药物筛选、传送带异物检测、台风路径预测等具体行业应用或特定业务场景，为客户提供"开箱即用"的模型服务。

盘古大模型采用完全的分层解耦设计，可以快速适配、快速满足行业的多变需求。客户既可以为自己的大模型加载独立的数据集，也可以单独升级基础模型，又可以单独升级能力集。在 L0 层和 L1 层大模型的基础上，华为云还为客户提供了大模型行业开发套件，通过对客户自有数据的二次训练，客户可以拥有自己的专属行业大模型。目前，盘古大模型已在金融、制造、医药研发、煤矿、铁路等诸多行业发挥价值。

7.5.5 百度：文心一言大模型

文心一言是基于百度文心大模型的知识增强语言大模型，采用了多任务学习和强化学习等技术，可以用于多种自然语言处理任务。与传统的基于手工特征设计的模型相比，文心一言具有更强的泛化能力和更好的表现，能够为用户提供富有创意、实用性、能带来愉悦感的生成式 AI 交互体验，按需反馈高质量内容。文心一言基于飞桨深度学习框架进行训练，算法与框架的协同优化后效果和效率都得到了提升，模型训练速度达到优化前的 3 倍，推理速度达到优化前的 30 多倍。文心一言可以同时处理多种不同的自然语言任务，如文本分类、实体链接、语义匹配等。该模型还引入了注意力机制，可以基于上下文理解自然语言，提高了解释性和泛化能力，文心一言大模型架构如图 7-23 所示。

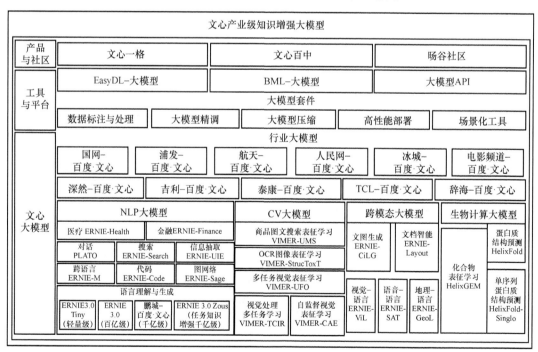

图 7-23　文心一言大模型架构

目前，文心一言的基础模型已迭代到文心大模型 4.0，具备基于图片的创作和问答、文生图/视频等多项应用能力，这些能力由览卷文档、说图解画、E 言易图、一镜流影等文心一言原生插件支持实现。文心一言在 2023 年 8 月面向全社会开放服务，成为登顶 Apple Store 免费应用榜首的首个中文 AI 原生应用，在工作、生活、学习、陪伴四大场景为用户提供帮助。同时，文心一言基于插件机制不断拓展能力的边界，构建大模型应用生态。除了推出原生插件之外，文心一言还为开发者提供低门槛的插件开发工具集，支持多类型的插件开发，并可与应用层生态结合。目前，开发者云集的 AI Studio 星河大模型社区，已积累超 300 个大模型创意应用，将帮助用户基于文心一言解锁更多实用能力。

参考文献

[1]　东北证券. 从 RNN 到 ChatGPT，大模型的发展与应用[R]. 2023.

[2]　刘学博，户保田，陈科海，等. 大模型关键技术与未来发展方向——从 ChatGPT 谈起[J]. 中国科学基金, 2023, 37(5): 758-766.

[3]　柯沛，雷文强，黄民烈. 以 ChatGPT 为代表的大型语言模型研究进展[J]. 中国科学基金, 2023, 37(5): 714-723.

[4]　李耕，王梓烁，何相腾，等. 从 ChatGPT 到多模态大模型:现状与未来[J]. 中国科学基金, 2023, 37(5): 724-734.

[5]　夏润泽，李丕绩. ChatGPT 大模型技术发展与应用[J]. 数据采集与处理, 2023, 38(5): 1017-1034.

[6]　王扬，陈智斌，吴兆蕊，等. 强化学习求解组合最优化问题的研究综述[J]. 计算机科学与探索, 2022, 16(2): 19.

[7]　IDC. 2022 中国大模型发展白皮书[R]. 2022.

[8]　国金证券. 盘古开天，AI 落地[R]. 2023.

[9]　SensorTower. 2023 年 AI 应用市场洞察[R]. 2023.

第 8 章　AI toB 迈入规模探索阶段

8.1　AI 与行业结合，呈现百花齐放趋势

人工智能以空前广度与深度推动社会发展，加速渗入日常生活、科学研究、商业创新和国家安全等领域，内生化提升全局运转效率。一是人工智能与科学研究的结合已开始改变基于传统学术经验的科学研究方式，实现从大量已知论文、实验数据中挖掘未知理论，加速提升化学、材料、物理、药物研发等领域文献获取速度与实验发现效率。人工智能成为下一时期科技竞争的重要动力。二是人工智能成为商业创新与竞争的下一个主战场，传统行业巨头加速布局智能供应链、质量检测、商业决策等细分应用，有望显著提升生产流程、质量控制、商业运营等环节效率，改善工作条件。三是娱乐、消费电子、医疗等生活领域的智能应用不断贴近、细化场景需求，室内安防无人机、人性化虚拟助手等智能消费产品不断涌现，问诊机器人及智能影像逐步推广使用，医疗资源紧缺、分布不均等一些行业痛点开始缓解。四是教育培训加速向在线智能化发展，试题 OCR 识别、辅助批改等应用已从试点向规模化发展，推动教学管理向精准管理转变，助力个性化学习体系的建立。五是全球领先国家已充分意识到人工智能技术与国防安全融合的重要程度，投入针对性资金，推动预测维护、自动驾驶、情报分析、智能飞控等国防智能应用的发展。

8.2　大模型成为智能变革的"元能力引擎"

随着人工智能大模型的飞速发展，它已在多个领域催生出全新的商业价值。这些模型处于扩展的早期阶段，但已经涌现第一批跨功能的应用。在全球，已有生命科学领域的 Profluent、Absci，能源行业的 C3.ai 等，引领行业企业采用新一代 AI 的风潮。中国诸多行业企业也已经看到生成式 AI、大模型可能为企业带来竞争优势，一大批大模型创新主体涌现，开始探索大模型应用场景。特别是在天文、材料、生物医药、物理等领域，已有专用任务大模型出现。科学及研发创新作为典型知识密集型行业场景，能够激发大模型在海量

数据中的"涌现"能力，助力气象研究、医药研发、物理规律发现等高价值应用场景。未来，随着模型能力提升以及知识深度融合，大模型有望成为各行各业的基础生产工具。

在气象预测领域，人工智能气象大模型基于数据驱动的深度学习算法，能够利用强大的计算能力、巨量历史数据训练和各种深度学习架构，快速预测 20~25km 分辨率的常规气象要素场以及台风路径、极端天气、近地面风场、降水等关键信息，预报精度和预测计算速度具有明显优势。2022 年以来，欧美以英伟达、DeepMind、微软公司为代表，中国以华为、上海人工智能实验室、复旦大学、清华大学为代表发布的 AI 气象大模型相继亮相，在短时间内取得了惊人的成果。例如，盘古气象大模型作为基于 AI 的天气预报模型，能够利用深度学习技术，打造一个拥有超大规模参数、具备超高精度的预训练模型。其精度超过了传统的数值预报方法，速度相比传统数值预报加快了 10000 倍以上。

在农业育种领域，大模型可以准确地理解用户在农业领域的各类问题，包括种植技术、日常管理、病虫害防治、养殖方法及农业政策等，帮助农业工作人员更高效地应对生产中的挑战并提供决策参考。同时，大模型可以协助用户实现对智能农机装备的远程监控，提高农机装备的自主性和智能化程度。此外，通过结合遥感技术、无人机航拍图像以及农业环境物联网，大模型可以帮助农业工作人员及时了解农作物生长状况、土壤条件以及潜在的病虫害风险，帮助合理安排农业生产活动，提高农业生产效率和产量。例如，商汤 AI 遥感大模型以通用视觉大模型为基础，借助通用视觉大模型 10 亿级模型参数，实现全国不同地形地貌、不同影像类型、不同影像时间和谱段的高泛化能力，使 AI 遥感大模型拥有先进的地物解译能力和媲美人工标注的图斑效果，工作效率相比人工作业提升 60 余倍，极大提高了农业识别效率。

在自动驾驶领域，大模型可以实现端到端的系统，即直接把传感器数据作为输入，输出期望的驾驶行为，如转向、加速和刹车。这样可以避免传统的分层设计，简化系统复杂度，提高系统鲁棒性。大模型可以提高对场景、物体、行为等的感知和决策的准确性，降低数据标注和开发的成本。例如，百度推出的文心大模型——图文弱监督预训练模型，背靠文心图文大模型数千种物体识别能力，大幅扩充自动驾驶语义识别数据，如特殊车辆（消防车、救护车）识别、塑料袋等，自动驾驶长尾问题解决效率实现了指数级提升。此外，得益于文心大模型——自动驾驶感知模型 10 亿以上的参数规模，通过大模型训练小模型，自动驾驶感知泛化能力也显著增强。

在智慧医疗领域，大模型在医疗健康领域能够提高医疗信息化效率、改善在线问诊体验、实现实时监测预警以及助力药物研发、提供个性化诊疗方案与健康管理建议。例如，云知声山海大模型技术在智慧医疗领域有三大核心应用，分别是手术病历撰写助手、门诊病历生成系统和商保智能理赔系统。这些应用都能够通过语音识别和自然语言处理技术，实现医疗信息的自动化采集、分析和生成，提高医疗效率和质量，减轻医生负担，改善患者体验。云知声山海大模型学习了大量教材、百科等高质量医学文献，使其能够提供更加全面、专业的医疗信息支持。

8.3　通用人工智能的未来展望

大语言模型标志着人工智能发展的重要转折点和里程碑。得益于模型泛化能力强、长尾数据的低依赖性以及下游模型使用效率的提升，大模型被认为具备了"通用智能"的雏形，并成为业内探索实现普惠人工智能的重要途径之一。一方面，这类模型破解了语言复杂性的密码，让机器可以学习语言、上下文含义和表达意图，并独立生成和创建内容；另一方面，在利用大量数据进行预训练后，这些模型能够针对众多不同的任务做出调整，使用户可以采用多种方式，对模型按原样重复使用或稍加修改后再次使用，通用 AI 未来发展方向如图 8-1 所示。

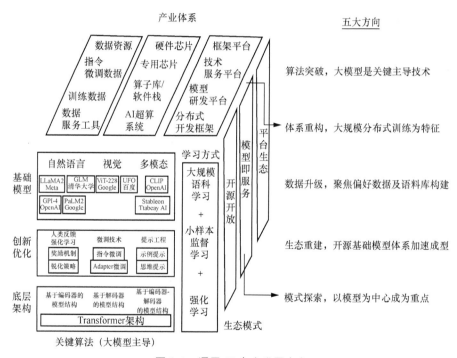

图 8-1　通用 AI 未来发展方向

大模型将进一步致力于构建通用的人工智能底层算法框架，融合多领域的模型能力，在不同场景中"自我学习"，通过一个大模型解决产业中的各种问题。目前，在通用模型的基础上，各行业正利用精调或 prompt 的方式加入任务间的差异化内容，从而极大地提高模型的利用率，推动 AI 开发走向"统一"。

未来，随着人工智能渗透率的提升，有望显著加快全产业链结构的优化速度，牵引产业向高附加值的产品与服务转变。一方面，人工智能作为众多技术产品的创新核心，是下一时期最为关键的高附加值产业；另一方面，人工智能可加速提升传统行业高附加值产品的比重，进一步优化产业结构。人工智能技术与核心业务、专家经验深度融合，行业主营产品和运行方式的智能化程度正在不断提升，衍生新产品与新服务。在《麻省理工科技评论》每年发布的全球 50 家聪明企业（TR50）榜单中，已陆续显现传统行业企业的身影，如布局医药研发赋能平台的传统药物研发厂商药明康德、利用智能技术提升物流收派效率的顺丰科技等。

参考文献

[1]　头豹研究院. 2023 年 AI 大模型应用研究报告[R]. 2023.

[2]　A Frost & Sullivan. AI 大模型市场研究报告(2023)迈向通用人工智能，大模型拉开新时代序幕[R]. 2023.

[3]　孙柏林. 大模型评述[J]. 计算机仿真, 2024, 41(1): 1-7, 24.

[4]　华为. 华为云盘古大模型 AI 工业化开发新模式[R]. 2023.

[5]　亿欧智库. 2023 医疗健康 AI 大模型行业研究报告[R]. 2023.

[6]　IDC. IDC Perspective: 大模型赋能的自动驾驶现状与机会分析[R]. 2023.

第9章 AI toB 落地面临的挑战

9.1 大模型工程化落地面临多方面挑战

当前，人工智能工程化落地进入攻坚阶段，面临系统复杂、需求多样、成本高昂等多方面的挑战。人工智能大模型能否快速赋能各行各业，响应多样化需求，其关键因素在于工程化能力。

从系统层面看，组建数量和模型算法复杂度增长在百倍以上，AI 模型体积已达十万亿级别，驱使人工智能创新重点从单点技术升级向系统级研发转变，聚焦标准化开发范式和整体优化。由于存在跨团队协作难度大、过程和资产管理欠缺、生产和交付周期长等问题，大模型难以高效植入现有业务场景，应用落地还存在挑战。

从场景需求看，随着人工智能向消费互联网、科学计算、医疗健康、工业等传统产业逐步渗透，遇到更多碎片、专业应用需求，对 AI 能力提出更高要求。目前，大部分通用模型能力不能满足行业场景需要。通用大模型本身精度不够，当前大模型原生的幻觉问题、可控性问题和可解释性问题都限制了生成内容的准确性和可控性。同时，大模型更新迭代困难，模型不一定能实时跟踪行业市场的变化和趋势。

从落地成本看，领先的 AI 系统所需的算力仍在大幅增长，大模型等前沿热点方向几乎成为少数头部企业的专属赛道。此外，大模型应用还会产生安全合规和隐私保护问题。大模型是具有颠覆性的新技术，对其风险还未完全了解，随着大模型落地的不断推进，如何平衡大模型落地收益和潜在合规风险，将是越来越突出的问题。

9.2 各行业智能化发展不均衡

人工智能的快速发展也造成了技术应用的巨大不平衡，这些不平衡存在于不同的地区、行业与应用之间。导致 AI 技术落地不平衡的因素有很多，如技术本身的属性、业务的复杂性、地区差异、人才条件差异、数据支撑的不同等。从行业来看，AI 率先在安防、工业、医疗、交通、零售、教育等行业实现大量应用。但在不同行业中，受数据可得性、算法成熟度和服务容错率等因素的影响，AI 技术落地速度分化明显。其中，AI 技术在移动互联网和安防行业领跑，在零售和物流领域跟进，在医疗和无人驾驶领域则发展缓慢。移动互联网公司拥有海量标准化数据和场景，是人工智能技术发展最大的受益者。在移动互联网之外，安防是 AI 技术落地最为成熟的行业。商汤、旷视、依图等 AI 初创公司均在安防领域找到了规模化营收的路径，证明了其商业化的能力，成为估值数十亿美元的 AI 独角兽。

但当 AI 技术进入其他传统行业时，目前能够真正落地并产生商业价值的非常有限。原因之一在于 AI 技术的成熟度还有待提高。语音识别及自然语言处理等技术尚未真正成熟，这导致以语音技术为主的公司大多没有找到规模化的营收路径。在另一些传统行业中，AI 技术难以落地的主要原因是，缺乏可供训练模型的大量标准化数据，以工业为例，AI 最主要的应用是用视觉识别技术做产品质量检测，但目前该技术并未在工业界大规模应用。

9.3　AI 深入赋能引发风险隐患

人工智能带来了多方面的风险与伦理问题，除了人工智能技术自身存在天然的缺陷外，区别于纯粹的技术风险，人工智能风险源自人工智能系统的应用对现有的规范体系以及伦理与社会秩序的冲击。

第一，人工智能固有技术风险持续放大。以深度学习为核心的人工智能技术正不断暴露出由其自身特性引发的风险隐患。由于深度学习模型存在脆弱和易受攻击的缺陷，人工智能系统的可靠性难以得到足够的保证。黑箱模型具备高度复杂性和不确定性，算法不透明也容易引发不确定性风险。此外，人工智能算法产生的结果过度依赖训练数据，如果训练数据中存在偏见歧视，会导致出现不公平的智能决策。

第二，现有法律及规范体系受到的挑战越来越大。在责任划分方面，2015 年英国首例机器人手术致人死亡，特斯拉"失控门"事件使自动驾驶辅助系统受到质疑。在主体资格界定方面，2017 年沙特阿拉伯授予机器人索菲亚以公民资格引发全球争议，此外还产生了人工智能是否能够成为专利的发明者等问题。在隐私保护方面，人工智能的发展侵犯个人隐私的问题时有发生。2021 年央视"3·15"晚会曝光，大量企业违规采集顾客人脸信息用于商业目的。

第三，伦理及社会秩序受到的冲击越来越大。人工智能引发了歧视、对人类行为提出新规则、劳动力的变革更替等系列问题，更甚者直接或间接伤害人类。例如，2019 年 12 月，亚马逊智能音箱曾给出诱导人类自杀的建议；2020 年 11 月，有媒体报道伊朗核科学家被"人工智能"控制的武器刺杀等；2021 年 8 月，俄罗斯在线支付服务公司 Xsolla 使用算法判断员工"不敬业且效率低"，解雇了公司占总人数三分之一的 147 名员工。

9.4 AI生态体系仍不完善

目前，我国人工智能产业生态环境优良，具备一些支撑优势，如政策支持充分、拥有海量数据、拥有丰富的应用场景以及人工智能人才数量优势，但仍然有多块短板需要及时补齐。特别是以ChatGPT/GPT-4为代表的大模型浪潮将对现有人工智能产业支撑体系带来巨大冲击，自主生态创新发展迎来更大挑战，驱动芯片、框架等软/硬件体系持续协同演进。

第一，原始创新能力不足。中国对于人工智能研究还缺乏有效的顶层设计，不利于形成原始创新的环境和氛围。目前我国人工智能的研究力量主要集中于计算机视觉和深度学习，而在自然语言处理和强化学习领域相对薄弱。产业发展过度依赖开源代码和现有数学模型，且目前具有国际影响力的开源机器学习框架平台也不多。

第二，产业基础不够扎实。我国在核心芯片、元器件和传感器等领域仍然相对薄弱，在高端元器件领域仍依赖进口。随着需求飙升和美国领导的贸易限制，供应已经受到限制，不利于人工智能产业进一步发展。

第三，大模型加剧大规模训练/推理算力挑战，据OpenAI测算，2012年开始，全球AI训练所用的计算量呈指数增长，平均每3.43个月便会翻一倍，目前计算量已扩大30万倍，远超算力增长速度。算法技术快速演进，大模型、多模态、智能体等新技术、新算法层出不穷，迫切需要更加通用、灵活的软/硬件支撑体系。同时，自主产品预期与落地实效存在差距，自主软/硬件产品对外宣传性能与用户实际应用体验存在明显差距，且该差距在大模型时代被进一步放大。

第四，人工智能人才存在缺口。我国人工智能行业各职能岗位人才供应存在不足，算法开发和应用研究岗位人才尤为紧缺。特别是高层次人才、学者型人才短缺愈发严重，缺乏行业掌舵人。

此外，人工智能应用程序的责任和监管也是当前人工智能生态系统中迫切需要重视的问题，需要建立一些监管机制来确保其合法性和道德性，并对其进行监督和管理。

参考文献

[1] 中国信息通信研究院. 大模型治理蓝皮报告——从规则走向实践(2023年)[R]. 2023.

[2] 孙柏林. ChatGPT：人工智能大模型应用的千姿百态[J]. 计算机仿真, 2023, 40(7): 1-7.

[3] 刘聪, 李鑫, 殷兵, 等. 大模型技术与产业——现状，实践及思考[J]. 人工智能, 2023(4): 32-42.

[4] 头豹研究院. 2023年AI大模型应用研究报告[R]. 2023.

第三篇

5G+AI，加速行业智能化

第10章 行业从数字化走向智能化

10.1 数字化转型的内涵

随着5G、大数据、云计算、人工智能等新一代信息技术与实体经济的加速融合，各行各业在新时代背景下迸发着创新求变的活力，新技术与产业的融合也为行业提质降本增效带来新的活水。数字经济已经成为当前社会经济增长的重要驱动力，新冠疫情促进了世界各国对数字化、信息化的关注与投入。在全球数字经济发展的时代背景下，利用新技术进行数字化转型是各个国家和地区、各个行业、各个企业的共识。

数字化转型的定义，基于不同视角有不同的阐释，数字化转型的不同视角如图10-1所示。首先，从政府层面来看，数字化转型的概念比较宏观，更多强调利用数据要素与信息技术对行业进行赋能，推动传统产业向数字经济迁移。2016年，二十国集团领导人第十一次峰会（即 G20 杭州峰会）发布的《二十国集团数字经济发展与合作倡议》指出，"数字经济"中的"数字"根据数字化程度的不同，可以分为3个阶段：信息数字化（Information Digitization）、业务数字化（Business Digitization）、数字转型（Digital Transformation）。其中，数字转型是数字化发展的新阶段，指数字化不仅能扩展新的经济发展空间，促进经济可持续发展，而且能推动传统产业转型升级。

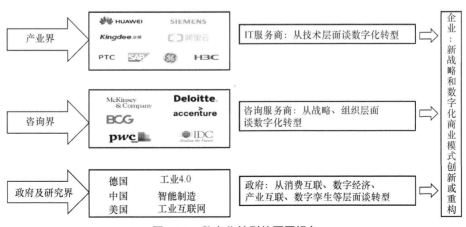

图 10-1 数字化转型的不同视角

2018 年，国务院发展研究中心在关于"传统产业数字化转型的模式和路径"的研究中指出，数字化转型是利用新一代信息技术，构建数据采集、传输、存储、处理和反馈的闭环，打通不同层级与不同行业间的数据壁垒，提高行业整体运行效率，构建全新的数字经济体系。数字化转型即传统行业与 IT 行业深度融合，其本质是通过促进数据流动来提升产业效率。

国家标准《信息化和工业化融合数字化转型价值效益参考模型》（GB/T 23011—2022）中，将数字化转型解释为深化应用新一代信息技术，激发数据要素创新驱动潜能，建设提升数字时代生存和发展的新型能力，加速业务优化、创新与重构，创造、传递并获取新价值，实现转型升级和创新发展的过程。

与此同时，产业界对数字化转型也开展了大量探索，以微软、IBM、华为、阿里巴巴、IDC、麦肯锡等为代表的产业各方也纷纷提出数字化发展的关键点，从不同角度对数字化转型的内涵进行了诠释和完善。例如，华为将数字化转型定义为"企业利用先进技术来优化或创建新的业务模式，以客户为中心，以数据为驱动，打破传统的组织效能边界和行业边界，提升企业竞争力，为企业创造新价值的过程"。IDC 将数字化转型定义为"利用数字技术（如云计算、移动化、大数据/分析、社交和物联网）来驱动组织的商业模式创新和商业生态系统重构的途径和方法，其核心也是推动业务的增长和创新"。

综上所述，数字化转型主要表现为 3 个显著特征：第一，数据是数字化转型的核心驱动力，成为关键生产要素和价值创造源泉；第二，价值创造是数字化转型的核心目的，通过数据重新定义产品和服务，优化生产和运营，创新商业模式和产业组织方式，实现价值最大化；第三，数字化转型既包含对现有业务的改善与优化，又会在此基础上实现质变，引发业务模式、生产方式和产业组织模式的全面深刻变革。

因此，可以将数字化转型概括为：以数据为关键要素，以新一代信息技术与各个行业的全面融合为主线，以更高的生产运营效率、更快的市场响应水平和更大的创造价值为目标，变革产品服务形态、生产组织方式和商业模式的过程。未来，数字化转型将持续驱动各行各业发展，带来新一轮产业变革。

10.2 从数字化走向智能化

数字化转型主要可分为 3 个阶段，从信息化向数字化、智能化演变，如图 10-2 所示。第一阶段为信息化，也是数字化转型的起点。在这个阶段，信息化的关键任务是建立信息系统、数据的数字化存储和处理以及网络的建设和应用。通过信息技术与实际业务的有效融合，在 IT 系统内将业务对象、业务流程上线和固化，以实现信息共享和业务协同。但是，信息化并未改变实际业务的逻辑，只是将传统的业务模式从线下迁移至线上，交由 IT 系统来完成。

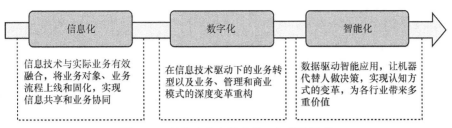

图 10-2　从信息化向数字化、智能化演变

第二阶段是数字化，数字化是信息化的延伸和升级，利用 5G、云计算、人工智能、大数据、物联网等新一代数字技术，构建全感知、全场景、全智能的数字世界，并在此基础上开展业务流程优化和再造，对传统管理模式、业务模式、商业模式进行创新和重塑。它的本质是在信息技术驱动下的业务转型以及业务、管理和商业模式的深度变革重构。数字化是一个长期的系统性工程，面临多方面的挑战，包括新技术的融合、文化观念的冲突、组织人才的变革等。

第三阶段是智能化，也就是数字化的高级阶段，其本质是让机器代替人来做决策。智能化侧重于利用先进的数据分析、机器学习和人工智能等技术，实现对大规模数据的深度挖掘和智能应用。数据智能技术的应用，带来的不只是业务模式的变革，更是认知方式的变革。在这一阶段，智能化能够为各行业带来多重价值，如更敏捷的运营、更充分的定制化、更智能的决策以及全新的价值主张，从而实现对企业、社会等各个领域的深度智能化应用。

10.3　典型数智化历程

全球主要国家和地区都围绕数字经济的关键领域加快部署，聚焦科技创新、数字基础设施建设、数字产业链打造、数字化应用推广等，形成特色的数字化转型发展道路，推动传统产业升级演进。

10.3.1　美国：依托创新技术领先，巩固数字经济全球竞争力

前瞻部署顶层战略，率先布局数字经济关键领域。20 世纪 90 年代，美国政府大力推动信息基础设施建设和数字技术发展，率先提出"信息高速公路"和"数字地球"的概念。1998 年，美国商务部发布《浮现中的数字经济》报告，揭开了数字经济发展的大幕。21 世纪以来，美国先后发布《美国主导未来产业（2019）》《数字战略（2020—2024）》《2021 年美国创新和竞争法案》等政策；并于 2022 年 3 月发布数字资产行政令，试图在全球范围构

建以自身为主导的数字生态系统。同时，美国积极布局 5G、云计算、大数据、量子通信等前沿领域。例如，在人工智能领域，美国政府于 2016 年发布第一版《国家人工智能研发战略计划》；时隔 3 年，又发布了更新版的《国家人工智能战略》，对重点领域进行了全面规划。在大数据领域，美国接连发布《美国开放数据行动计划》《联邦大数据研发战略规划》等，不断提升数字经济发展实力。

重视先进技术研发，巩固数字技术创新优势。美国积极推进前瞻性研究与转化。在资金投入上，2015—2020 财年，美国国防部共申请 22.4 亿美元预算经费用于 AI 的科研活动；《2021 美国创新和竞争法案》承诺在 5 年内投入约 2500 亿美元用于芯片、人工智能、量子计算等关键科技研究领域。在机构设置上，美国白宫于 2021 年成立美国国家人工智能倡议办公室，以负责监督和实施美国国家 AI 战略，并与政府、私营机构、学术界和其他利益相关者进行协调和协作。在项目计划方面，美国国防部高级研究计划局（DARPA）于 2017 年启动"电子复兴计划"（Electronics Resurgence Initiative，ERI），之后又推出针对数字芯片科技的联合大学微电子学项目（JUMP），还建立了太赫兹通信和传感融合研究中心等机构来推动 6G 通信项目。

重点发展先进制造，推动实体经济数字化转型。美国将先进制造视为国家的优先事项之一，先后发布《先进制造伙伴计划》《先进制造业美国领导力战略》等政策。经过多年探索，美国先进制造发展取得显著成效。一是建设一批先进制造创新中心，美国从 2012 年开始发布国家制造业创新网络计划，首个试点性的国家增材制造创新研究机构（现名美国制造（America Makes））成立。随后 5 年，14 个制造技术创新中心陆续成立，覆盖芯片、柔性电子、生物制药、机器人等领域。二是开展数字化转型探索，例如，美国通用电气公司（General Electric Company，GE）以工业数据为核心，通过 GE Proficy 软件整合 IT 行业最新的先进技术，将工厂设备数据与企业业务数据整合，应对生产领域的各种难题；PTC 面向平台需求端，将工业物联网分析平台 ThingWorx 与增强现实平台 Vuforia 整合到智慧工厂架构中，缓解制造业客户日益增长的宏观经济压力和成本压力。

10.3.2 欧盟：率先探索数字治理规则，打造统一的数字市场

持续健全数字经济规则，为数字化转型护航。一是顺应时代发展、不断完善隐私保护相关规则。欧盟从 2002 年开始施行《电子隐私指令》，但原有规定已不足以对数字经济市场进行监管。为此，欧盟加快制定《电子隐私条例》，试图增加新的隐私监管对象，为欧盟范围内的所有企业和个人提供隐私保护。二是促进数字经济企业公平竞争。欧盟注重数字经济领域平衡发展，2020 年 12 月，欧盟委员会公布了《数字市场法案》和《数字服务法案》，通过制定全面的新规则来促进数字市场的公平和开放。三是不断加强网络安全顶层设计。2016 年，欧盟立法机构发布《网络与信息系统安全指令》，加强基础

服务运营者、数字服务提供者的网络与信息系统安全。2019 年，《网络安全法案》的出台为欧盟境内的商业数据处理提供了基本准则。2020 年 12 月，欧盟委员会发布最新的《网络安全战略》，利用监管、投资和政策工具，完善既有网络安全制度并建构新的协调机制。四是建立全面的数据跨境自由流动规则。欧盟《通用数据保护条例》通过"充分性保护认定"、标准合同、公司约束性规则、行业认证等方式进行个人数据出境安全管理。同时，欧盟委员会与日本、韩国等国家达成个人数据保护的"充分性保护协议"。

推动建立数字单一市场，带动行业数字化发展。欧盟委员会于 2015 年 5 月发布《欧洲数字单一市场战略》，将 28 个国家的市场统一成单一化市场，涉及数字文化、数字未来、数字生活等六大领域，有效带动行业数字化进程。一是数字文化水平不断提高，欧盟通过数字文化档案给予更多公民接触资料的机会，如欧盟数字图书馆（Europeana）提供超过 5300 万个项目，包括来自欧洲 3700 多个图书馆、档案馆、博物馆、美术馆的视听收藏品等。二是数字未来规划不断完善，欧盟超级计算机、人工智能、区块链、量子力学等前沿技术加速发展，通过建设超过 250 个数字创新中心，帮助企业整合先进技术和改善业务。三是数字生活能力不断提升，欧盟通过数字政府、电子身份和信任服务（eIDAS）等为企业和居民提供更大便利。《2020 数字经济与社会指数（DESI）结果》显示，预计 2030 年，欧盟所有的重要行政文件均可在网上完成，所有欧盟公民可在网上查阅就诊档案，80% 的公民可使用电子身份证。四是数字信任水平不断增进，欧盟数字单一市场为公民提供上网、发送电子邮件、购物和使用信用卡等过程的隐私保护，为公民提供更好的个人数据和网络安全保护。

10.3.3　英国：以数字政府建设为引领，推动全行业数字化转型

系统性完善政策布局，为数字化发展奠定基础。在战略布局上，英国先后推出《数字英国》《数字经济法案》《国家数据战略（2020）》《英国数字战略》等计划，对推进数字化转型做出全面部署。在规则制定上，英国坚持发展与规范并重。在数据保护方面，从 2018 年起，英国严格执行《通用数据保护条例》，并修订《数据保护法》和《数字经济法案》，进一步完善数据权利；为构建良好的数据伦理体系，发布《数据伦理框架》，从公共利益、数据问责等方面勾勒数据治理中的伦理体系。在网络安全方面，英国发布《消费者物联网安全行为准则》和《网络危害白皮书》，以创造稳健、透明的数字基础设施体系。在数字服务税方面，英国于 2020 年 4 月开始对搜索引擎、社交媒体平台和在线市场等领域征收数字服务税，以应对数字经济带来的税收挑战。

重点推进政府数字化转型，提供公共数字服务。英国是最早推进政府数字化的国家之一，在 2012 年就实施了《政府数字战略》，并发布《政府数字包容战略》《政府转型战略（2017—2020）》《数字服务标准》等，通过 ICT 或数据驱动政府转型。一是推进政府

数据开放共享，英国《数字经济法案》提出建立国家级数据基础设施登记注册制度，确保数据基础设施运行安全可靠；同时建立数据咨询委员会并任命政府首席数据官，管理和协调政府数据的使用。二是打造政府一体化数字平台，英国将网站gov.uk作为政府各部门信息和服务的统一入口，形成了包括数字平台设计系统、数字平台通知系统、数字平台支付系统、数字平台网站托管等在内的数字化政务平台。三是制定数字服务标准，英国发布了包含18项指标的数字服务标准，同时确定数字服务的关键绩效指标（KPI），用于定期评估英国政府的在线服务。

数字政府带动其他领域数字化转型加速拓展。在数字政府建设的引导下，英国制造、零售、网络游戏等行业的数字化转型速度加快。一是制造业的数字技术采用率不断增加，增材制造采用率达到28%，机器人采用率达到22%，工业物联网采用率达到12%。企业纷纷开展数字化创新实践，例如，葛兰素史克应用第四次工业革命（4IR）技术，使用高级分析、图像识别和自动化实现了两位数的能力增长，其洁具厂被世界经济论坛认定为"灯塔"制造商。二是零售业数字革命加速演进，根据英国国家统计局数据，从2020年2月起，英国网上零售占总零售比重迅速增加，在2021年1月达到最高点35.2%。三是网络游戏产业快速发展，英国游戏业总产值已超过英国整个娱乐市场的一半，整体游戏市场份额位列欧洲各国第二。

10.3.4　日本：以"官产学"和"互联工业"为抓手，建设超智能社会

完善政策体系与组织架构，统一领导数字经济发展。日本政府于2000年发布《高度信息通信网络社会形成基本法》以推进日本信息化社会的形成。同时，日本依据该法设置了"高度信息通信网络社会推进战略本部"，自此以内阁总理大臣（首相）为本部长，相关国务大臣参与的战略本部开始运作，成为推动日本政务数字化转型的主要力量。2014年，为有效地联合地方政府和民间组织共同推进数字化转型，日本在本部下新设"数字治理部长会议"。2019年，日本政府发布《数字政府实施计划》初稿，经过两次修改最终得以实施，以推进中央政府、地方政府在行政服务领域实现100%的数字化转型。2020年9月，日本内阁明确将数字化转型提升为重要国策，同年11月，日本成立数字厅作为数字化转型的"司令塔"。数字厅由首相直接管辖，是一个主要负责信息与数字技术领域的独立省厅，可以向不遵从总体方针的其他省厅提出建议，实现数字经济领域的集中统一领导。

推动"官产学"合作机制，培育数字化人才。日本"官产学"一体化合作机制是国家创新体系的重要组成部分，在这种模式中，日本产业界更多地选择与大学和科研机构合作开发新技术和新产品，从而推动学术成果转化为实物成果，政府则主要扮演制定相关政策、搭建平台环境等的角色。例如，日本东京大学通过灵活利用网络虚拟空间的"元宇宙"技术创立"元宇宙工学部"，面向初、高中生和成年人传授信息技术，计划招收10万名以上

的听课者；日本宫崎大学与旭化成、宫崎银行、日本传统工艺品产业振兴协会（DENSAN）等共同设立"宫崎县数字人才联盟"，推进县内数字化转型。从 2023 年起，日本总务省为确保各都道府县政府获得数字化人才，通过与民间人才服务公司合作，进一步强化对地方政府的支援。

贯彻"工业互联"愿景，聚焦制造业数字化转型。日本早在 20 世纪 90 年代就制定了智能制造发展计划，并成立"智能制造系统国际委员会"，之后推出《科学技术创新综合战略》和《科学技术基本计划》作为政策支持；进入 21 世纪，又陆续发布《E-Japan 战略》《U-Japan 战略》《I-Japan 战略》《机器人新战略（Japan's Robot Strategy)》和《日本互联工业价值链的战略实施框架》等系列规划，提出"工业互联"的概念。为使"互联工业"愿景能够更好地实现，日本经济产业省支持成立了日本工业价值链促进会，其中包括三菱电机、东芝、丰田等日本制造企业。随后又提出著名的"工业价值链参考架构"，以大型企业为中心，同时在周围接入中小企业，形成一种创新型的企业互联形式，促进了日本智能制造产业的技术创新。

10.3.5 韩国：重视标准体系建立，发布新增长 4.0 路线图

政府主导合作模式，推进数字技术创新生态系统建设。韩国科技信息通信部（MSIT）在政府承诺支持技术部门和国家信息通信技术基础设施的情况下，特别发挥了"控制塔"的作用。20 世纪 90 年代末，韩国采取"先投资，后结算"的融资策略，韩国政府在行业发展的早期阶段与私营部门分担风险，并通过私有化和放松商业管制逐步转向由私营部门主导的增长模式。2019 年，韩国宣布了一项举措，通过在劳动力培训、基础设施建设和在所有部门推广人工智能技术方面进行大量投资，目的是增强国家人工智能能力，并提供了近 30 亿美元的资金。目前，韩国 10 所地方大学开设了人工智能工程学院，4 所国立大学开设了 AI 研究中心，以加强韩国国家人工智能人才库。其主要的信息通信技术公司也在积极增加对人工智能技术的研发投资，如三星电子和 LG 电子在英国、加拿大、美国等地都设有海外人工智能中心，以促进国际合作。

转变数据管理方式，推动数字要素市场建立。韩国数据政策的模式从保守的、政府管理的方式转变为创新的、开放的方式。韩国新政计划下的数据大坝（Data Dam）项目反映了韩国在数据管理方面的最新政策方向。2020 年，韩国国民议会通过了"数据三法"修正案——《个人信息保护法（PIPA）》《信用信息法》和《信息通信网法》，以简化监管措施，并建立"数据匿名化"的概念，以满足欧盟《通用数据保护条例》（GDPR）的要求。2022 年 4 月，韩国个人信息保护委员会（PIPC）提供了修订后的指导方针，以鼓励更积极地处理假名数据。随着更多的指导方针和法律法规的落地，韩国将以更安全、更有效的方式促进个人信息和匿名数据的利用。

聚焦中小企业数字化转型，多举措提供资金支持。韩国通过设立"数字服务凭证计划"来降低中小企业数字技术使用成本。该计划将中小企业与韩国国内供应商联系起来，通过补贴来支持 8 万家中小企业使用供应商提供的数字化服务。在制造领域，韩国政府还推出《智能制造扩散和推进战略》，为制造业中小企业购买生产设备、服务以及咨询提供资金支持。中小企业和创业部成立智慧工厂推广专门机构——"智能制造革新推进团"，聘请智慧工厂专家作为"智能制造创新推进团"团长，以强化人员的专业性。该机构已在 19 个科技园设立"智能制造创新中心"，利用区域内的各类专家，为中小企业提供智能制造技术测试认证、智能制造方案提供商匹配，以及实施情况评估、需求挖掘、咨询、培训等定制化服务。

10.3.6 中国：立足产业和市场优势，有效市场和有为政府相互促进

加强各级政策部署，为数字化转型创造良好环境。党中央将数字经济上升为国家战略，"十四五"规划等国家战略明确提出发展数字经济的目标及任务。相关部委积极贯彻落实国家战略，先后出台了《"互联网+"行动指导意见》《数字经济发展战略纲要》《关于推进"上云用数赋智"行动培育新经济发展实施方案》等政策举措，为各领域数字化发展提供指引。中国 31 个省（自治区、直辖市）已基本出台了数字经济专项政策，在充分发挥市场有效性的同时，积极强化政府引导作用。同时，中国建立了由 20 个部门组成的数字经济发展部际联席会议制度，协调制定数字经济重点领域规划和政策，统筹数字化转型发展。

依托完整工业体系，深入推进生产领域数字化转型。依托雄厚的工业发展基础与庞大的市场需求，中国重点推进生产领域数字化转型。工信部统计数据显示，截至 2023 年 6 月，我国工业互联网产业规模已超 1.2 万亿元，在 45 个国民经济大类行业落地应用，并渗透至企业研发、生产、销售、服务等各环节。"5G+工业互联网"网络建设全面铺开，在我国统筹部署 3.2 万个服务于工业的 5G 基站，虚拟专网、混合专网建设并行推进。在应用方面，走过了从点状应用到综合集成再到规模化深度应用 3 个阶段，形成协同研发设计、远程设备操控、设备协同作业等十大场景，在采矿、电子设备制造、装备制造、钢铁、电力五大行业落地实践。

背靠庞大中国市场，生活领域数字化转型蓬勃发展。我国数字化需求爆发，不断激励数字产品和服务创新。特别是新冠疫情推动经济活动加速向线上迁移，各企业纷纷通过在线方式寻求出路，大量无接触经济新业态涌现。在消费领域，物流配送、在线金融服务、数据资源支撑等配套体系不断完善，互联网重构商业生态，催生线上线下融合的新零售等全新产业形态，掀开了新型超市、生鲜市场、无人零售等风口。在教育领域，数字化教育产品和服务不断涌现。以智慧教室、在线教育、电子教材等产品和服务为代表的数字应用为教育带来了更多便利。在医疗领域，互联网医院、医药电商、手术机器人、AI 影像等应用已经普遍落地，在优化医疗资源配置的同时，大幅提高医疗质量和效率。

参考文献

[1]　G20 杭州峰会. 二十国集团数字经济发展与合作倡议[R]. 2016.

[2]　国务院发展研究中心, 戴尔(中国)有限公司. 传统产业数字化转型的模式和路径[R]. 2018.

[3]　国家市场监督管理总局.信息化和工业化融合数字化转型价值效益参考模型: GB/T23011—2022[S]. 2022.

[4]　华为公司企业架构与变革管理部.华为数字化转型之道[M]. 北京: 机械工业出版社, 2022.

[5]　徐晓慧, 涂成程, 黄先海. 企业数字化转型与全球价值链嵌入度: 理论与实证[J]. 浙江大学学报(人文社会科学版), 2023(10): 51-68.

[6]　欧盟委员会. 2020 数字经济与社会指数(DESI)结果[R]. 2020.

[7]　立本博文. 日本推进数字化转型的现状与展望[J]. 中国质量. 2023, (3): 76-80.

[8]　李雪松, 党琳, 赵宸宇. 数字化转型、融入全球创新网络与创新绩效[J]. 中国工业经济, 2022(10): 43-61.

[9]　中国信息通信研究院. 全球数字经济白皮书(2023 年)[R]. 2023.

[10]　中国信息通信研究院. 全球数字经济新图景——疫情冲击下的复苏新曙光[R]. 2021.

[11]　中国信息通信研究院. 中国数字经济发展白皮书[R]. 2022.

第11章　5G 与 AI 协同发展，加速行业智能化升级

11.1　5G 与 AI 的关系

5G 和 AI 分别作为信息基础设施中通信基础设施和新技术基础设施的核心组成，相互促进并共同发挥乘数效应。

一方面，5G 是助推 AI 技术发展与应用的重要载体。AI 离不开数据的支持，海量的数据信息是深度学习算法应用的技术基础，借助 5G 能够实现人与人的通信向万物互联的领域扩展。5G 网络不仅具有强大的连接能力，而且速率高，有力支撑海量数据信息的传输，推动 AI 实现大数据的趋势预测、学习形式与规则，以及执行策略的制定。同时，5G 网络中的边缘计算能实现在接入网中直接应用计算与存储功能，从而支撑终端 AI 技术的应用，达到终端与云端无缝衔接，加上 5G 自身的应用范围十分广泛，有助于 AI 在更多的领域中落地和推广。

另一方面，AI 是 5G 发展的核心引擎。AI 使 5G 网络能更好地适应更加复杂高效的应用需求，提升 5G 的通信能力。在此基础上，借助 AI 还能增强 5G 的智能化水平，例如，对 5G 网络参数配置和网络结构进行优化，使 5G 网络成为零接触业务管理、自动化部署和认知云网络，为自学习的实现奠定基础。同时，垂直领域在网络方面的要求，也可以借助 AI 技术达到精准分析的效果，为智慧城市、智能制造、智慧医疗等领域提供更多元的网络服务。

11.2　5G 对 AI 的需求

5G 网络中大量先进技术的复杂程度较高，特别是核心网将以切片的形式呈现，这对网络规划和日常运维与优化的要求更加严格，也大大增加了建设和运维成本。传统以人工干预为主的网络维护和管理方式，已经无法适应 5G 时代的网络需求。AI 作为 5G 乃至 6G 的核心技术之一，将全面赋能通信网络建设和运营。利用 AI 自主学习、数据分析等技术特点，能够构建自动化的运维体系，满足快速变化的市场需求。例如，在效率方面，AI 可利用并调度 5G 网络

的无线资源，对网络采取必要的控制，避免或减少网络堵塞，使得通信网络效率更高；在网络安全性方面，AI 可对 5G 网络海量数据进行分析，有效检测出恶意攻击并及时进行防御，提升网络安全保障能力。

不仅如此，AI 在为 5G 注入智慧化能力的同时，会激活更多传统行业并开启众多新兴领域。在 5G 时代，以深度学习为代表的 AI 技术能够通过分析形成精准洞察，使 5G 应用在移动性管理以及用户行为、定位需求方面的预测性与针对性更强，提供更贴合用户需求的服务，也为充分解锁 5G 性能瓶颈和确保 5G 公网专用提供了切实可行的技术路径。

11.3　AI 对 5G 的需求

5G 网络规模化覆盖为 AI 提供了无处不在的承载空间，解决了 AI 技术落地缺乏载体和通道的巨大痛点，极大地促进了 AI 产业的发展和繁荣。基于 5G 网络，AI 得以实现与云端大数据的连通，解决了各种新设备、新体验中面临的低速率、高时延等问题；5G 网络互连的诸多设备提供海量的实时数据，也为 AI 计算处理以及分析提供数据支持。

与此同时，AI 时代各行业领域的应用对网络提出了多样化的需求，例如，智慧城市需要海量的连接来实现全面感知，智慧交通需要低时延、高可靠来提升车辆通行效率和安全性，智慧家庭需要超大带宽来提供个性化服务。每个具体的 AI 应用场景都需要定制化的网络，并根据应用需求实时动态地进行调整，以满足快速变化的业务需求。5G 核心网能构建逻辑隔离的网络切片，实现网络功能和资源的按需部署，满足不同的业务需求。5G 网络建设不断提速，与云、边、端等基础设施协同，将有效促进万物互联和数据汇聚，大大降低 AI 使用门槛，全面推动 AI 深度融入经济社会发展。

11.4　5G 与 AI 的融合

5G 与 AI 优势互补，将成为推动数字经济增长的"双引擎"，带来整个社会生产方式的改变和生产力的提升。当前，5G 和 AI 的典型应用场景高度重合。例如，在数字制造方面，"可靠连接+专用智能"能够营造泛在的物联网环境，从而通过 AI 技术助力数字化生产线的形成。数字制造企业依托专业制造应用与可拓展的开发平台，在柔性自动化技术的支持下实现人机协作，从而达到智能制造和深化融合应用模式的目的。在数字生活方面，"高速连接+感官智能"将催生人机交互新应用，视觉、听觉、触觉智能会在个人穿戴、家居设备中快速渗透，展现丰富多彩的智慧生活。在数字治理方面，"广域连接+通用智能"将促进教育、医疗、交通等各领域线上互通，加速数据要素的充分流通和高效运用，支撑 AI 深度学习，推动社会治理向协同化、精准化、高效化的方向转变。未来，5G 与 AI 的深度融合，将引爆全新的应用场景和商业模式，带来更广阔的增长空间。

参考文献

[1] 中国信息通信研究院. 5G 经济社会影响白皮书[R]. 2017.

[2] 中国信息通信研究院. 人工智能白皮书(2022 年)[R]. 2022.

[3] 石李妍, 叶绿, 唐川. 我国 5G 与人工智能融合发展研究态势分析——基于文献计量与知识图谱[J]. 世界科技研究与发展, 2021, 43(6): 732-749.

[4] 文华炯. 5G 通信技术与人工智能的融合与发展趋势[J]. 科技创新与应用, 2020(7): 158-159.

第 12 章　5G+AI 融合，赋能行业智能化

5G 本体技术优化及设备逐渐成熟，为 5G 与行业融合提供了基础。随着关联技术的逐步成熟，5G+X 将逐步改变行业原有系统及装备，原有系统和装备的变革又将反向推动 5G 本体技术和产业的持续优化演进，构建成熟的 5G+X 技术产业体系，形成赋能行业的规模化复制通用能力，赋能行业数字化转型，5G 技术融合发展路径如图 12-1 所示。

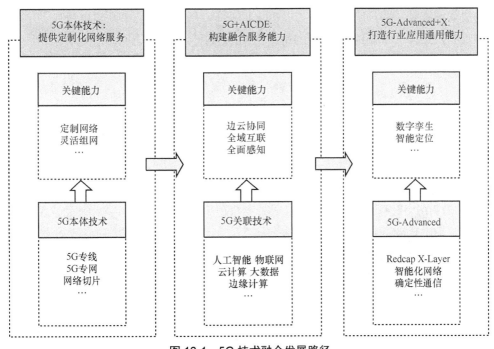

图 12-1　5G 技术融合发展路径

12.1　5G 本体技术优化：增强网络内生能力

5G 本体技术是指基于 3GPP 等技术标准的技术体系，主要包括 5G 专线、5G 专网、网络切片等。5G 本体技术的演进，推进了 5G 网络与行业现有信息化系统叠加式融合，从而

形成 5G 行业融合网络设备及通用型终端产品供给能力,增强了新型行业业务的承载能力。同时,也带动 5G 行业融合通用模组/终端、定制化用户面功能(User Plane Function,UPF)、轻量化核心网、防爆基站等 5G 技术产品升级,从而推动面向垂直行业的超高清视频监控、生产周边信息采集、质量监测等新型 5G 应用解决方案或网络替代型应用解决方案形成规模复制能力。

12.1.1 5G 专网:定制网络

相对于传统网络"统一接入、单一效能"的运营模式,5G 依托网元虚拟化、架构开放化和编排智能化的技术保障能够通过资源和能力定制化,提供综合型、具备差异化能力和服务质量保障、灵活便捷的专属网络,满足垂直行业用户对智能网络连接的需求。这类面向行业用户提供差异化、可部分自主运营的 5G 网络服务模式,称为 5G 专网。5G 专网为行业客户提供定制化的网络及服务,具有以下优势。

一是大幅提升网络性能。5G 专网基于全新的服务化架构,将网络功能解耦为服务化组件,组件之间使用轻量级开放接口通信,从而充分满足行业客户按需构建、动态部署弹缩和高可靠性要求,5G 专网支持部分核心网网元下沉至地市、园区甚至现场部署,实现业务需求和网络资源的灵活匹配,满足客户的快速定制和部署需求;5G 专网可以根据各行业企业的业务类型(如数据采集、高清视频、AR/VR 等)、业务分布、业务传输需求等优化 5G 网络;5G 专网支持低、中、高频段,通过低频段和中频段来实现良好的覆盖,以及实现更高精度的室内定位与低时延等,能够保障行业业务稳定、可靠地传输。

二是增强网络安全性。数据安全是行业引入 5G 的前提,5G 行业虚拟专网可根据行业用户的安全需求将终端、网络、应用等多层次安全保障技术进行整合,在 5G 网络完备的安全基础之上,给企业提供定制化的安全保障,同时由于 5G 行业虚拟专网基于运营商公网改进而来,可完全借鉴电信级大规模通信网络安全运营经验,让行业/企业获得来自运营商的电信级安全保障服务。另外,虚拟局域网(Virtual Local Area Network,VLAN)可以实现多个逻辑隔离的专属管道,实现专网用户与公共用户的业务隔离,互不影响,保障用户业务安全;对于安全性更高的保密业务,可以采用灵活以太网(FlexEthernet,FlexE)技术,实现承载不同客户业务的网络切片之间的物理隔离。

三是让建网成本可控。随着各行各业向数字化运营转型,传统行业面向视频监控、数据采集、智能管理等多种需求,形成了多张不同制式、物理隔离的网络,不仅使网络建设成本和运营运维成本居高不下,而且不同数据难以实现互联互通。5G 专网可以实现管理和生产"一张网",消除信息"孤岛"。最后,在 5G 网络建设方面,5G 专网根据企业自身需求,提供灵活的定制化产品,包括混合、虚拟、独享的专网建设模式,实现网络建设的低成本化。

12.1.2　5G 网络切片：灵活组网

5G 核心网演进为支持分布式云化和服务化的架构后，网络切片作为一种可灵活按需组网的技术，成为 5G 网络最具特色的创新能力之一。网络切片是基于统一平台提供的定制、隔离、质量可保证的端到端逻辑专用网络，一个网络切片实例包括接入、核心、传输、承载等完整的网络功能及资源，能够将接入网资源、传输承载资源、核心网资源、业务平台资源、终端设备以及网管系统进行有机组合，从而为不同应用场景或者业务类型提供逻辑上相互隔离且独立的虚拟网络。

一是满足 toB 市场的多样化需求。基于行业用户连接和数据处理的需求，5G 网络切片提供特定带宽、时延、速率、可靠性和安全隔离的网络。同时，以网络切片为载体，运营商可以灵活、敏捷、按需地提供包括网络能力、运营服务和各种应用的行业一站式服务。

二是更好地实现网络编排与管理。5G 通过网络切片编排与管理功能将垂直行业用户的具体业务需求映射为对接入网、核心网、传输网中相关网元的功能、性能、服务范围等具体指标的服务等级协定（Service Level Agreement，SLA）要求，并生成相应的端到端切片模板，垂直行业用户再根据切片模板进行实例化并上线运行。在切片实例的运行过程中，行业用户可对切片进行监控、运维以及动态调整。在业务的生命周期结束后，行业用户还可以对切片进行下线以释放网络资源。5G 通过上述网络切片管理机制以确保用户的业务需求得到满足。

当前，5G 切片标准和网络设备能力已具备初步商用的基础，然而目前的应用普遍是试点性质，其采用资源专属配置的实现方案，商业模式上仍然没有摆脱传统的租赁模式，成本过高，离规模化推广还有一定的差距。

12.2　5G+AICDE：构建融合服务能力

5GtoB 应用场景的实现不仅依赖于 5G 网络的优势，还依赖于大数据、云计算和物联网等新兴技术的结合。其中，云计算和边缘计算就像信息产业的心脏，提供网络计算、存储、应用软件和相关服务；大数据就像血液，通过内存计算、数据挖掘、商业智能、数据治理等相关技术，使养分流通；人工智能就是大脑，负责处理信息，如计算机视觉、语音识别、自然语言处理、深度学习等；物联网构成了手、脚、口等运动器官以及眼耳鼻舌等感觉器官；5G 就像神经传输的网络，通过相关的传感器、网络、神经系统能够感知所有信息的传递和传导，5G 与相关技术关系如图 12-2 所示。

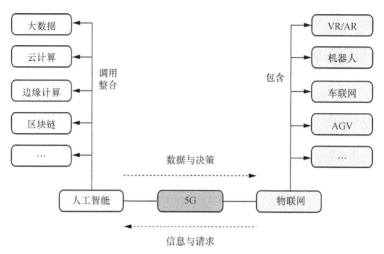

图 12-2　5G 与相关技术关系

　　5G+人工智能（AI）、物联网（IoT）、云计算（Cloud Computing）、大数据（Big Data）、边缘计算（Edge Computing）（简称 5G+AICDE），将促进 5G 网络与行业现有的信息化系统进行优化式融合，推动优化型行业应用解决方案或单系统变革性应用解决方案逐步成熟。

12.2.1　5G+AI：全面感知

　　在 5G 移动通信系统中引入 AI 技术，不仅能够提升和增强传统无线业务和网络服务能力，还能进一步拓展 5G 应用新场景。在传统无线业务应用场景中，AI 技术对提升 5G 网络的运维能力和用户体验起关键作用。在日常网络运维方面，基于 AI 领域的知识问答和内容推荐技术，能够极大地提升用户需求的响应效率。在网络部署和选址规划方面，通过 AI 技术进行数据分析处理，可部分代替传统人工现场测量，提升布网效率，极大降低 5G 网络的建设和运维成本。

　　目前，5G 移动通信系统中 AI 技术的发展与应用已渐入佳境，主要运营商已着手利用 AI 技术来改善业务质量，提供用户定制化服务。在无线业务应用和用户体验方面，由于 AI 技术在计算机视觉和自然语言处理等领域快速发展，极大地改善了用户感官体验，丰富了用户深层次的精神世界需求。在 5G 新型应用场景拓展方面，AI 技术推动了 5G 在垂直行业领域的应用，特别是在促进石油化工、建筑、矿场等安全生产方面，通过部署 5G 专网，能够支持一线生产现场的传感器、摄像机等监控设备的异构海量连接，极大增强对生产状态的布控能力。同时，在网络边缘侧通过 AI 技术对大规模多模态数据进行监控分析，实现智能精准化异常故障预警和风险管理，进而显著降低生产故障和安全事故率，大幅提升生产效率。

12.2.2　5G+物联网：全域互联

物联网需要信息采集、物体识别，信息传送通信以及各类网络应用，跨越了传统网络的界限，以物质互连的方式来实现信息交换和交互，网络的异构性已成为其最主要特征。基于 5G 移动通信技术的网络完全适应了物联网的特点，包括异构性、大容量、高速率、动态分布式网络，都可以通过 5G 技术的无线接入、大规模天线、移动性管理、大量频谱来实现。因为 5G 设施灵活，不需要用户单独建网，基于移动通信网络就可以实现，既简单便利，又可以实现不同智能技术水平设备的互联互通。

当前，在 5G 通信的背景下，物联网行业逐渐从传统模式转换为互联网融合模式，且随着 5G 技术的高效发展与各个行业之间都产生了紧密的联系。

一是实现范围更大更广的远程操控和监督。结合原有物联网的实际发展状态来看，物联网受限制和挑战的主要因素在于通信速率较低。5G 通信技术能够有效降低原有的信息传输时延，全面提升数据存储的容量，增强数据传输的速率，从而确保物联网的应用层进行全方位的技术革新。例如，将 5G 通信传感器设置在智能家居家电中，这能有效延长信息传输的距离，再通过远程通信模块打造智能操控系统，可以直接应用到当前智能机器人、无人机系统中，扩大了远程操控和监督的范围。此外，5G 技术的一个显著优势是可以将原有的控制信号更改为具体的信息，有效地避免数据传送不及时以及数据遗失等问题的出现，对于各个环节的信息追溯以及存储也有一定的促进作用，从而进一步促进物联网发展。

二是拓展行业物联场景及应用服务。作为当前社会多个领域落实技术创新的主要技术体系，5G 已成为物联网应用领域拓展的主要平台。例如，通信领域的物联网建设能够依靠 5G 技术进行创新，这是当前融合的最基础的平台。在物联网中应用 5G 通信技术，能有效提升网络信息传输的速率，并接入大量的物联网设备，实现一对多的联动性信息传递和处理。另外，5G 技术与各项生产体系构建关联的过程，也能够为物联网的发展营造新的平台，如电力物联网、工业生产物联体系、教育共享及合作平台。在工业物联网中，5G 物联网模块可以和 5G 商用终端（Customer Premise Equipment，CPE），或者 5G 无线路由器结合，并把后者转成 Wi-Fi 或者转成工业以太网，连接可编程逻辑控制器（Programmable Logic Controller，PLC），再控制生产装备。在车联网中，5G 的低时延、高带宽可以实现车到车、车到人、车到路边、车到停车场、车到红绿灯的通信，同时可靠性达到 99.999%。此外，围绕 5G+边缘云平台可以聚合物联网产品与应用，从而解决传统物联网产品类型多难以规模化的问题。

三是为移动物联网应用奠定基础。在 5G 技术的带动下，物联网的技术体系也逐步趋向于简单化，摆脱了原有冗余技术的影响，物联网的整体架构更加简单，但是不会打破原有的布局，是建立在原有架构的基础上进行的智能化以及简约化改造。尤其是在 5G 技术全面普及之后，大量的移动化智能设备产生了，这些智能设备将作为物联网的节点来实现区域范围的调控。而设备的存储量逐步扩大、尺寸逐步减小，进一步提升了物联网本身的便捷性，这为移动物联网的出现提供了可能，同时也为各行各业发展体系的创新提供了更多的发展空间。

12.2.3 5G+云计算：云网融合

5G 将推动云计算产业进一步洗牌和分工，甚至将其划分为多个层次，分工更加明确，不仅是目前的基础设施即服务（Infrastructure as a Service，IaaS）和平台即服务（Platform as a Service，PaaS）分工。云融合是当前的趋势，涵盖了网络的抽象化和虚拟化技术，网络逐渐变得模糊，云计算服务的对象也越来越广泛。同时，云计算的高速成长也给 5G 发展带来了数据量的提升，进而扩大了 IaaS 需求。

5G+云计算将促进云网融合的有效协同。随着以"云间互联""上云专线"为代表的云网融合产品的成熟，云网融合逐渐将由简单互联向"云+网+业务"的方向发展。云与企业应用相融合，使得云网融合产品带有更明显的行业属性，并可提供更好的用户体验；云与ICT 服务融合，使得云网融合产品与基础性服务能力结合得更紧密，从而更加契合行业特性和用户的弹性需求。"5G+云网融合"的结合将更好地支持垂直行业发展，向移云融合、物云融合演进，加速行业应用，促进万物互联。此外，5G 还将推动全栈云的快速发展。全栈云具有"全栈业务承载能力"，将提供极简接入、智能化、安全可信等全栈全场景服务，既能实现核心数据库轻松上云，又能实现企业多类型数据的汇聚和融合创新，让不同类型的应用、负载都可以在同一个全栈云平台上顺畅运行。

12.2.4 5G+大数据：智能决策

5G 可以将单位面积的连接设备（如联网汽车、便携设备、无人机、机器人等）数量增加 100 倍，这推动主流物联网的感知层获取海量的数据。在互联网内容方面，5G 将催生车联网、智能制造、智慧能源、无线医疗、无线家庭娱乐和无人机等新应用，创建了新的巨大数据维度，如 AR 等非结构化数据，其中 VR 和视频的比例也有所提高。5G 与大数据技术融合，能最大限度地提高 5G 网络应用水平，辅助 5G 各项功能模块更好地开展和落实工作，维持大数据应用控制的实时性和可控性。

一是提升数据决策能力。5G 网络在运行过程中会产生大量数据，利用大数据技术在完成分类的同时寻找数据的关联性，能更好地满足 5G 的应用要求。在利用大数据技术剖析数据的同时，还能基于 5G 网络对不同限定条件下的数据予以筛查，实时评估数据的价值，完善数据剖析结果，从而更好地提高日常监督管理工作水平。

二是打造多元化信息共享模式。大数据技术与 5G 融合，能够更好地调控数据结构，发挥 5G 通信技术的优势作用，在降低时延的同时，保证数据汇总处理工作更加可控。同时，利用云计算能完成资源管理，确保服务需求和使用需求得以满足，在融合 5G 技术的基础上，借助网络切片技术模式打造更加个性化的服务管理体系，深度挖掘数据的关联性，以保证数据应用的服务质量符合预期。

三是助推人工智能深度发展。人工智能的基础是深度学习，必须依托大数据技术进行广泛的数据挖掘与分析，利用海量的数据样本进行训练。现有数据传输网络的数据传输，无论是数据量级还是数据维度，都不足以支撑人工智能进行深度发展。5G 网络投入运营后，将有效弥补这一短板。5G 网络不仅是通信网络，也是物联网络。数据信息的快速获取能力与数据范围的不断拓展为人工智能的发展提供了更加丰富的训练样本。

12.2.5　5G+MEC：边云协同

移动边缘计算（Mobile Edge Computing，MEC）基于云计算技术的核心和边缘计算的能力，能够将云计算的能力延伸到靠近终端的网络边缘侧。两者之间相辅相成，相互配合。为了简化中心云和边缘云之间的协同管控，需要在边缘云和中心云之间采用统一架构、统一接口和统一管理，边云协同涉及 IaaS、PaaS 和软件即服务（SaaS）的全面协同。

作为 5G 应用驱动下计算模式演进的必然趋势，边缘计算能够为 5G 时代的大带宽连接、海量连接、安全连接、数据敏捷处理、融合计算、智能计算等产业互联新需求提供基础支撑。同时，边缘计算与中心云和物联网终端形成"云边端三体协同"的端到端的技术架构，通过将网络转发、存储、计算和智能化数据分析等工作放到边缘处理，从而降低响应时延、减轻云端压力、降低带宽成本，并提供全网调度、算力并发等云服务。目前，5G 边缘计算技术已经成为运营商网络和边缘能力开放的重要通道和载体，是未来运营商业务模式创新的重要催化剂。

参考文献

[1]　中国联通研究院. 5G 切片商业创新发展愿景白皮书[R]. 2022.

[2]　张雪贝, 黄倩, 杨文聪, 等. 5G 端到端网络切片进展与挑战分析[J]. 移动通信, 2022, 46(2): 43-48.

[3]　刘海鹏, 周淑秋. 5G 行业专网应用研究进展[J]. 科技导报, 2022, 40(23): 97-105.

[4]　朱岩. 试论大数据技术与 5G 通信技术融合的应用研究[J]. 数字通信世界, 2021(8): 44-45, 54.

[5]　汤亚君, 王龙飞, 黄海岸. 大数据技术与 5G 通信技术融合的应用分析[J]. 通信电源技术, 2023, 40(4): 131-133.

[6]　中国信息通信研究院. 物联网白皮书(2020 年)[R]. 2020.

第13章 重点行业实践

我国已建成全球规模领先、技术领先的 5G 网络，迎来 5G 规模化应用的关键期。5G 规模化应用以需求为导向，围绕服务、技术、方案 3 方面展开；在落地过程中，主要呈现"点—线—面"渐进式发展，从行业生产外围环节向生产控制核心环节渗透，赋能千行万业数字化转型，5G+规模化应用三角模型如图 13-1 所示。

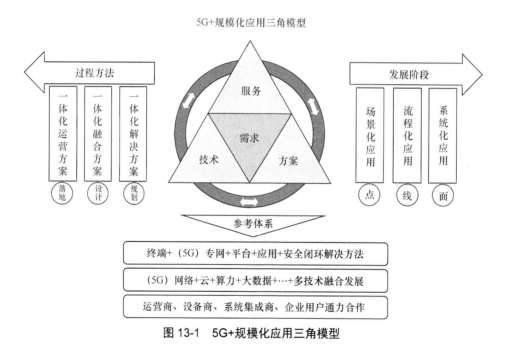

图 13-1　5G+规模化应用三角模型

13.1　政务

13.1.1　行业数智化发展概况

中国共产党第十八次全国代表大会以来，我国政府以行政管理体制改革、优化营商环境、"放管服改革"等为切入口，通过技术融合、业务融合、数据融合，以流程再造和数据共享为途径，不断推动政务服务数字化、智能化发展。2021 年，《"十四五"国家信息化规划》发布，提出到 2025 年，数字中国建设取得决定性进展，数字政府建设水平全面提升，数字民生保障能力显著增强。随后，《"十四五"推进国家政务信息化规划》《"十四五"公共服务规划》《国务院关于加强数字政府建设的指导意见》等文件进一步明确了数字政府的具体任务及主要目标，要求全面推进政府履职和政务运行数字化转型，统筹推进各行业各领域政务应用系统集约建设、互联互通、协同联动，创新行政管理和服务方式，提升政府履职效能。2023 年 2 月，中共中央、国务院印发了《数字中国建设整体布局规划》，将"政务数字化智能化水平明显提升"作为到 2025 年数字中国建设的目标之一，明确提出"发展高效协同的数字政务"，为进一步推进数字政府建设指明了方向。

自 2019 年全国一体化在线政务服务平台正式上线运行以来，"一网通办、异地可办"从省域走向全国。目前，国家政务服务平台作为总枢纽，已联通 31 个省（自治区、直辖市）及新疆生产建设兵团和 46 个国务院部门政务服务平台，打造了覆盖全国的政务服务"一张网"。随着手机等移动端的推广和普及，地方政府也纷纷通过移动 App 加快建设具有本地特色的移动端政务服务平台，"随申办""浙里办""粤省事"等各有特色的地方政务服务平台移动端不断创新，实现服务事项"掌上办"。全国各地纷纷上线政务服务 App，并以自助服务终端、无线应用协议（WAP）网页、微信公众号、微信/支付宝小程序等作为补充，办事体验逐渐优化，网办率与网办深度显著提升。

同时，政务领域垂直应用场景建设成果突出，数据共享与电子凭证应用走深向实。社会保障服务更加利民，截至 2022 年 12 月，电子社保卡已累计开通 86 项全国服务和 1000 余项属地服务，群众可通过 480 多个 App、小程序等渠道获取电子社保卡，极大提升民众参保、用保便利程度。预算管理一体化建设纵深推进，目前预算管理一体化系统已覆盖 3700 多个财政部门和 60 多万家预算单位，保证了各级预算管理规范高效。财政电子票据管理改革积极推进，超过 50 万家行政事业单位开具财政电子票据，累计开票量超过 110 亿份。此外，全国统一医疗保障信息化平台基本建成，医保电子凭证全面上线，数字人大建设多渠道有序开展，提供了更便捷高效的惠民服务。

13.1.2　行业数智化发展趋势

1. 数字化驱动政府结构优化

随着 5G、人工智能、区块链、物联网、大数据、云计算等新技术不断被用于数字政府建设，政府在优化政府结构方面也开展了一系列探索，一方面优化横向的部门设置，对机构进行调整；另一方面减少纵向行政层级，实现扁平化治理。例如，浙江温州龙港市作为经国务院批准的镇改市试点，于 2019 年撤镇设市，全市党政机构共设置 15 个，直接管理92 个社区，减少了街镇这一中间管理层。两年后，全市人口由 38 万增长到 46 万，主要经济指标均处于温州各县市前三位。数字治理驱动政府业务流程优化，推动地方纵向职责体系由"同责"向"异责"转变。未来，数字化将在优化政府结构方面发挥巨大作用，推动优化职责配置、加速组织机构改革。

2. 公共数据资源趋向价值释放

数据资源是政务数字化发展的核心要素，我国具备海量的数据资源和丰富的应用场景优势，国家层面结合"互联网+政务服务""东数西算"工程等建设，加快构建"数据+算力+算法+场景"的公共数据应用生态。各地积极开展公共数据资源开发利用试点示范，推动公共数据价值产品化、服务化。数据应用场景不断衍生拓展，以城市大脑为核心的多平台矩阵中，通过平台使能，推进公共数据资源在社会治理领域的场景创新。在民生服务领域，数据也驱动民生服务内容由普适化转向定制化、个性化、多样化。在产业经济领域，数据应用场景更加注重提质、增效、降本，普惠金融、信用医疗、政策通达兑现等应用场景将逐渐推广落地。

3. 公共服务日益泛在便捷且智能普惠

随着全国政务服务"一张网"覆盖程度及服务水平显著提升，"更有广度、更有速度、更有温度"的政务服务体系建成。服务范围更加开放无界，"最多跑一次""不见面审批""一件事一次办""跨省通办"等创新实践不断涌现。服务模式智能化趋势初显，主动响应式服务、个性化推送式服务、自助式服务等应用在各地区探索落地。

特别是人工智能大模型的应用，能够发挥在数字文本理解、数字内涵衍生、数字代码编写、数字内容创作、数字行为模仿等方面的强大功能，有助于实现包含智能决策、智能管理、智能服务和智能监管在内的智慧政务一体化发展。

13.1.3 行业数智化整体需求

1. 精细化管理的需求

政府服务效能不足的根本原因在于碎片化，当前我国城市基础的日常化运行管理与应急化管理，各自独立、自成系统，造成了办事材料多、环节繁、多次跑等问题。同时，传统线性的、层级制的、单向的信息传递方式，也制约了政府在应对一些自然灾害、事故灾难、公共卫生和社会安全等突发事件时的响应与决策能力。因此，需要运用数字技术优化办事流程，建立健全协同处置、多方监督的全链条处理机制。一方面，可以有效解决机关内部的"拖沓扯皮"现象；另一方面，也能突破社会沟通的时空壁垒，凝聚多元治理主体实现协同式社会治理，提升社会综合治理水平。

2. 普惠化服务的需求

目前，政府一直在积极推进基本公共服务均等化，加快缩小区域、城乡之间的差距。公众也对养老、医疗、金融等领域的公共服务提出更多诉求，期望获得更精准化和个性化的服务。普惠化服务是社会保障能力的核心体现，需要依托数字技术实现多领域的智慧政务应用。例如，围绕老年人、残疾人等特殊群体的需求，完善线上线下服务渠道，推进信息无障碍建设，提供退休养老、健康医疗、身份户籍、交通出行等领域的智慧服务。或基于 5G 网络环境，叠加大数据、人工智能等技术派生出智慧网点、远程虚拟交易、智能风控、普惠金融等应用场景。此外，还可以按照数字化创新趋势和社会公众习惯，拓展移动服务、智能服务和个性服务，不断扩大在线服务的覆盖范围。

3．数据要素价值化的需求

政府部门掌握的公共数据占社会数据总量的 80% 以上，但这些数据并未与社会数据融合，其应有的价值没有得到很好地挖掘和释放。借助数字技术能够盘活政务云上的海量数据，发挥政府在数据要素收益分配中的引导调节作用，为社会治理和经济发展赋能。例如，推动公共数据在医疗、金融等领域的应用，有助于解决群众就医难、企业贷款难等问题；利用区块链、安全沙箱等技术可以建立政务数据定向开放平台，打造数据的安全可信环境，满足社会对高价值数据的需求，激活政务数据要素的潜能。

13.1.4　5G+AI 技术融合分析

1．5G+大数据+AIoT

5G 可以满足城市海量智能设备的并发接入需求，推动多场景 AI 应用落地，真正实现万物智联。5G 与人工智能、物联网等技术结合，从需求场景出发，覆盖城市所有末端感知节点，如摄像机、智能灯杆、环境监测设备等，助力全域数据采集，满足感知设备对网络能力的更高要求。通过建立起互联互通、实时共享的城市"神经末梢"，带来海量数据、赋能精准化监管、提升数字化精细化治理能力。

案例：5G 赋能深圳先行示范智能城市治理标杆

中国电信携手深圳市南山区推进"5G 赋能先行示范智能城市治理标杆"项目，基于 5G+建筑信息模型（BIM）+城市信息模型（CIM）打造"圳智慧"数字孪生城市平台。通过统一数据标准、统一数据网络和统一数据中心，逐步解决数据"汇而不通、通而不活"的难题，通过建设物联感知平台，初步实现数联和物联，使得智能城市的多场景应用可以快速开发，满足各类不同需求。在南山区，全区逾万名公务人员、执法人员、网格员通过 5G 专网、5G 手机实现高效协同。5G 融合云边 AI，快速解决电动自行车违章等城市治理顽疾，5G 智慧灯杆+云广播、5G 智能机器人指引服务、5G 消息推送服务等融合应用已经服务 500 余万人次。

2．5G+区块链

5G 专网特性高度契合了智慧政务发展中不断增长的数据连接需求，其安全和签约管理服务框架还能满足政务行业安全性方面的要求。同时，区块链技术凭借安全可靠的技术特点，能够有效解决政务数据采集传输、共享交换、融合处理过程中的隐私、信任等问题。通过 5G+区块链网络完成结构化数据的共享，建立非人为控制的信任系统，能够开展数据确权、安全加密、多方安全计算，打通各个政府部门之间的"数据孤岛"，为不同政府部门、同一部门上下级之间的数据互联互通提供安全可信环境，实现政务信息及数据的交叉共享、政务数据全流程存证和全生命周期管理，提升政府部门城市管理与公共服务效率。

案例："5G 随 e 签"赋能数字政府建设

"5G 随 e 签"结合中国移动自主掌控的数字证书（由中国电子认证中心（China Electronic Certification Authority）颁发）、区块链、人工智能等技术，并对接国家授时中心时间戳服务中心、公安部数据库、北京天平链等，为政府、企业、个人提供了安全可靠的数字签名、签章服务。该产品已应用于数字政府、金融支付、物流运输、人力资源、房地产等行业的多元化场景之中，帮助政府、企业、个人实现随时随地线上可签、签字无纸化、流程透明化，显著提升工作效率，降低运营成本，实现了可信、安全、便捷、智能的用户使用体验。"5G 随 e 签"不受场景限制，适用于千行万业，支撑数智化签约场景，成功为政府、企业及个人提供"少跑快办"的 7×24h 不打烊的高质量体验。

3．5G+机器人+AIGC

5G 机器人一直广泛用于城市巡检、客服、办公等领域，为政务服务节省了大量人力成本。以 5G 巡检机器人为例，在城市巡查过程中，通过 AI 等技术，能够自动识别判定占道经营、店外经营等违规行为，大幅提升城市管理问题发现和处置的效能。随着 AIGC 的发展，依托 5G 网络连接，能够将基于 5G 与视频终端的前后台连线咨询与远程办理模式，转变为 AIGC 驱动的"5G+数字人"政务服务新模式，形成以大模型驱动、极速化交付、立体化互动为主要特征的用户体验。

案例：5G 政务机器人助力政务中心数字化转型

5G 政务机器人在河南省鹤壁市行政服务中心正式上岗，鹤壁移动的工作人员前期全面摸查了行政服务中心各部门的业务信息，将咨询度较高的问题、受理清单、图表指南等导入数据库，并通过最先进的 5G 交互技术，完成机器人的指令设置，有效满足了查询办事的群众需求，减轻了引导人员的工作压力，提高了行政服务水平。政务机器人"小蓝人儿"能为市民提供全天候的智能化咨询服务，具备语言沟通、个性化回答、语音引导、精准定位、政务解答等功能。特别是在 5G 技术的支撑下可做到毫秒级响应，精准化解读当前国家政策，刷身份证即可自助获取相关信息和办事进度查询，深受群众的欢迎和好评。

13.1.5　政务数智化典型方案

1．电信数智"翼维智能运维平台"

中电信数智科技有限公司以电信数智"翼维智能运维平台"为基础，联合承建深圳市光明区政务网络智能运维管控系统，搭建安全可控的全栈式智能运维解决方案。该系统在应用层提供多业务场景的应用智能监控体系，实现政府安全及运维的闭环管理，包括配置管理、自动化运维、资产管理、监控预警、流量分析、安全态势感知、光纤管理、工单管理等主要功能，在支持政务系统智能化运维方面成效显著，切实帮助政府部门提升运维效率，改善政务系统的运行质量，建设安全运维保障体系智慧大脑。

该系统实现了"监、管、控、营、服"五大核心能力，灵活地对终端的在线状态进行统一监控与数据融合智能诊断管理，极大地提升运维效率与终端管理水平，为光明区政数局带来集中化、可视化、智能化、精细化的极简运维新体验。系统提供实时超强的可视性和集中监控管理，让深圳市光明区政数局能够根据业务系统的情况，预测系统增长的需要，实时检测网络故障，获得对整个网络基础架构的完全可见和性能控制，消除了网络中大量潜在的故障，从而降低网络故障发生的概率，保证关键业务系统畅通运行，实现高效规范化的信息系统管理与安全控制。

此外，为了进一步提升运维工作效率，系统打造了移动端运维 App，App 支持监控预警、资产管理、工单管理、进出机房打卡、运维数据搜索等功能，突破了 PC 端运维受地理位置及环境的限制，达到了随时随地掌控运维状态，随时随地提交服务请求、故障申报及流程审批处理的效果。

2．智慧白云数据应用方案

贵阳白云区基于"1+5+N"的总体架构，强力推动"智慧白云"建设。作为"智慧白云"的重要平台之一，"智慧白云"时空大数据平台基于 SuperMap 地理信息系统（Geographic Information System，GIS）基础软件，以"一图知全区"为近期目标，汇聚整合全区各部门的时空大数据信息资源，按照统一的坐标系统和数据标准，形成历史现状一体化、二维三维一体化、地上地下一体化和静态动态一体化的时空大数据资源池，为"智慧白云"的建设打造数字底盘；以"数字孪生"为远期目标，打造基于数字孪生的城市治理模式，推动城市治理体系和治理能力现代化转变，提升城市治理水平，智慧白云智慧调度中心如图 13-2所示。

"智慧白云"时空大数据平台采集了 2016—2022 年的时空基础数据，汇聚了全区各委办局专题数据资源，形成 300 余个专题图层的时空大数据资源池，对接了区物联网平台，完成全区 9600 余路视频监控设备、155 个门禁设备、15 个井盖监测设备、12 个环境监测设备等 2 万余条物联网数据，建成了历史现状一体化、二维三维一体化、地上地下一体化、静态动态一体化的时空大数据资源池。

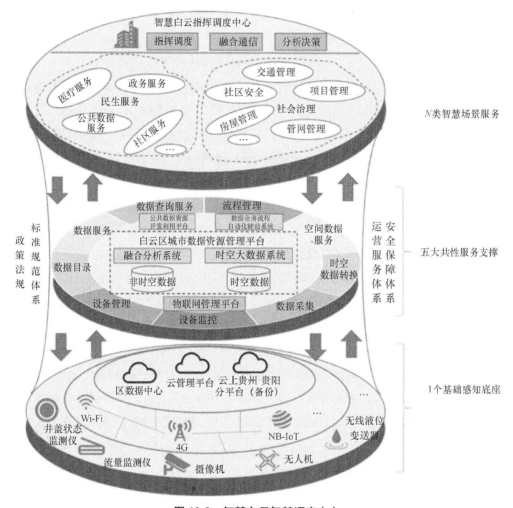

图 13-2　智慧白云智慧调度中心

以需求为导向，平台提供常用的系统功能进行汇集和分类，具体包括各业务系统需要的地图功能、统计分析功能，以及与空间数据相关的各类应用所需的叠加分析、缓冲分析、通达性分析、空间关系分析等基本空间分析服务。同时，还提供决策支持服务、智能选址分析、项目合规性分析、区域承载力分析、15min 生活圈、高低点视频联动分析等功能服务。

13.1.6　规模化复制与推广路径

第一阶段（2019—2021 年）：5G 发挥大带宽、广连接作用，对原有电子政务系统和服务中心进行升级，改进数据采集与存储模式。5G 政务专网和政务数字化服务平台开始建设落地，远程办公、智能运维等应用逐步推广，为公务人员和群众提供更便捷高效的政务服务。

第二阶段（2022—2024 年）：5G 与人工智能、大数据、区块链等技术融合，数据赋能政务发展的趋势越发明显。智慧城市大脑建设越发成熟，协同政务出现新突破。基于数字技术的新型公共服务涌现，5G 普惠金融、AI 助老、虚拟业务员等应用深入社会生活。

第三阶段（2025 年以后）：基于全域、全量、全时的视图数据，数字孪生城市建设趋于成熟，将整合互联感知、数字运维、低碳节能等多项功能，促进政务服务方式转型，实现精细化治理与精准化服务。同时，随着 AIGC 深入发展，数字人、元宇宙等新应用普遍落地，将驱动政务服务模式创新。

13.2 应急

13.2.1 行业数智化发展概况

应急管理作为国家治理体系和治理能力的重要组成部分，承担着防范化解重大安全风险、及时应对处置各类灾害事故的重要职责，是保障人民群众生命财产安全和维护社会稳定的重要基础工程。2021 年 12 月，中央网络安全和信息化委员会发布了《"十四五"国家信息化规划》，明确提出打造"平战结合"的应急信息化体系，建设应急管理现代化能力提升工程，以信息化推动应急管理现代化，有利于提升多部门协同的监测预警能力、监管执法能力、辅助指挥决策能力、救援实战能力和社会动员能力。随后，《"十四五"国家应急体系规划》发布，要求到 2025 年，应急管理体系和能力现代化建设取得重大进展，形成统一指挥、专常兼备、反应灵敏、上下联动的中国特色应急管理体制；到 2035 年，全面实现依法应急、科学应急、智慧应急，形成共建共治共享的应急管理新格局。

应急行业数字化转型主要围绕自然灾害、生产安全、城市安全、疫情防控等领域应急场景治理对象。应急智能化架构如图 13-3 所示，该架构贯通了预防与应急准备、监测与预警、应急处置与救援、恢复与重建等应急管理全环节，融合了智能感知、数字应急大脑等能力，并与应急管理业务联动，驱动应急管理在业务、流程、决策等方面的创新，赋能应急管理不断向数字化、协同化和智能化方向发展，助力解决传统应急管理中的诸多问题。

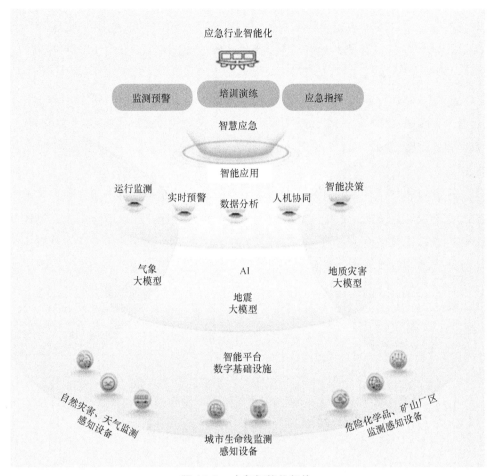

图 13-3　应急智能化架构

在政策指引与各部门推动下，我国应急管理行业在产品研发与应用创新等方面取得了较大的进步与发展，特别是 5G、人工智能等技术在灾害预警监测、应急通信、智慧消防、远程急救等领域发挥了重要的作用。例如，在灾害监测方面，5G+北斗卫星、5G+无人机、"智慧河长"等 5G 应用逐步落地开展，依靠各类信息化技术助力防灾防汛，实现从"人防"到"技防"的转变。在应急通信领域，云南省气象服务中心启动了 5G 增强短信技术在预警应急中应用的试点，将 5G 技术的增强短信形式应用到气象预警的信息发布工作中，进一步提升气象预警的信息发布能力，从而提高基层的防灾减灾能力和水平。在智慧消防方面，甘肃武威市打造了智慧消防"119 体系"，通过智慧防控、智慧作战、智慧执法、智慧管理等模块，为消防安全管理工作提供了上下协同的信息化支撑，实现了"传统消防"向"现代消防"的转变。在远程急救方面，浙江大学医学院附属第二医院打造了全国首个基于 5G 网络的智慧急救体系，整合了 5G 远程 B 超、5G ICU、VR 诊疗、远程视频互动、远程急救指挥平台等应用。目前，5G 城市医疗应急救援系统已经在多个省份的医院上线，重点应用于灾难医学救援。

13.2.2　行业数智化发展趋势

1. 社会共建高效协作应急网络

实践证明，通过智慧应急动员社会力量参与，推动企业、媒体、社会组织、公众共同构建共建共治共享的突发事件社会治理共同体，成为提升国家应急管理能力的重要一环。当前已经涌现多人协作在线文档助力精准救灾、搭建社会化急救开放平台等创新案例。未来，前沿技术的发展将实现智慧应急领域中的政府、企业、社会和公众等多元主体间更深度的链接，使科技"硬实力"与"公众智慧"融合，以助推安全生活。借助 5G、AI、云计算等新兴信息技术，社会力量可更好地整合到监测预警、监管执法、辅助指挥决策、救援实战和社会动员中。同时，通过各种智能化的互联网学习手段来开展全民智慧安全科普和应急宣教，可以更好地助力培育安全韧性文化，提升社会公众防灾减灾能力。

2. 智慧城市与韧性城市融合建设

高度复杂的城市系统带来日益凸显的安全问题，叠加城市应急管理基础薄弱、应急信息割裂等挑战，催生了对城市韧性建设的广泛关注。韧性城市建设作为城市智慧应急发展的载体，已经成为国家战略。当前已涌现了上海"一网统管"下的城市智慧应急，广州"穗智管""微应急"，合肥"智慧大脑"，嘉兴"浙里安全"等代表案例。未来，城市灾害防控的重点将逐步从"硬件建设"过渡到"综合科技手段在实际防灾减灾救灾场景中的应用"，需要以平急结合、软硬交互的思路，协调智慧城市建设与韧性城市建设，实现灾前规划、灾中应急、灾后重建的闭环管理，让城市防灾救灾更高效、更智能、更科学。

3. 基层应急治理"最后一公里"加快打通

统筹推进乡镇（街道）和城乡社区治理，是实现国家治理体系和治理能力现代化的基础工程。当前，基层治理与应急管理的融合程度不足，基层应急数字化治理程度较低。随着企业微信、微信小程序等数字连接平台对应急场景的探索的深化，有望打通应急管理的"最后一公里"。未来智慧应急解决方案将通过搭建智能化的基层应急管理平台，实现高效精准的基层风险点监测预警、应急决策和应急资源协调及响应处置，以数字化、智能化推动基层应急治理，将成为提升基层应急能力和水平的重要手段和发展方向。

13.2.3　行业数智化整体需求

1. 风险实时感知的需求

风险预防能力不足一直是应急管理实践的重大短板，突发事件往往具有紧迫性、不确定性以及破坏性等特点，传统知识难以精确解释的危机往往被视为无法预防的偶发事件。当前，应急管理基础依然薄弱，应急管理体制改革还处于深化过程中，其风险预防与减缓能力较弱。但数字技术的发展能够让模型分析能力不断得到提升，为风险应对提供新的思路。新型智能传感设备能够提供全新的信息采集能力，结合数字化手段在数据分析上的优势，针对各类数据资源进行自动汇聚、识别、关联、融合等操作，有效地开展实时监测和动态分析，将之应用于安全生产、食品药品、卫生健康、自然灾害等各领域，从而提升多灾种和灾害链综合监测、风险早期识别和预报预警能力。

2．智慧调度和救援的需求

由于我国地域广阔，发生紧急灾害后救援难度较大，且应急救援的时效性要求极高。以往对风险点和风险源以人为监测为核心，以传统通信为主要信息沟通手段，其准确性和实时性不够，导致应急信息反馈时滞期长，应急效果不佳。基于5G、云计算等深度嵌入的传感设备和边缘计算能力，以及数据的高效集成，能够有效打通风险点与横向部门、纵向层级的信息壁垒和障碍，并根据灾情的类型和规模及时、自动地生成人员装备调配方案及灾情处置方案，实现备战救助人员、储备物资及各类资源的及时派发和调配，提升应急救援实战能力。另外，针对一些情况未知和难以进入的灾害环境，引入人工智能和机器人技术，可以在危险环境中执行搜寻和救援任务，智能地分辨受困人群和不同物体的位置，并大大减少救援人员的伤亡风险。

3．预警信息传播的需求

近年来，气候异常性、突发性和不可预见性日益凸显，各种潜在的、动态的、难以预料的致灾因素日益增多。但因灾害预警机制存在薄弱环节，预警信息直达"最后一公里"的落地难等诸多因素叠加，灾害预警有效性大打折扣，进而出现未预警，或预警不及时、不到位等问题。5G定位具有高速移动和超低时延的定位能力，结合5G物联网和5G信息技术，能够对灾害监测的"人、系统和设备"进行精确定位、实时监测、动态计量、自动预警等操作，使探测端和服务端等各环节的信息无缝对接，提供个性精准的预警服务。

13.2.4　5G+AI 技术融合分析

1．5G+机器人/无人机

5G 的低时延特性可以进一步提高机器人的操控准确性，在危险情况下利用救援机器人深入，精确地执行工作，降低救援人员陷入危险的概率。其中，5G+无人机的使用愈发普遍，能够对应急现场信息进行采集，并由5G 网络将图像/视频/任务数据回传至指挥中心，实现指挥中心对应急现场的全局态势分析和指挥信息的远程下发。目前，5G+机器人技术已广泛应用于人员监控、安防巡检等方面，或进行无接触检疫工作，深入社会治理和安全巡查的"毛细血管"。随着5G 技术在切片、低时延方面的演进，以及机器人监管业务的逐步完善，5G+机器人在应急保障场景中的应用功能还将进一步丰富，满足不同应急现场中复杂多变的救援需求。

案例：5G 无人机助力森林防火减灾

由中国移动开发应用的 5G 网联无人机由"中移凌云"无人机管理平台、5G 网络、哈勃系列终端构成"云网端"的产品体系，针对传统森林防火工作中巡检效率低、监控盲区多、智能化程度差等难题，与森林防火指挥平台相结合，补齐传统地面巡查"短板"，增强应对森林火灾的综合治理能力。在火灾救援时，无人机可实现对森林防火巡查数据的实时采集、实时回传，将快速获取的火场高清影像，即时叠加至各地理信息应用终端上。在夜间扑救行动中，利用红外成像及时发现余火、暗火，防止火灾复燃。依托"中移凌云"平台，实现数据的实时分析和分发，可覆盖森林防火工作的监管巡查、监测预警、扑救避险各个环节，极大提高工作效率。

2. 5G+云计算+大数据

建立在 5G 基础上的大数据分析具有提高数据传播速率、减少数据的时延、降低成本等优势。一方面，实时摄像数据把移动设备、传感器平台上收集的数据汇集到平台上，利用云计算手段对大数据进行各维度的量化分析，并分类处理抓取重点或关键信息，能够为决策者提供科学的应急决策依据，减少决策反应时间和提高决策质量；另一方面，基于 5G 和大数据的云计算对数据的处理不仅停留在数据表面的分类工作，还能分析数据之间可能存在的联系，建立一套完整的预测模型，对公共危机事件客观事态进行预测，由被动接受变为主动预测。

案例：5G+大数据赋能实现煤矿灾害风险管控"精细化"

针对煤矿灾害海量数据的利用率极低、多灾害数据融合分析不足、单灾害数据挖掘分析不够、监测预警与灾害防治脱节严重等问题，中国煤科院研发出"煤矿灾害智能预警与综合防治系统"，该系统创造性地融合了矿井地质基础数据、生产治理数据和监测监控数据，建立了数据驱动的煤矿灾害智能预警指标库和预警模型库，根据矿井的生产、地质条件自动优化预警指标参数，实现了煤矿灾害的智能预测预警、风险动态评估、设备联动控制及监防信息互馈，为全国煤矿提供了灾害防治全过程管控的治灾新思路。

3. 5G+卫星互联网

在应急通信应用场景中，5G 与卫星互联网相结合，能够稳定地满足各个作业队伍与应急用户间最基本的语音与数据等业务需求。5G 更高的峰值速率对回传网络要求较高，卫星可以作为回传网络确保 5G 应急网络的畅通。随着高通量卫星迅速发展，高频段便携设备逐步普及，在提供大带宽的同时可大幅减小设备体积。以 5G 专网基础能力为底座，结合多卫星系统协同接入，能够解决带宽受限问题，将多链路带宽捆绑，增加优化带宽及服务时长，实现应急通信保障及 5G 消息、短消息高效精准投送等。

案例：5G 与卫星融合通信技术为泸县地震伤员完成手术

在"9·16"泸县地震发生后，四川省人民医院前方、后方，通过 5G 和卫星两个链路建立了四方应急视频通信，为一名 69 岁地震伤员完成了手术。基于 5G+卫星融合通信技术的紧急医学救援系统组网快捷、信号稳定，可顺利地实现灾区用户终端之间和灾区用户终端与非灾区用户的通信，较好地满足了灾害状态下院前救援的通信需求。其中，指挥部通过卫星链路，四川省人民医院抢救室、泸县人民医院手术室固定端、泸县人民医院手术室移动端通过 5G 网络，将前方灾害现场指挥部与四川省人民医院后方专家团队联通，成功完成手术。在该系统指导下，紧急医学救援秩序快速建立，共远程会诊救治伤员 80 余名，其中中度伤员 38 名，重伤转运 11 名，完成手术 10 台，伤员零死亡。

13.2.5 应急数智化典型方案

1. 5G+智慧消防解决方案

广东消防应用的 5G+智慧消防解决方案以 5G 现场救援虚拟专网为核心，构建多频立体网络解决方案，采用 5G 头盔和自组网实现高速通信，如图 13-4 所示。现场指挥部采用 700MHz 车载基站和极简 UPF 提供穿透覆盖、边缘运算，结合公网、卫星数据隧道技术，实现运算数据和指挥同步。后台指挥中心通过 2.6GHz 公网打通与前方、后方的数据通信通道。现场指挥和后台指挥的实时可靠通信能力能够有力保障消防实现救援现场透明化指挥，让救援更高效、更安全。

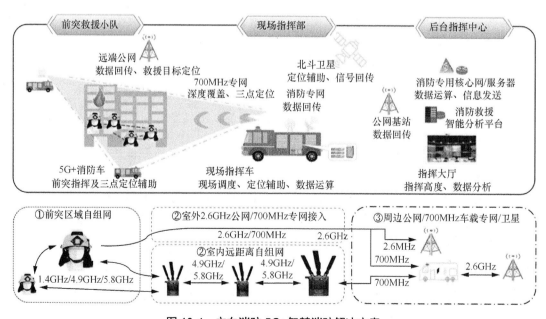

图 13-4 广东消防 5G+智慧消防解决方案

该方案的 5G 应用涵盖前线现场作战和后台指挥调度两个环节，通过 5G 网络实现突发情况的前台、后台快速连接部署。在 5G 设备融合方面，5G 与消防设备充分融合，利用 5G 大带宽数据通信能力将火场消防员携带的 10 余件设备、2kg 重的典型装备优化为 2kg 的 5G 双光头盔和 5G 自组网绿盒子，减轻消防员 90% 负担，同时提升装备数字化。在 5G 数据融合方面，打通数据烟囱，提升救援效率。该场景基于建筑计算机辅助设计（Computer Aided Design，CAD）图纸快速建模生成三维作战地图，结合大网后台 MR 指纹库数据和 5G 消息，系统能够对接消防智能接处警系统、消防智慧指挥调度系统、消防作战一张图。打通数据壁垒，关联定位信息，打造数字化可视救援战场体系，提升救援效率，实现两智一图、三屏联动。

2．中国联通"5G+数字化战场"一体化系统

中国联通数字科技有限公司聚焦灾害现场实战救援需求，利用 1 年时间研制"5G+数字化战场"软/硬件+服务一体化系统，围绕大震巨灾，断网、断路、断电"三断"情况下的现场信息获取能力不足、灾情态势发展趋势不明、辅助决策可视能力不强、指挥调度指令传达不畅等痛点，解决多队伍协同救援、统一指挥的难题。

"5G+数字化战场"软/硬件+服务一体化系统依托中国联通在 5G、卫星、北斗、物联感知、边缘计算、AI 等领域的领先技术，搭建"1 个平台+2 张网"系统，即 1 个数字化战场信息化平台、1 张应急战术互联网、1 张分布式救援现场物联感知网。该系统以智能化指挥调度系统为核心、应急战术互联网为骨干、应急物联感知网为神经，适用于重特大灾害救援的作战体系，旨在打造"单兵数字化、战场网络化、作战可视化"的新型应急救援模式，提升重特大灾害和复杂条件下应急通信保障、指挥决策、力量调度、协同救援效能。

融合 5G 公/专网、卫星、窄带、自组网等多种通信手段，中国联通旨在通过系统的建立做到"国家应急救援基地核心网+省骨干网+市战术子网+无人机空中骨干节点"互联互通。建立以无人机为中心的空中骨干节点、以应急车为中心的地面骨干节点、以救援队伍为中心的战术子网，形成"空天地"一体的通信链路，实现多类终端快速融合，及时获取现场情况，在实际救援中大幅提升建立救援通道的效率。

13.2.6　规模化复制与推广路径

一阶段（2019—2021 年）：5G 对原有无线系统或有线网络进行替换，对视频类、采集类的业务进行升级，在 5G 高清视频、环境监控、智慧救援等场景落地应用。

第二阶段（2022—2024 年）：随着 5G 技术与大数据、人工智能、卫星互联网等技术的融合发展，推动"空天地"一体化应急通信支撑体系逐渐形成，智慧应急平台相继建立，应用于各种突发情况，此阶段风险感知、智慧调度、远程急救等场景不断丰富。

第三阶段（2025 年以后）：数字技术深入改造应急管理系统，重塑应急业务流程，多系统、多业务的整体协作将会凸显，以安全生产、减灾防灾、城乡安全及应急救援为核心的建设数字应急管理大脑逐渐建成，将形成跨层级、跨地域、跨系统、跨部门的应急协同能力，实现智能监控、精准监管、智能决策等。

13.3　气象

13.3.1　行业数智化发展概况

气象预报经历了人工经验、信息化、数字化和智能化 4 个阶段，气象预报发展史如图 13-5 所示。从纯粹依靠生活经验判断，到后来传统天气图的诞生，天气预报开始变为应用科学，再到现在的数值天气预报和 AI 预报，预报准确率大幅提升。现代气象预报是气象台（站）运用现代科学技术（如卫星、雷达等）收集全国甚至全世界的气象资料，根据天气演变规律，进行综合分析、科学判断后，提前发出的关于未来一定时期内的天气变化和趋势的报告。准确及时的气象预报在经济建设、国防建设趋利避害、保障人民生命财产安全等方面有极大的社会和经济效益。

图 13-5　气象预报发展史

国务院于 2022 年出台《气象高质量发展纲要（2022—2035 年）》，统筹谋划到 2035 年气象高质量发展的目标和七大发展任务，要求气象监测精密、预报精准、服务精细能力不断提升，以智慧气象为主要特征的气象现代化基本实现。在国家战略的指引下，上海、浙江、安徽、福建、广东等省（直辖市）气象局和河北雄安新区气象局相继启动数字化建设试点，推动气象服务数字化、智能化转型升级，为数字政府、数字城市、数字乡村、数字经济发展提供更高质量的气象服务。

为进一步推动新兴技术与气象行业深度融合，2023 年，中国气象局印发《人工智能气象应用工作方案（2023—2030 年）》，确定了人工智能气象应用发展路线图，形成"542"整体框架布局，即初步建立人工智能大数据库、算力环境、算法模型、开放平台和检验评估的"五大基础"支撑；启动气象预报大模型等新兴技术研发，开展人工智能新兴技术与监测预警、预报预测、数值预报和专业服务"四大领域"融合；优化人工智能创新合作和人才培养，成果转化和知识产权保护的"两大保障"环境。到 2030 年，人工智能气象应用发展水平进入世界前列，业务能力建设取得重大进展。

在气象行业数字化的过程中，5G、云计算、大数据、人工智能与智能气象的深度结合，正进一步提升气象服务的使用效率和信息共享的便捷性，并在以下 3 个领域展现出应用效益。一是智能气象服务，基于 5G 技术的远程实景观测、体验式服务应用涌现，能够结合地理位置信息和用户反馈，提供精细化预报、灾害实时提醒、预警靶向，以及数据可视化的分众气象服务产品；二是智慧交通气象，基于 5G 结合道路传感器设备，能够将道路与天气环境、车辆姿态、行人等信息数字网联化，为驾驶提供全面的信息和决策依据；三是智慧农业气象，依托气象信息的智能感知、分析和判断系统，基于环境监测系统、室内微气象环境监测、田间气象监测站、环境控制系统等设备和系统，能够提供基于物联网的农业生产循环、基于位置服务与遥感技术的精确农业、农业气象环境监测、不同作物气象影响等的专业化服务。

13.3.2　行业数智化发展趋势

1．AI 大模型改变气象预测模式

人工智能等新兴技术为气象领域提供了一个新的研究工具，独立于传统的数值预报过程。AI 气象大模型的核心是基于数据驱动的深度学习算法，利用强大的计算能力、巨量历史数据训练和各种深度学习架构，快速预测常规气象要素场以及台风路径、极端天气、近地面风场、降水等关键信息，一些中期预报结果与数值天气预报模式相比具有相近甚至更高的预报精度，预测计算速度也具有明显优势。2022 年以来，欧美以英伟达、DeepMind、微软公司为代表，中国以华为、上海人工智能实验室、复旦大学、清华大学为代表发布的 AI 气象大模型相继亮相，在短时间内取得了显著成果。通过训练气象大模型，气象学家可以更加精准地预测中长期天气变化，为各行各业提供重要的决策依据。

2．"气象+"行业服务领域逐步拓展

在数字技术的支持下，智慧化气象服务与相关行业深度交叉融合，促使产业新业态、新领域快速涌现。通过开展场景化剖析需求，气象服务将融入防灾减灾救灾各环节、经济活动各领域、公众生活各场景、生态文明各方面。跨行业综合平台的建设，推动了构建"气象+"服务新业态。以智慧农业服务为例，整合气象数据和农业监测技术，可以为农业生产提供智能化的全过程、全天候监测，公开科学的预警，为相关部门制定预防策略和措施提供农业气象信息支持，可以通过人工干预处理天气造成的不良影响，提高农业生产效益和

可持续发展能力。

3．智能气象服务走向多元化

目前，我国已初步建立了精细化气象服务业务，基本实现任意时间、任意位置、智能推送的气象服务，气象服务信息公众覆盖面超过 90%。"十四五"期间，气象部门还将开展用户画像管理的精细智能化气象服务，探索利用网络机器人等提供个性化、定制式服务，让公众随时可以便捷获取所需的气象服务。依托人工智能、大数据、机器深度学习等，能够形成气象服务需求智能感知、服务定制供给能力，以用户为核心，实现用户画像管理，催生出更全面、更精细、更贴近生活需求的气象服务。

13.3.3　行业数智化整体需求

1．气象精准监测的需求

气象数据采集是气象探测的关键，但传统的气象数据采集方式受时间、空间和技术限制，会影响数据的准确性和全面性，已经无法满足现代化的需求。5G 技术可以提供更快的数据传输速率、更大的数据容量、更广泛的覆盖范围和更好的安全性，快速获取更及时、时间分辨率更高的观测资料，为气象预测和决策制定提供更可靠的基础。同时，借助 5G 与无人机、环境监测设备等结合开展气象观测，以及从获得更精细的用户分析等方面深入，能够获取准确可靠的信息，为气象业务的开展提供参考依据，使气象探测更加精准、全面和及时。

2．实时预警传播的需求

气象灾害是自然灾害中发生率较高的灾害，严重威胁着国家和社会经济的发展。对于预警信息的传输，应该保证时效性、准确性和广覆盖性。目前，我国气象灾害预警信息传播主要依赖传统的通信方式，传播速度受到网络容量限制而具有瓶颈，且难以满足指定区域内预警信息精准传播，以及偏远地区预警信息传播的需求。随着 5G、移动物联网、天通卫星等新兴信息通信技术不断涌现和发展，新技术与预警信息传播的应用结合可以有效解决上述问题。特别是 5G 网络切片能使各行业应用获得带宽、时延等网络指标上的保证，应用于气象灾害预警信息的传输具备可行性。

3．个性化气象服务的需求

随着短视频、直播等新业态在我国快速发展，公众也对气象服务提出了更加多元化、个性化的需求，目前 5G 直播等应用在重大灾害性天气报道和气象热点事件服务中已初见成效。在 5G 技术下的视频、AR 等流量将会占到 90%，用户可以对直播视频进行选择，以满足个性化要求，设计 3D 天气播报、VR 直播、360°天气现场体验等服务。同时，5G 时代下视频内容的生产成本更低，全民可参与在线科普制作，实现兼具趣味性、知识性，满足公众需要的在线科普作品展和科普应用模式。5G 将虚拟现实类课件更好地应用于气象业务培训，也可以让培训更加精准，资源更多样化。

13.3.4　5G+AI 技术融合分析

1. 5G+物联网+无人机

通过 5G 网络对终端或无人机进行超远程监控，向其发出各种操控指令，能够完成气象设备巡检、维护等业务，同时将采集的信息反馈给移动终端进行数据传输。例如，采用 5G 环境设计多旋翼无人机进行大气监测，或以搭载 5G 物联网的无人机天气检测系统，配合高清摄像机、红外热像仪、空气检测装置等实现对森林防火的实时检测，获取林火地区气体组成比例、风力和风向等参数，以及结合当前火情、气象信息生成火情预测。同时，5G 的高带宽可以使更加多样化的环境数据传感器和个人可穿戴设备更加普及，装有传感器的设备将会实时收集所在地的气象数据，使数据更加精细广泛。

> **案例：5G+无人机助力气象监测**
>
> 中国电信成都分公司与傲势科技携手利用 5G 无人机进行预测气象、防汛、防洪等应用探索。5G 无人机搭载气象测量传感器等设备，收集并快速、实时回传气象数据，如温度、气压、湿度、风、高度、各种图像、云形成类型和大小、能见度、湍流发生和大小、积冰等数据，根据回传数据分析天气状况，评估天气影响。将气象探测设备和 5G 无人机相结合，利用无人机灵活机动、不受地域限制，可进行垂直探测和立体探测，更好地应用于现代气象服务，为气象探测提供新颖手段。

2. 5G+大数据+AI

气象预测需要搜集气温、气压、降水和风速等各方面的数据，利用 5G、AI、大数据、高算力等技术与气象预测深度结合，能够形成智能跨域、多尺度、精准的气象体系，大幅提升气象预报速度，增强预报时效性。同时，基于机器学习等技术协助从数据中挖掘规律，可与传统的数理方程互补，还能提高跨越多个时间尺度的季节性预测和长距空间联系建模的预测能力，实现对气象系统的精准预报与控制。

> **案例：基于 5G 网络的城市内涝气象社会化观测系统**
>
> 江西省大气探测技术中心综合应用 5G、人工智能、大数据及图像识别、天脸识别、城市内涝气象风险预警等气象业务科技成果，融合处理移动终端上传的内涝图像和气象监测实时数据，构建高时空、广覆盖的城市内涝监测网络，让公众广泛参与城市内涝监测防治，为政府城市防涝排涝提供决策依据、为市民安全出行提供信息服务。通过综合雷达、卫星、气象站、内涝实况图像数据融合分析处理结果，搭建南昌城市内涝气象风险预警服务平台，实现内涝风险预警产品一图展示，生产城市内涝监测实况和潜势预报预警产品，并投入业务运行，通过微博、微信向公众发布内涝风险预警信息。将"智能气象"融入"数字江西"，并着力打造为"智联江西"的闪光点。

3．5G+VR/AR/MR

5G 通信的高效传输支持了 VR/AR/MR 技术的发展，使得在信息的同步展示和超级网络下载上也有了突破的可能。在 5G 的加持下，气象业务与全息技术及裸眼 3D 技术等结合，能够塑造新的产业模式。例如，5G 技术可支持用户进入视频直播中选取个性化的服务，提供 3D 天气播报、VR 直播、360°天气现场体验等。同时，运用 5G+混合现实技术教学，能够保障"网络+面授"的气象培训效果，进一步提高教学质量。

案例：基于 5G+AR 的气象科普教育

广东第九星球科普馆以 5G VR/AR 新技术赋能科普教育，可对小学、中学、大学学生普及气象知识及气象灾害安全教育，亦可用于商业体验等。全新推出 AR 全息台风馆，利用 5G、AR 投影技术、5D 动感平台等科技手段，还原台风时的暴风雨、电闪雷鸣，以及灾害发生中、灾害发生后的安全预防等的现实场景，最高可达 12 级的风力。通过身临其境的体验，加深体验者的印象，加强体验者应对台风的能力；同时，也弥补了传统科普教育资源内容单一、吸引力不强的缺憾，是对传统科普宣传、教育手段的有效补充，全方位助力气象科普教育项目优质化、高效化、个性化。

13.3.5　气象数智化典型方案

1．重庆"御天"智慧防灾解决方案

智慧防灾系统"御天"是重庆建设的智慧气象"四天"之一，"四天"系统包括"天枢"智能探测、"天资"智能预报、"知天"智慧服务和"御天"智慧防灾，重庆"御天"智慧防灾解决方案如图 13-6 所示。重庆智慧气象系统以全国气象大数据云平台为基础，对接数字重庆云平台，深度应用 5G、云计算、大数据、物联网、区块链、边缘计算、VR/AR 等现代信息技术，对标监测精密、预报精准、服务精细，发挥气象防灾减灾第一道防线作用，构建了以"数算一体"的重庆气象+大数据云平台为核心的"云+端"现代气象业务技术体系和集约化的业务服务体系。

"御天"智慧防灾系统发挥气象防灾减灾第一道防线作用，包括智能预警信息发布系统和智能人工影响天气系统两个子系统。在预警发布方面，重庆基于社会公共信息资源和预警大数据，利用深度学习、云短信发布等技术，建立了自然灾害风险隐患、预警、灾情和救灾信息资源互联互通，开放共享，安全高效的智能预警信息发布系统。目前已建成 1 个市级预警中心、40 个区县预警中心，470 个市、区县部门预警分中心，1028 个乡镇（街道）预警工作站，2064 个预警村级工作站，拥有 160 万余名防灾应急处置人员，实现了多部门"联合监测、联合会商、联合发布预警"的横向联动预警机制，形成"市级—区县—乡镇—村社"四级纵向联防预警工作体系和"市级—区县—乡镇—村社—组—户"六级预警信息发布体系。

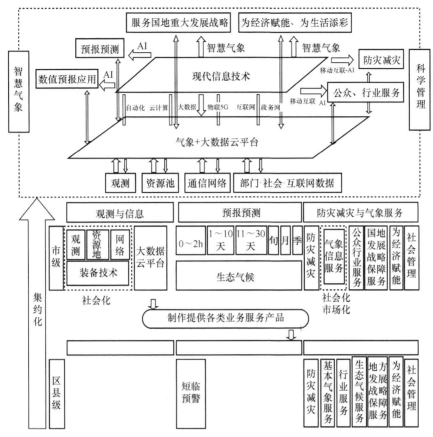

图 13-6 重庆"御天"智慧防灾解决方案

2.华为 AI 气象预报方案

华为 AI 气象预报方案以盘古气象大模型为核心,可基于昇腾 AI 算力平台实现秒级中期预报成果。同时,构建与 AI 预报大模型匹配的集合预报能力,实现上千集合成员规模的集合预报,助力预报员对未来气象形势进行综合而全面的评估。为支撑气象大模型在运行过程中持续优化预报精度,以云服务的形式建立了模型训练优化平台能力。该方案高效率、低能耗,实现了气温、气压、风速和湿度等气象要素的高质量预报,为短、中期气象预报决策提供有力的补充。AI 气象预报如图 13-7 所示。

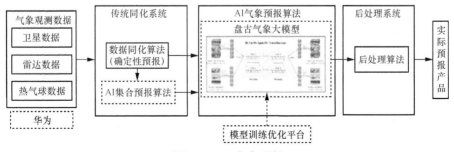

图 13-7 AI 气象预报

盘古气象大模型可用单块 AI 卡在 10s 左右提供未来 10 天 25km 分辨率的全球地表及高空 13 个等压面气温、气压、风速和湿度等气象要素的预报信息,其技术创新点主要有两个。一个是 3D Earth-Specific Transformer 神经网络,即在每一个 Transformer 模块中引入和纬度、高度相关的绝对位置编码来学习每一次空间运算的不规则分量,这样不仅更准确地学习了物理规律,而且大大提高了模型训练收敛的效率。另一个是层次化时域聚合策略,即通过 4 个不同预报间隔的模型(间隔 1h、3h、6h、24h)的组合应用,最小化预报的迭代次数,不仅减少了迭代误差,并且避免了递归训练带来的训练资源消耗,这两点明显差异化于其他 AI 气象模型。

国家气象中心运用该 AI 气象预报方案,在单服务器算力支撑下,高效率开展了台风路径的预报验证工作,提供每个台风未来 1~10 天的路径预报。通过 2023 年 4 月以来所有场次台风的测试,2023 年第 11 号台风"海葵"路径预报准确度符合预期,而对路径趋势的把握相对于传统数值模式更稳定。随着上千集合成员集合预报综合评估的应用,预报人员能更全面地把握台风路径演进的各种可能。

相对于当前传统数值天气预报遇到的计算速度慢(计算时长为 5~6h)、资源消耗大、预报精度提升不易等问题,AI 气象预报方案为业务人员提供了有力的支撑,预测精度高于传统数值方法,同时预测速度提升 10000 倍,能够提供秒级的全球气象预报,计算资源由上万 CPU 核运算数小时下降到单卡 AI 运算数十秒。推理效率的指数级提升,使开展上千集合成员的集合预报成为可能,大规模的集合成员可更完整地覆盖可能的天气演变,提前洞察各种可能的极端天气情况,为公众提供有效的预警信息,社会价值巨大。同时,随着高质量分析数据的持续积累,通过训练平台周期性地对 AI 模型进行迭代优化,可持续提升模型的预报准确度。

13.3.6 规模化复制与推广路径

第一阶段(2019—2021 年):在网络替换阶段,5G 改变了原有气象数据采集和传输方式,对原有气象监测和预警等业务进行升级,5G 远程监测、智能分析等应用场景得以迅速发展。

第二阶段(2022—2024 年):在中期技术融合阶段,随着 5G 技术的不断成熟,其与 AI、虚拟现实等技术结合,5G 消息预警、AR 直播、科普教育等业务逐渐普遍应用,针对城市、企业、公众的个性化气象信息或服务产品涌现。

第三阶段(2025 年以后):在长期创新变革阶段,大数据和深度学习使气象系统更加智能、精准,天气预报的精细化程度和准确率将迎来颠覆性提升,同时为应急、交通、农业等领域提供全面智能的信息和决策依据。

13.4　农业

13.4.1　行业数智化发展概况

中国共产党第十九次全国代表大会以来，乡村振兴战略明确提出要实施数字乡村战略，数字乡村建设成为助推乡村振兴战略贯彻落实的重要引擎。自 2018 年开始，《中共中央国务院关于实施乡村振兴战略的意见》《数字乡村发展战略纲要》《数字农业农村发展规划（2019—2025 年）》等文件相继出台，明确到 2025 年，数字农业农村建设获得重要进展，有力支撑数字乡村战略实施。数字技术与农业产业体系、生产体系、经营体系加速结合，农业生产经营数字化转型获得明显进展，管理服务数字化水准明显提升，农业数字经济比重大幅提升，农村数字治理体系日趋健全。

随着数字乡村发展战略顶层设计日益完备，各地区相继进入数字乡村建设实施阶段，并推进农业数字化、智能化发展。农业数字化加快向全产业链延伸，农业生产信息化率超过 25%，智能灌溉、精准施肥、智能温室、产品溯源等新模式得到广泛推广。基于北斗系统的农机自动驾驶系统超过 10 万台（套），覆盖深耕、插秧、播种、收获、秸秆处理等各个环节。截至 2022 年年底，我国农村网民规模达 3.08 亿，农村地区互联网普及率达到 61.9%。农村电商蓬勃发展，县乡村电子商务体系和快递物流配送体系加快贯通，2022 年全国农村网络零售额达 2.17 万亿元，全国农产品网络零售额达 5313.8 亿元，同比增长 9.2%。乡村数字化治理效能不断提升，基层政权建设和社区治理信息系统覆盖全国 48.9 万个村委会。数字惠民服务体系不断完善，促进城乡居民共享数字化发展成果。

与此同时，我国深入推进数字乡村试点工作。中央网络安全和信息化委员办公室、农业农村部支持浙江建设数字乡村引领区。首批国家数字乡村试点完成终期评估，浙江省德清县、北京市平谷区、天津市西青区、江苏省南京市浦口区、浙江省平湖市、重庆市渝北区等地区试点建设水平位居全国前列。数字乡村标准化建设步伐加快，中央网络安全和信息化委员办公室等四部门印发《数字乡村标准体系建设指南》。国家标准化管理委员会发布 23 项以数字（智慧）农业为重点的国家农业标准化示范区项目名单。智慧农业建设快速起步，多地推进打造智慧农业应用基地和智慧农业示范园区，加速智能农机、智慧种养、数字大棚等典型应用落地推广。

在农业数字化的过程中，数字技术与行业的深度结合，正进一步赋能农业生产和生活模式。一是农业生产的经营方式改变。通过农业物联网进行精准配方施肥、精准灌溉，改变农业生产方式。农产品可通过网络销往全国各地，互联网带动观光农业、体验农业、创意农业等新型农业经营方式蓬勃发展，改变农业经营方式。互联网促进分散的小农户集中连片，改变农业生产组织方式。二是农村生态环境改善。推动信息技术与农业装备融合，推动智慧农牧场建设,推动化肥农药减量使用,实现绿色生产。发挥无人机、高清视频等技术360°全程监测的优势,实时监测农村污染物、污染源,维护农民生活的良好环境。三是农民生活质量提高。农村居民通过网络学习、休闲娱乐,极大丰富农村居民的休闲方式。农村电商提高了消费的便利性,互联网的发展扩展了农村居民的社交范围,优化了农村社会关系。

13.4.2 行业数智化发展趋势

1. 大数据引领无人化农业

数字技术促进乡村振兴、智能育种、智能装备等技术不断快速发展,在农业生产的种植、养殖、加工、储存、销售等过程中都会逐步运用。在将来的智慧农业中,大数据信息必将渗透农业全产业链,从种子、肥料开始,到田间的管理及其后的废弃物处理过程,将体现出信息科技对农业产业发展的支撑作用,智能化设备将得到广泛应用。智慧农业发展必然趋势就是农业无人化、少人化,信息化科技推动农业生产方式变革,对种植业、养殖业进行工厂化生产、加工和销售,实现农业产业链上合作企业的共同利益。

2. 农产品销售走向"端到端"

随着电商不断向农产品消费领域渗透,农产品生产者和电商经营商不断进步,农产品冷链物流迅速发展,农产品电商消费方式渐成习惯,勾勒出农产品电商发展的鲜明图景。基于新零售、社区团购和社群消费的农产品电商表现出重要的市场作用和独特的社会价值,美团、滴滴、拼多多、阿里巴巴、京东等互联网巨头纷纷布局社区团购市场,十荟团、兴盛优选、美团优选、多多买菜等社区团购品牌不断涌现,城市居民则纷纷通过社区、社群进行消费集聚,直接对接农产品生产源头端。农产品电商供应链将呈现生产端与消费端日益直接对接的发展趋势。同时,注重人的购物体验、物流的配送效率和购买的便利性以及强调线上线下融合的新零售将重构城镇消费市场格局。

3. 农业供应链金融逐步普惠化

供应链金融是农业产业优化升级的重要环节,可以改善资金流从而促进农业产业,尤其是中小型企业的良好发展。依靠物联网、大数据及人工智能等数字技术,数字农业会进一步促进中小企业逐渐融入农业产业体系中,为供应链金融普惠化打下良好的发展基础。同时,农业产业虚拟化会使产业信息变得更加透明,信用责任也更容易得到保证,让金融风险的量化管理变得不再复杂。

13.4.3 行业数智化整体需求

1. 农业生产效率提升的需求

我国农业现代化水平不高,与发达国家相比,农业资源利用率较低。同时,随着我国城镇化进程加快，农村有效劳动力大幅减少，"无人种地"的问题较为突出。农业长期以来主要靠政府投入，自身造血能力不强。人是农业生产过程中最活跃、最重要的因素，利用数字信息技术实现农作物精准栽培，不仅可以减少作物受病虫侵害影响，提升农民培育环节效率，降低成本节约资源，而且信息后台也将有效留存农作物最佳培育方案，通过互联网构建农业信息化分享平台，打造智慧农业新模式，将不同农作物培植方案共享给各地农民，有效解决农民"不会种地"问题，实现农作物与人的双重提升，为农村地区提供更多就业机会，提高农民工作效率。

2．农产品精准供需的需求

我国的农业信息化水平不高，导致农民无法获得精确的市场需求信息，收集信息、处理信息的能力有限。每年在决定种植品种时，更多受当前价格的引导，形成了"小生产—大市场"的供需矛盾，导致农产品滞销的现象反复出现，与之相伴的是农产品价格暴跌，农民难以收回生产成本。建立农业云平台可有助于各类市场主体及消费者掌握供需关系，卖方可根据买方需求适时调整农作物生产数量，非盲目生产，而各区域买方可根据多家卖方发布的农产品信息进行筛选购买，以此提高农产品整体交易效率，拓宽产品销路，降低交易成本，促进农村地区经济快速发展。

3．农业资源保护的需求

传统农业耕作模式对农村地区自然资源破坏极大，农业数字化转型可切实保护我国农村地区土地资源免受污染。在一定程度上，传统农业耕作施用化肥方式能够增加农作物产量，但农药施作使土壤层酸性过强，残留农药流入河流湖泊，造成农村地区局部生态破坏等一系列问题。而基于数字技术的新型农业耕作模式采取精准灌溉施肥、灭虫除害方式，不仅减少了传统模式中的化肥使用量，还能避免农村地区土壤污染带来的一系列恶果，对提升农民耕作效率、保护农村土壤资源和生物多样性、降低农村地区碳排放等具有重要意义。另外，工业化发展和城市化建设中水资源耗用量较大，造成水资源日渐短缺。采用新型滴灌模式代替传统粗放型浇灌模式，既能实现农作物水资源合理分配，又解决了传统农业模式中的水资源粗放浪费问题，使农村地区水资源得到合理利用和有效保护。

13.4.4　5G+AI 技术融合分析

1．5G+大数据+AI

农业作为传统 IT 基础设施比较薄弱但信息比较丰富的产业，可以利用 5G+云计算对数据进行存储，为农业精准化生产提供基础。同时，大数据+AI 融合结构化和非结构化数据，实时生成农业大数据。在初期建立模型之时，数据来源丰富、结构错综复杂，借助大数据+AI 可以加快由非标准化、非结构化数据模型向标准化、结构化数据模型升级的过程，大大降低数据模型迭代的成本。基于 5G 实现更密集的实时数据采集，能够让农业数据分析变得更加精确，最大限度地提高农场产量和效率。

案例：宜春市袁州区"5G+大数据"富硒农业产业示范基地

宜春市袁州区利用 5G、大数据、物联网、云计算等技术，对宜春市富硒农业产业示范基地的水稻生产、加工、物流及销售过程进行实时监测、分析及控制管理，推进水稻现代农业规模化、产业化、组织化、标准化、品牌化发展，大力促进农业产业大发展、农产品加工水平大提高、品牌建设大突破、产业化动能大提升。通过建设水稻全产业链 5G 大数据平台，在全区农业产业电子地图上呈现水稻产业布局及发展，直观形象地对作物生产等环节数据进行实时显示。同时，通过打造 5G 智能水肥一体化系统，依托土壤湿度传感器和无线通信网络实现土壤湿度的智能感知、智能预警、智能分析、智能控制，通过控制电磁阀、水泵等灌溉设备对作物土壤湿度自动调节，实现灌溉作业的无人值守自动化运行。项目实施后，人工成本大幅降低，通过智能化管理和品牌订单带动，品质及价格明显提高。

2. 5G+机器人+VR/AR

农业机器人是以农产品为操作对象、兼有人类部分信息感知能力和行动能力的自动化或半自动化设备，能够在一定程度上代替或弥补人工，进行生产采摘、管理维护等工作。按照移动特性分类，可分为行走机器人和机械手机器人。在 5G 技术的加持下，农业机器人接收系统指令的速度更快，响应更加精准。可接入的机器人数量增加，承载系统可靠性大幅提升。同时，5G 农业机器人的延展性更高，可结合虚拟或增强现实技术，开发远程监测、控制和培训等更多功能。

案例：中国首款人工智能 5G 农业机器人

2019 年，我国首款人工智能农业机器人在福建省农业科学院海峡现代农业示范园中国以色列示范农场智能蔬果大棚正式开始 24h 巡查，标志着福建省人工智能农业机器人从研发阶段正式进入实际应用。这款机器人集成了多通道传感器技术，具有类似人类五官功能。机器人的耳朵安装了两个 700 万像素的摄像机，眼睛安装了两个 500 万像素的摄像机，头顶安装了风速风力、二氧化碳和光合辐射等传感器，嘴巴下方安装了温/湿度传感器，实现了农业生产环境的智能感知和实时采集。机器人通过底部的轮子可完成 360°旋转和移动，流畅地沿着栽培槽自动巡检、定点采集、自动转弯、自动返航、自动充电，如果途中遇到障碍物还能自动绕行。目前，这款机器人已可以实时回传大量清晰的图像和视频，不仅实现了通过 VR 进行远程会诊、远程教学等，也为后续的人工智能应用提供了更多基础数据来源。

3. 5G+卫星互联网

5G 为精细作业范围的设备运行精准控制提供了技术基础，将农业智能设备的运行与北斗卫星导航系统高度同步，能够使作业范围精确到 30cm 范围内，满足农作物精准管理的要求。同时，5G 为硬件与硬件之间的高效协作化自动操作创造了机会，使运行中的农业动力设备与农业生产设备之间的高效协同成为可能。例如，智能化的农机通过北斗卫星导航系统搭载 5G 技术进行精准控制，可用于无人驾驶、精准作业、信息推送、在线作业质量监测、作业数据实时上传等方面，并实现 24h 不间断作业。

案例：星空地一体化无人智慧放牧管控系统

针对传统放牧面临的问题，江西省农业科学院农业经济与信息研究所联合江西移动等单位开发星空地一体化无人智慧放牧管控系统，利用新一代信息技术，以实现牛只个体多方位信息感知、越界预警及自主控返、异常报警及牧情无人机即时响应探测为主要目标，构建由放牧信息交互管理中心、放牧牛智能电子项圈、放牧牛指令训练与控制系统、5G 牧情探测无人机及机库系统为主的星空地一体化无人智慧放牧管控系统。该系统能够实时获取放牧牛的生理行为全程数据，对越界、体温异常、行为异常行为进行智能化预报警。同时，通过 5G 牧情侦察无人机与智能机库自主到达并悬停在目标牛只上空完成牛只识别、计数及牧情探测等任务，实现养殖端的全程数字化，解决了养殖户在放养环节中面临的人工短缺的问题，最大限度地提升了养殖管理效能。

13.4.5　农业数智化典型方案

1. 移动数字农业产业园解决方案

面向现代农业产业园场景，中国移动通过全方位的数据管理，助力农业产业园实现生产经营数字化、生产装备智能化、生产管理可视化的数字农业新业态，如图 13-8 所示。其中，"中移耕云"数字农业云能力平台，主要在 PaaS 层提供农业基础能力、大数据能力和 AI 能力等基础能力，方便各 SaaS 层应用进行调用。解决方案主要面向政府和涉农企业提供涵盖管理、生产、经营、服务 4 个维度的应用。

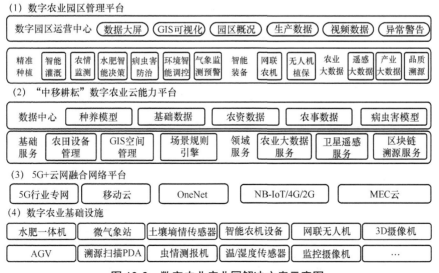

图 13-8　数字农业产业园解决方案示意图

依托定制化 5G 专网能力，结合物联网、AI 等数字技术，该方案可支撑各类智慧农业生产及管理应用，进一步提高生产效率。一是面向大田农业的精准种植解决方案，在传统物联网技术的基础上充分与遥感、气象等技术结合，以较低成本为广大用户提供作物遥感监测、智能灌溉、气象信息监测预警、病虫害预警防治等服务，最终达到降本增效的目的。二是大棚精准种植，以大棚农业为主的精准种植解决方案，基于农业 AI 四大关键能力（环境数据采集、视频图像识别、环境智能调控、水肥智能决策），对作物生长全维度监测，控制生长环境，实现精准大棚种植。三是水肥智能决策，水肥一体机通过自动气象站、土壤温度传感器、土壤湿度传感器等监测当地气温积温、土壤含水量、土壤温度等数据，通过滴灌、喷灌、漫灌等灌溉方式，智能调节灌溉时间和灌溉量，保证作物生长发育良好，达到增产节能的目的。四是病虫害防治，病虫害防治监测系统基于遥感大数据、5G+AI 识别技术，结合巡检机器人、AI 摄像机，对作物的病虫状况进行及时预测和实时监测，可实现对作物重大病虫害发生动态的自动化、智能化捕捉预警，以及及时防治、精准用药。

同时，依托数字农业产业园区管理平台，结合合作伙伴提供的地理信息系统（GIS）建模、遥感监测服务，以多屏联动的方式，展示园区遥感数据、GIS 信息以及各个终端设备（传感器、摄像机等）的位置信息，全方位展示园区产业、作物农情、农机监测、环境感知、农技服务等数据，为园区可视化平台建设和科学生产提供数据支持。

2. 同方凌讯 5G 智慧农业解决方案

北京同方凌讯科技有限公司运用计算机视觉及数据处理等新一代信息技术，形成了 5G 高标准农田建设管理方案，并结合智慧农业政务管理系统、智慧农业生产监管系统、智慧农业大数据系统、智慧农业指挥调度服务系统，打造了一整套 5G 智慧农业解决方案，如图 13-9 所示。

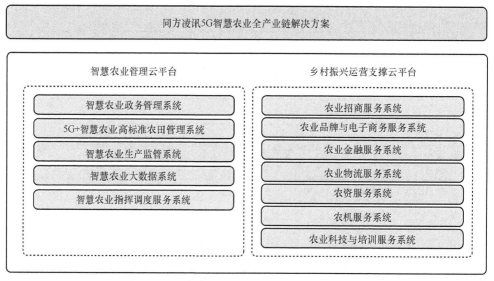

图 13-9　同方凌讯 5G 智慧农业解决方案示意图

该解决方案目前已在多地落地实施，例如，在尉氏县张氏镇智慧农业信息化示范工程项目中，依托无线基站网络+融媒体共性技术，建设规模达 1 万亩。将人工智能、云计算大数据、物联网、互联网、移动互联、3S（包括 GIS、遥感（RS）、GPS）等技术应用于高标准农田场景上，让农业更加智慧。同时也助力形成集农业植保、环境灾害预警、农业可视化、智能灌溉、专家智慧服务、农产品溯源于一体的智慧农业高标准农田示范区。

在南乐县面源污染监测预警项目中，全县 12 个乡镇共布设 45 个水土环境监测点位、400 个土壤样品采集点，其中以马颊河湿地为中心、河流沿岸及支沟入河口的种植区、生活聚集区作为重点监测对象，布设 30 个水土环境监测点位。整合全县 14 个空气环境监测站，马颊河、卫河、徒骇河 3 条河流 7 个水质环境监测站及农业信息化建设项目 78 个监测点位等监测数据，在线监测与人工监测相结合，动态监测与定时监测相结合，集成水土环境监测与信息化，结合时空地理信息云平台与大数据分析等先进手段，覆盖全县 60 万亩耕地，构建全县域信息化环境监测预警网络。

13.4.6　规模化复制与推广路径

阶段一（2020—2021 年）：农业数字化基础较为薄弱，在这个时期 5G 网络逐步铺开建设，与原有无线系统和有线网络互相补充，构建农业信息基础设施。通过农业数据采集与分析，对传统农业种植、生产、营销进行优化，主要应用场景包括自动作业、物流追溯、智慧营销等。

阶段二（2022—2024 年）：随着农业数字化水平的提高，机器人、物联网、人工智能等数字技术被不断应用到农业生产经营的各个环节，并形成完整的系统及解决方案，主要应用场景包括智慧大棚、智慧农场、智能灌溉、AI 诊断等。

阶段三（2025 年以后）：数字技术深度融入农业，彻底改变粗放式的农业管理，形成各具特色的智慧农业发展路径和模式，集种植、监控、养殖和精准调节于一体的智能生态环境逐步构建，土壤监测、精准农业、无人农场等应用将更加成熟。

13.5　文旅

13.5.1　行业数智化发展概况

随着人工智能、大数据、5G 等现代信息技术的发展，数字技术成为文旅产业融合创新的新动力。我国正不断推动文旅产业向数字化转型，实现文旅经济的高质量发展。自 2020 年以来，相关部委陆续出台了《关于深化"互联网+旅游"推动旅游业高质量发展的意见》《关于推动数字文化产业高质量发展的意见》等一系列配套政策，加快推进以数字化、网络化、智能化为特征的智慧旅游和数字文化产业的高质量发展。《"十四五"文化和旅游科技创新规划》的出台，描绘了文化和旅游科技创新工作蓝图，要求推动线上线下融合，不断创新优质文旅产品供给新路径；推动数字资源融合，培育发展文旅新业态、新模式；推动消费平台融合，构建文旅合作共赢新机制，让文化和旅游行业插上科技的翅膀，构筑美好数字生活新图景。

2022 年，中共中央办公厅、国务院办公厅印发《关于推进实施国家文化数字化战略的意见》，推动打造线上线下融合互动、立体覆盖的文化服务供给体系。文化场馆加快数字化转型，全国智慧图书馆体系、公共文化云建设项目深入推进。公共图书馆智慧化服务能力显著提升，国家公共文化云和 200 多个地方性公共文化云平台服务功能不断完善，数字文化资源不断丰富。全民阅读、艺术普及数字化服务能力显著提升，我国数字阅读用户数量达到 5.3 亿。云演艺、云展览、沉浸式体验等新应用场景不断涌现。

数字技术应用也不断增强了文化旅游业的服务能力，8K 超高清、云转播、自由视角、VR 节目制作、数字人等高新视听制播呈现技术示范应用，不断提升了观众的视听体验。北京、上海、浙江等地开展有线电视智能推荐服务试点，更好地满足人民群众对高质量、个性化视听节目的需求。2022 年 1 月，中央广播电视总台开播了我国第一个 8K 超高清电视频道 CCTV-8K，开通了"百城千屏"超高清传播平台，对北京冬奥会开闭幕式及赛事进行直播。国家文物局联合中央广播电视总台推出《中国考古大会》《中国国宝大会》《古韵新声》等系列节目，应用 VR/AR 等数字技术来生动展示文物的文化内涵与时代价值。

5G 网络能够为文旅行业提供基础设施保障，其高带宽可丰富文旅景区业务内容，广连接能提升机构管理效率，网络切片满足定制化需求，加快行业信息化、数字化、智能化转型。同时，5G 与云计算、大数据、人工智能等新一代信息技术深度融合，也为智慧文旅带来更多可能。例如，5G 联合 8K、AI、AR 和 VR 等新技术，拓展了文化和旅游产品的表达形式和展现内容，促进观光游向休闲游、深度游转变，形成了云旅游、慢直播和线上演艺等多个成熟应用场景。

智慧文旅发展主要体现在智慧监管、智慧服务与智慧体验三大方面。在智慧监管领域，数字技术能够打破行业数据间的信息孤岛，通过行业平台将数据集中，集合旅游大数据资源来实现游客动态实时掌控、行业数据实时分析、地区客流准确预知，以文旅业带动其他产业快速发展。在智慧服务领域，实现了便捷化的文旅形式，5G 短消息、5G+AR 导览、5G+AI 刷脸入园、机器人送餐等应用已经全面进入消费场景，改善了博物馆、景区等场景的营销方式，从而提升了游览效率。在智慧体验领域，增强了游客游览过程中的感知，通过 5G+VR 美景直播、5G+VR 虚拟互动、5G+MR 博物馆、5G+AI 游记、5G+AI 打卡途拍等方式打造"沉浸式"的游览体验，已经实现了从"概念导入"到"市场接受"的转变，在游览过程中增加互动环节使之多样化，从感官游向感知游全面转化。

13.5.2　行业数智化发展趋势

数字科技加速与产业融合，不断催生着新产业、新模式和新业态，正在成为推动文化和旅游行业转型升级、高质量发展的重要驱动力。随着新经济形势、新产业形态、新消费习惯的形成，文化和旅游与商业、教育、交通等各个领域的结合将更加紧密，从而推动我国文化产业高质量发展。

1．数字技术推动文旅融合发展

通过旅游供给品质化来提升景区的科技水平、文化内涵，通过增加创意产品来突出景区的文化特色、提高景区二次消费收入，将是景区的必由之路。例如，利用乡村文化资源、红色景区资源、文博场馆等打造新的文旅目的地。同时，文化产业的创造、生产、传播、消费等各环节将应用更多信息化技术，借助 5G、"云大物智链安"等多种技术手段，通过数字艺术展示、沉浸式体验等方式来强化数字文旅产品供给，从而产生更多文旅融合 IP，用原创 IP 讲好中国故事。

2．智慧文旅赋能城乡融合发展

县域、小镇文旅场景将作为城乡融合发展的重要切入点，在城乡联动发展的大背景下实现均衡发展。小镇场景作为文旅行业的新赛道，智慧文旅小镇、县级信息化图书馆、文化馆等文化旅游项目将会大规模发展，从而让文旅服务资源惠及每一位百姓。

3．智慧旅游模式不断创新

在大众旅游、智慧旅游方面，经历新冠疫情冲击后，自驾游、自助游、周边游等自助旅游方式兴起；4K/8K 云旅游、云直播等线上数字化旅游产品也将更为普及。景区游览预约、错峰、限量常态化以及景区管理、监测、拥堵预警信息发布等大数据平台建设需求将继续存在，从而不断地提升旅游服务质量水平，增强游客的获得感；未来智慧景区建设将不仅依靠政府力量，也会更多地依靠社会力量和公众力量，景区、商户的使用体验也将更受重视，这将加速景区的提质增效。

4．文化产业新型业态走向繁荣

文旅资源不再局限于自然景观、历史文化和博物馆等，还可以是 App、虚拟 IP、游戏动漫等；传统的面对面沟通与网络、屏幕等沟通形式快速融合，出现了社交媒体、直播、云会展等高效便捷的新沟通方式，数字驱动创意的新生产方式，多种交互体验技术带来了极致的感官享受，推动了创意体验应用和产品的新供给。例如，文博行业将利用 5G、AR 等新技术来"唤醒"历史文物，形成稳定的文化产出模式。云演出、云直播、云展览等各类数字文化业态将迎来繁荣发展期。

13.5.3 行业数智化整体需求

1. 优质数字内容供给需求

目前，5G 与文旅行业融合发展的进程加快，但相比之下缺乏优质内容供给，尤其是旅游服务产品的数字化内容供给严重不足，且同质化严重。5G 与 AI、VR/AR/MR 等技术结合，能够赋能内容资源产出。例如，利用 5G+AI 内容及特征识别、智能检索与编辑、5G+AI 虚拟主播来赋能优质内容生产；利用 5G+4K/8K 直播、5G+VR/AR/MR 全景直播、5G 多视角视频、5G 自由视角视频来赋能优质内容传播等。

2. 沉浸式业态发展需求

5G+文旅催生了沉浸式业态的发展，将进一步释放经济新动能、提升公共文化服务水平。5G 网络能够有力地支撑 VR/AR 设备的数据传输，为观众提供沉浸式的感受，深度融入文化内容。同时，也需要依托 5G+全息投影、5G+无人机等新技术、新应用，向观众提供身临其境的沉浸式体验，优化观众的体验感受，更好地满足人民群众对高质量文化内容的需求，拉动数字经济高质量发展。

3. 管理与服务模式创新需求

随着文旅产品和服务供给的丰富，前端信息采集的深度及精度不足，各部门沟通协调困难、效率较低，部分信息化系统存在技术老旧、应用不足、覆盖不够等问题长时间地困扰着文旅企业。对于一些博物馆、旅游景区来说，在日常经营中降低管理成本、提升管理效率、快速应对突发事件成为主要目标。多地文旅管理机构开始建设以"一码游""一机游"为代表的全域文旅服务平台，并积极拓展 5G 慢直播、5G+AI 游记等游客服务，帮助游客便捷地获取旅游产品和服务。同时，文旅机构也需要依托 5G+无人机、机器人等巡检手段来提升景区管理效率；依托 5G+无人驾驶摆渡车等方式来提升游客出行体验；依托 5G+大数据+AI 等技术辅助文旅资源管理，帮助文旅产品和供应商整合渠道、货源、流量和营销资源等。

13.5.4 5G+AI 技术融合分析

1. 5G+VR/AR/MR

VR、AR、MR 等全景技术以虚实结合、实时交互与三维沉浸为特点，能够打破时间、空间对旅游观光活动的限制，通过虚拟旅游平台，可以游览不同历史文化时期的文化景观。5G 高速率、低时延的特点更有助于游客感受沉浸式体验，可带来精度高、交互性强的文化遗产展示，并为文化遗产的数字化保护传播增添更多的可能。通过 5G+VR/AR 眼镜和智能摄像机识别和交互，可以进一步赋能文化遗产保护，实现文物修复、过程记录、远程指导等功能。5G+AR 内容云可以将体积庞大的数字内容部署在云端，用户使用小程序或者体积小的 App 就可以即开即用，体验虚拟互动、场景再现、实景导航、智能营销和多人游戏等特色功能。此外，5G 与虚拟技术的结合，还能够进行"虚拟+现实"的文旅衍生品创新设计，推动"5G+4K/8K+AI"的文旅应用与数字内容产业的融合发展。

案例：5G+AR 助力中国工农红军强渡大渡河纪念馆红色文化传播

在中国工农红军强渡大渡河纪念馆，利用 5G，结合 AR 空间云和 3D 数字内容，实现了遗址现场与历史场景的叠合再现，观众通过手机屏幕，能看到虚拟的红军战士在现实中位于大渡河岸边的战场遗址上发射迫击炮命中对岸目标的景象，极大地增强了遗址展示的场景感和体验性，遗址与历史故事的关联得以生动呈现。也为如何在不复建、不扰动革命遗址的前提下，提升遗址展示直观性和吸引力提供了一种新的解决思路。

---

2. 5G+AI+大数据

5G 时延低、速度快、吞吐量大的特征，实现了设备接入安全，自主可控、安全隔离的优势，为景区的发展提供了丰富的底层能力。AI、大数据等技术在文旅行业主要应用于旅游市场细分、旅游营销诊断、景区动态监测、旅游舆情监测等方面。5G 网络将终端采集到的信息上传至云端处理，结合 AI、大数据融合应用，能够对游客画像及旅游舆情进行分析，实现应急事件的快速发现和高效预判，从而提升景区管理水平、安全防护水平，并推动文旅服务、文旅营销、文旅管理、文旅创新等变革。

案例：丽江数字古镇 5G 全域旅游应用

作为一流的"国家水平特色小镇"，丽江古城集遗产属性、景区属性与社区属性于一身，24 小时开放，这对安防与服务提出了更高要求。依托数字古镇 5G 全域旅游平台，丽江古城全面提升了综合管理能力，主干道全部实现了管线入地、实时人流监测预警，无人巡逻的管理智慧在向更多维度的物理空间延伸。管理人员可以全面直观地感知古城的运行和管理状态，实现日常管理及突发事件的全景式指挥。游客可以通过"刷脸"进入古城、在 5G 无人商超"刷脸"购物。基于百万级实时动态数据库，AI 的进出管控功能在每日数十万人次的巨大人流压力下，实现秒级核验，无感通行。

---

3. 5G+卫星互联网

5G+卫星导航能够对游览车、游船等设备进行实时定位，对每个设备信息进行科学统计、录入建立数字化档案，为科学化、精细化的管理提供有力支撑。同时，结合 AI 等技术能够在平台中直观反映设备动态，为巡视巡逻、应急救援等指挥管理提供准确点位，实现高效管理，并避免安全事故的发生。

> **案例：陶然亭公园"5G+北斗"智慧游船**
>
> 在北京陶然亭公园，"5G+北斗"智慧游船扬帆起航。该方案基于游船内部管理运行模式，融合 5G+北斗技术，紧密结合陶然亭公园的运营管理需求，通过对电瓶游船、码头进行软件和硬件方面的定制化升级改造，开发了游船实时定位、队列管理、智能启停等 14 个管理功能，为公园实现了更精细的游客服务、更快速的救援响应、全量可靠的后台管理。5G 的使用使得实时的视频回传得以实现，北斗的引入也免去了过去的救援定位靠打电话描述的方式，极大提升了公园的运营管理和服务保障能效。通过"查看进度，防拥挤；自助启航，很智能；一键呼救，保安全；智能广播，很迅捷；自助结算，超便捷"等五大变化，使游客乘船充满科技感和获得感。

13.5.5 文旅数智化典型方案

1. 上海移动 5G+智慧文旅解决方案

5G 智慧文旅行业应用方案融合文旅行业的需求痛点，聚焦文旅应急管理、游客服务等方面提供整体解决方案。上海移动通过构建一个核心平台，集成了视频监控、客流分析、旅游资源、应急广播等信息，支持接入客户原有的业务系统，实现文旅行业的可视化管理和个性化服务。上海移动 5G+智慧文旅解决方案如图 13-10 所示，通过重点打造三大应用类型，包括文旅基础应用、政府监管、智慧景区、智慧文博，实现行业全景信息展现及统一管理，助力各类文旅资源协同运营。

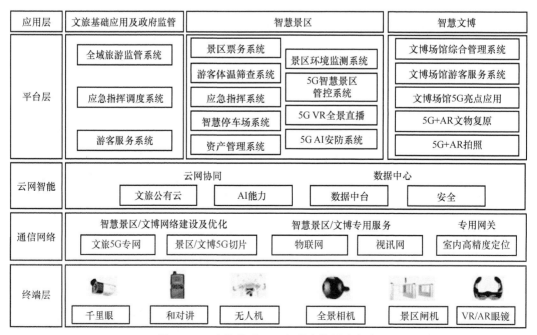

图 13-10 上海移动 5G+智慧文旅解决方案

文旅基础应用及政府监管主要依托全域旅游监管、应急指挥调度和游客服务三大系统开展。其中，全域旅游监管系统面向各级文旅政府客户，主要提供全域概况分析、景区概况分析、旅行线路分析、旅游产品力分析、交通客流分析和经济指标分析六大标准功能模块。应急指挥调度系统可以实现对突发事件数据的收集、分析，以及对应急指挥的辅助决策。游客服务系统主要以旅游微信小程序及手机 App 的方式，为游客提供包含智慧导览、一键预订、线上购物、文旅资讯、旅游投诉等应用。

智慧景区主要从景区管理、游客服务、5G 新应用等方面为景区客户提供功能服务，主要包括景区票务、游客筛查、智慧停车、5G VR 全景直播等功能，在保障景区安全运转的同时，为游客提供游前、游中、游后的一体化服务。

智慧文博基于博物馆文化积淀的内容优势，借助不同的技术叠加升级内容供给体验，实现符合时代氛围的文化体验再升级。智慧文博系统主要包含文博场馆综合管理系统、文博场馆游客服务系统、文博场馆 5G 亮点应用（如 5G+AR 文物复原、5G+AR 文物互动、5G+AR 门票、5G+AR 历史重现、5G+AR 拍照（与虚拟形象合影）等）。

2. 浙江大学考古与艺术学院 5G 云 XR 解决方案

该方案依托 5G+边缘云策略，打造了"内容–云–管–端"四位一体协同方案，如图 13-11 所示。该方案通过部署一个 XR 云平台来提供云渲染、内容编辑、终端适配，提供统一运营调度能力；通过多功能装备组件化集成系统（标准化含语音交互体感交互、触控交互、多显示设备拼接、虚实融合、可视化导览等）提供交互能力；通过 5G 网络动态弹性部署，保障短时间内高发、并发 XR 应用带来的超高带宽和稳定低时延需求，将零维声音、一维图文、二维影像和三维装置来深入四维感官感知，实现跨媒体、跨空间的文化迭代与创新重塑文化感知。未来将聚焦巡展、文博、文旅、教育等产业合作相关需求形成产业合作生态。

图 13-11　文物数字化 5G 云 XR 解决方案

该方案以数字化场景构建为技术基础，结合元宇宙的信息区块化特性和用户原创内容（User Generated Content，UGC）的创作特点，在绘画作品原型的基础上进行了文物数字化体验再创作，并将 5G 应用于"游历、探索、观赏"等多个环节。例如，在 5G+游历场景中，采用 5G+VR 多人大空间技术，并融入 5G 跨层感知协同、室内高精度定位等技术，让参观者真正做到"身临其境"，并确保多人 VR 体验的实时观感和场景动态的拟真感。在 5G+体验场景中，应用手和运动控制器与眼部跟踪模块的相关技术，实时采集手部的精确交互位置与动作，经由 5G 网络实时上传至边缘云。大量的交互反馈让体验者充分感受到 AR 技术虚实结合的特性，例如，看到虚拟的人物树木、花蝶与真实的座椅、古琴、桌几融合在一起，体验者可在虚实相生中看到古代帝王与臣子弹琴赏乐的画面。

13.5.6　规模化复制与推广路径

文旅行业 5G 规模化应用发展阶段可分为 3 个阶段，如图 13-12 所示。

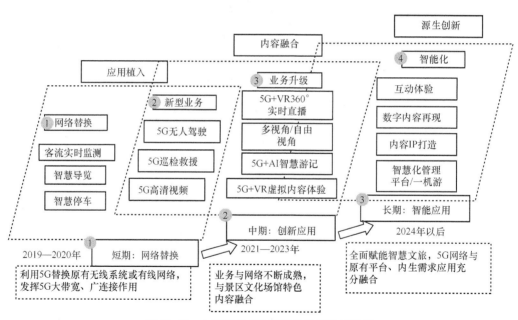

图 13-12　文旅行业 5G 规模化应用发展阶段

阶段一（2019—2020 年）：在这个时期利用 5G 替换原有无线系统或有线网络，发挥 5G 大带宽、广连接作用，主要面向文旅行业提供客流实时监测、智慧导览业务，这个阶段的主要应用场景包括园区内的 5G 无人驾驶巡逻车、5G 巡检救援、5G 高清视频。

阶段二（2021—2023 年）：随着文旅相关业务与网络的不断成熟、技术标准的不断演进，5G 与景区文化场馆特色内容融合加深，从而实现新型业务的二次升级，其主要应用场景包括 5G+VR 虚拟内容体验、5G+AI 智慧游记、5G+VR 360°多视角自由直播。

阶段三（2024 年以后）：这一阶段 5G 将全面赋能智慧文旅建设，5G 网络与原有的平台、内生需求应用充分融合，5G 技术开始广泛应用于文旅行业的各个领域，各类型的 5G 融合应用共同使用，从而全面提升智慧文旅类业务的时效性和精准度，其主要应用场景包括各类互动体验、数字内容再现、内容 IP 打造、一码游景区。

13.6　教育

13.6.1　行业数智化发展概况

国务院、教育部、工信部等部门和地方政府分别从国家层面、部委层面和地方层面，持续出台相关政策，促进 5G、AI、大数据等信息技术与教育深度融合，推动教育向更加公平、更高质量的方向发展。国家层面，2020 年 3 月，国家发展改革委、工信部印发《关于组织实施 2020 年新型基础设施建设工程（宽带网络和 5G 领域）的通知》将"5G+智慧教育应用示范"作为 5G 创新应用提升工程重要方向。2021 年 7 月，工信部等 10 部门发布的《5G 应用"扬帆"行动计划（2021—2023 年）》中将"5G+智慧教育"列为重点建设方向，探索典型应用场景，以提升教学、管理、科研、服务等环节的信息化能力。同期，教育部等 6 部门联合印发的《关于推进教育新型基础设施建设构建高质量教育支撑体系的指导意见》中明确提出，深入应用 5G、AI、大数据等新一代信息技术，充分发挥数据作为新型生产要素的作用，推动教育数字转型，夯实智慧教育发展数字底座。

2022 年，我国正式启动国家教育数字化战略行动，建成国家智慧教育公共服务平台，建成第一大教育教学资源库，优质教育资源开放共享格局初步形成。平台总浏览量超过 67 亿次，用户覆盖 200 多个国家和地区，在支撑抗疫"停课不停学"、缩小数字鸿沟等方面发挥了重要作用。国家中小学智慧教育平台自改版上线以来，汇聚各类优质教育资源 4.4 万余条，其中课程教学资源 2.5 万课时。国家职业教育智慧教育平台接入国家级、省级专业教学资源库 1014 个，包含精品在线开放课程 6628 门，平台现有各类资源 556 万余条。国家高等教育智慧教育平台提供了 2.7 万门优质慕课，以及 6.5 万余条各类学习资源，用户覆盖 166 个国家和地区。

此外，我国通过竞赛征集和试点培育，加快智慧教育应用创新和规模发展。2021 年，第四届"绽放杯"5G 应用征集大赛首次设立"智慧教育"专题赛道，共收到参赛项目近 300 个，涵盖智慧教学、智慧校园、智慧考试等与 5G 相关的创新解决方案和应用实践，项目属地呈现华东、中南地区引领，并向西部地区扩散的态势。2021 年 9 月，工信部与教育部联合组织开展"5G+智慧教育"应用试点工作，遴选培育一批可规模复制的"5G+智慧教育"典型应用。该试点工作充分调动了"政产学研用"各方力量，受到各级政府、学校和产业界的高度关注和积极响应，全国共征集项目 1244 个，经过自主申报、地方推荐和专家评审等环节筛选出 109 个试点项目，涵盖 5G+"教、考、评、校、管"等多个方向。项目参与主体覆盖学校、电化教育馆、科研机构、基础电信运营企业和科技企业等多种类型，呈现跨界协同创新的特征。

13.6.2　行业数智化发展趋势

随着信息化技术的不断发展，教育形式正从传统教育向智慧教育转变，教学、科研、校园管理和服务都面临着巨大的变化。

1．教学形式向泛在教学转变

教学方式从固定地点教学转向随时随地教学，从填鸭式教学转向启发式和探究式教学。5G、AI 智能算法、知识图谱等技术持续发展，使得混合式学习成为常态化教学形式。随着智慧教育的应用范围逐步扩展，应用场景被持续挖掘，能够有力地支持无边界学习环境的构建，助力教育泛在化开展。

2．科研工作向高效精准转变

科研工作需要解决复杂的计算分析问题，越来越依靠高性能计算、高性能数据分析、大数据以及人工智能等技术。基于数字技术，对科研工作中涉及的人员、财务、申报、计划、实验、成果、评估、管理、环境等海量数据进行采集、导入、清洗、分析统计，能够实现多个部门的数据交互与协同，全方位提升智慧科研信息系统能力，为科研管理提供科学客观的决策依据。

3．校园服务向一站式转变

随着 5G 逐渐夯实智慧教育的网络底座，带动多种技术促进课前、课中和课后及教学、考试、评价等教育全环节的数字化程度升级，采集的教育数据量将高速增长。基于教育大数据，将进一步推动教学、评价和管理模式的变革。5G 与大数据、AI 等技术的融合，能为区域、学校建立学生画像，构筑"五育（德育、智育、体育、美育和劳动教育）并举"的高质量教育体系，侧重对学生的个性化发展和核心素养的培养，打造千人千面的教育方案，支持开展立体化的师生全面评价，同时促进校园和区域教育管理的精准化升级。

13.6.3　行业数智化整体需求

1．优质教育资源共享的需求

我国教育资源存在明显的"东部强、西部弱，城市强、乡村弱"的特征，教育资源重复性强，真正有价值、质量优秀的教育资源少，优质资源的制作者少。且由于区域资源共享策略不足，共享力度不够，大量工作者把主要精力放到重复性资源的制作上，造成资源冗余、资金浪费；资源建设容易出现"重硬件轻软件"的现象，尤其是偏远农村中小学校，只重视硬件投入和管理资源系统，但轻视后期的维护、使用，从而造成资源"用时方恨少"。5G 凭借大带宽的技术优势，可以与超高清视频、虚拟现实、增强现实以及全息等技术相结合，丰富远程教学的内容和形式，提高远程教学的效率和质量，强化学生与教师以及环境的交互，进一步突破教学环境的时空壁垒。基于优质教育资源的远程共享，可以有效地推动基础教育服务的均等化。

2. 数字教学内容创作的需求

5G+智慧教育的相关教学内容资源匮乏，这使得商业应用开发进度迟缓。新的教学方式需要全新的教学内容来适配，其中大部分内容需要由专业技术人员来制作，如各类 5G+扩展现实（Extended Reality，XR）教学的内容，但如何契合课程教学要求是其面临的一个难点。此外，XR 等教学内容制作的成本高、周期长，大部分教育内容需要个性化定制，在短期内制约了相关应用的商业化进程。因此，需要结合 AI、大数据等技术，创新教学内容制作模式，并丰富教育资源的类型，满足 5G+智慧教学应用的开展。

3. 智慧教学模式创新的需求

未来多种形态的智能教学设备，包括智能教学终端、录播室/远程教室 XR 设备、智慧图书馆终端、实验设备、监控设备、便携智能终端等将带有 5G 通信模块，在教学环境中衍生出各类应用场景，全面提升教育能力。这类教学形态的改变均对通信网络提出更高要求，互动教学和沉浸式教学是当前发展的两大方向。例如，在各类教学应用中，可以利用 AR、VR 以及 MR 等 XR 技术，为学生营造虚实融合的学习环境，以形象化的方式为学生讲解抽象的概念和理论，或者使学生能够体验现实中难以体验的场景和活动，突破时空甚至是现实环境的限制，创造沉浸式的教学环境，提高老师的教学效率和学生的学习体验。

4. 智慧校园管理的需求

5G+数字校园带来了一种全新的生活、学习和管理模式，传统的学生入校管理、校园监控和应急方式难以适应新形势下 5G+校园建设的需求，因此，需要建设一种基于 AI、物联网、大数据等新兴技术、紧密贴合校园教学管理需求的校园综合系统，以实现学生管理、校园监控、消费管理和教学管理的无缝融合。同时，校园存在面积大、场地分散、管理人员少、校内人数多、学生安全防范意识差等问题，学校中的教学楼、食堂、运动场、实验室等公共场合都存在不同程度的安全隐患，基于 5G 技术的校园监控、风险分析等功能，有助于构建平安校园。

13.6.4　5G+AI 技术融合分析

1. 5G+AI+云计算

5G 凭借其高速率、低功耗等优势，与云计算相结合，使教学资源按需供给，为师生提供多层次、全方面、个性化的教学支持与服务。同时，以人工智能为核心的技术，从语音识别、语义识别、图像识别、认知计算、情感计算传感器等方面推动教育计算的发展。机器学习能自动从大量数据中提取隐含的、未知的、潜在有用的信息和知识，结合 5G 技术高容量、广连接等特点，来分析师生的知识、行为和情绪等显性数据，从而支持教师开展智慧教学，培养学习者的思维和创造力。此外，5G+AI+云计算也推动着校园监控应用的发展，支持人脸识别、陌生人告警、体温预警、人脸考勤、资源配置管理、数据检索及报表统计等功能，从而实现校园安防的智慧化和科技化。

案例：5G+AI 主动式安防系统

南京市中华中学联合南京移动将 5G 技术与 AI 技术充分融合，共同搭建了"5G+AI 主动式安防"系统调试、调测并安装上线，该系统可对中华中学的监控视频进行实时分析和智能处理，实现闯入、围栏监测、离开岗位、可疑停留、聚众、打架、画面遮挡等 7 种危险行为的及时预警。由于该系统运用了大量的校园场景数据集对模型进行训练，因而高度适配校园场景，系统检测结果的准确率更高，从而为突发校园安全事件提供科学、准确的判断和预警，可以最大限度地消除校园安全隐患。当校园出现霸凌事件等不安全因素时，"5G+AI 主动式安防"系统能够实时监控，再通过 5G 网络将监控视频画面即时回传到后台，AI 处理能力在基站侧的边缘计算节点中进行算法优化，从出现危险行为开始到收到告警信息仅需要 2.6s。

---

2. 5G+XR+全息

教学呈现技术让教育内容的表现形式更加灵活、准确、形象，从视觉和听觉上促进知识和技能的学习。XR 涵盖虚拟现实、增强现实、混合现实等多种形式，与全息投影结合后，能够创造和设计出完全沉浸式的虚拟空间。5G 与全息、XR 等技术的融合，进一步突破了虚实世界的界限，实现了映射空间的全息化、全息空间的数据化、数据空间的智能化。在高品质的无缝沉浸式学习环境中，通过共享优质教育资源，来推动教育的高质量均衡发展。

案例：上海卢湾高级中学和遵义市第五中学 5G 全息互动课堂

上海市卢湾高级中学和遵义市第五中学联合建设以红色资源为线索、以 5G+全息技术为依托的党史思政互动课堂。两所学校都建有全息采集端、全息显示端和增强现实全息技术（ARHT）服务器，可以实现主讲教室和听讲教室的相互切换。通过 5G 网络的超高带宽、超低时延来实现授课教师的 1:1 真人还原，将现实和虚拟叠加在一起，以 4K 画质的投影方式进行教学，让师生身临其境般完成"面对面"的交流互动。上海是党的诞生地，遵义是中国革命的转折地，两所学校提前将中共一大会址、遵义会议会址等场所做好全息投影，通过 5G 网络的连接在全息显示端上立体投影，让师生切实感受到历史不仅是"历史"，而就在身边。

3．5G+物联网+大数据

5G 凭借其高速率、低时延的特性赋能智慧教育，结合信息传感器、射频识别等物联网技术来实现随时随地万物接入的功能，对教与学的过程进行智能化感知，从而解决线下数据难以获取的问题。5G+大数据技术凭借其大量、高速、多样的特性来捕捉感知智能技术获取的大量线上数据，使万物互联采集的大量数据存储于其中，并通过高效管理与运算，以支持评价学生综合素质、教师教学效果与教育管理成效等。

案例：海尔打造"5G+物联网"全覆盖学校

作为青岛首家"5G+物联网"全覆盖学校，海尔学校在每一间教室和实验室都配有健康护眼的智慧互动黑板。课堂中所有的重点难点，都可以通过老师的"一键录屏"来生成课堂实况，实时上传到智慧学习平台，全校学生可以根据各自的需要，随时随地通过专属的定制平板电脑来反复学习。在万物互联的学习场景中，学习不再受空间和时间限制，学生学习的主动性、教师指导和反馈的效率都将得到极大的提高，师生交流可在分秒中反馈，更加精准高效。

13.6.5　教育数智化典型方案

1．中国联通 5G 智慧教育方案

面向教育行业宽带化、移动化、物联化和多业务融合发展的诉求，中国联通结合 5G 网络、新型基础设施构建了 5G 校园专网，作为发展智慧教育的信息载体和基础，为教育行业提供信息高速公路，5G 智慧教育方案整体架构如图 13-13 所示。同时，中国联通过 5G 专网（包括云联网、云组网和云专线），以联通云为基座，构建教育智脑，通过"5G 专网+教育智脑"平台，面向学生、家长、教师提供智慧学习的保障，双引擎驱动校园数字化的转型变革。

5G 终端作为 5G 行业应用的关键载体，给传统终端设备与物联网、大数据等新兴技术融合落地提供了物理实现基础。中国联通面向智慧校园专网场景，提供如 VR 终端、AR 终端、巡检机器人、传感器、摄像机等终端设备。5G 校园专网网络部分采用中国联通标准的 5G MEC 建设模式，分为 toC 和 toB 两类。toC 类校园专网场景，主要满足学校 toC 终端（手机等）的需求，通过中国联通 toC 核心网进行业务承载；对于 toB 类校园专网场景，主要满足学校 toB 物联网终端（巡检机器人等）的需求，通过中国联通 toB 核心网进行业务承载。中国联通智慧教育解决方案以联通云作为基座，构建了智慧教育智能平台，提供包括业务组件管理、应用组件管理、技术组件管理、工作台管理、通用组件管理五大平台能力，同时提供包括 5G 互动教学、5G 智能考试、5G 综合评价、5G 智慧校园、5G 区域教育管理五大典型应用领域的多种 5G+智慧教育应用，供学校按需搭建。

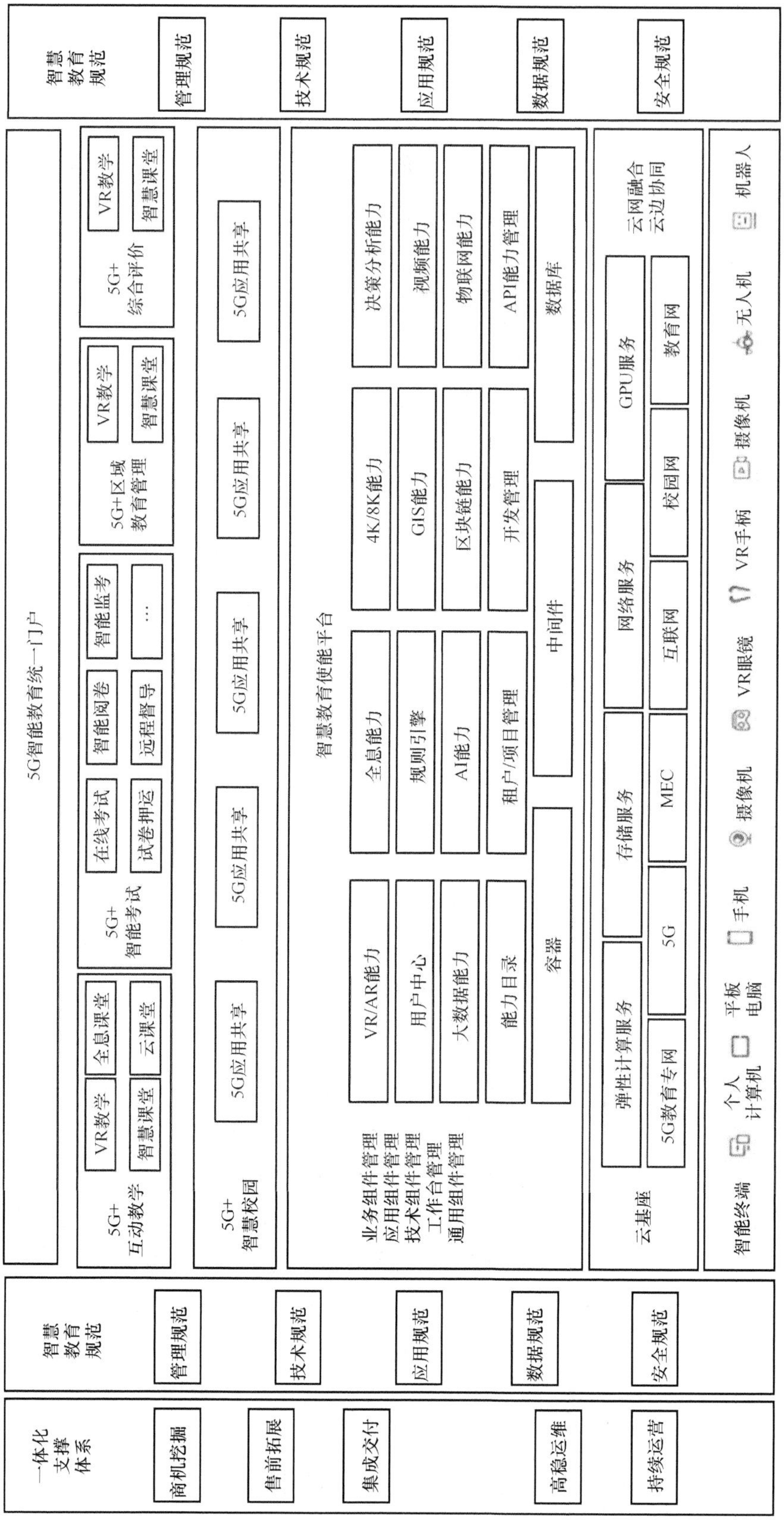

智慧教育规范
管理规范
技术规范
应用规范
数据规范
安全规范

5G智慧教育统一门户

5G+互动教学：VR教学、智慧课堂、全息课堂、云课堂
5G+智慧校园：5G应用共享
5G+智能考试：在线考试、试卷押运、智能阅卷、智能监考、远程督导、……
5G应用共享
5G+区域教育管理：VR教学、智慧课堂
5G应用共享
5G+综合评价：VR教学、智慧课堂
5G应用共享

智慧教育使能平台
VR/AR能力、全息能力、4K/8K能力、决策分析能力
用户中心、规则引擎、GIS能力、视频能力
大数据能力、AI能力、区块链能力、物联网能力
能力目录、租户/项目管理、开发管理、API能力管理
容器、中间件、数据库
5G应用共享

云基座
弹性计算服务：5G教育专网
存储服务：5G、MEC
网络服务：互联网、校园网、教育网
GPU服务、云网融合、云边协同

智能终端
个人计算机、平板电脑、手机、摄像机、VR眼镜、VR手柄、摄像机、无人机、机器人

智慧教育规范
管理规范
技术规范
应用规范
数据规范
安全规范

一体化支撑体系
商机挖掘
售前拓展
集成交付
高稳运维
持续运营

业务组件管理
应用组件管理
技术组件管理
工作台组件管理
通用组件管理

图13-13 5G智慧教育方案整体架构

2．中国移动 5G+智慧校园解决方案

聚焦教育不均衡、教学质量提升、管理效能低下、综合评价不足四大难题，中国移动打造了 1 张教育云网+7 大创新应用的 5G+智慧教育新模式，以 5G 教育云网融合服务构建教育新型基础设施，以创新应用实现全场景校园服务体系，5G+智慧校园解决方案如图 13-14 所示。

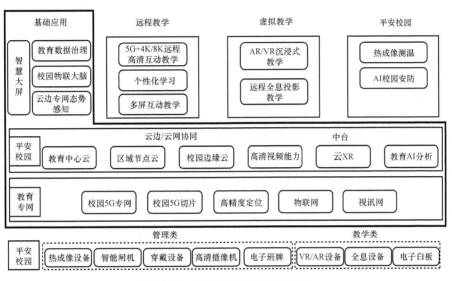

图 13-14　5G+智慧校园解决方案

依托 5G 网络的高带宽、低时延等特性，可以实现移动性的灵活开课，随需随用，同时支撑高清视频传输以及低时延互动的沉浸式互动课堂应用，有效解决传统双师的交互体验问题，为远程互动课堂的长远发展提供有力保障；通过 5G+物联网设备采集学生多场景学业数据，依托教材知识图谱精准定位学情分析，为学生提供个性化的学习指导；基于 5G 网络提供线上授课与教务管理功能的空中课堂，支持电视大屏、计算机、手机多终端接入，具备健全的直播互动教学能力。基于 5G 的大带宽、低时延等特性，将 AR/VR 教学内容上云端，利用云端的计算能力实现 AR/VR 应用的运行、渲染、展现和控制，并将 AR/VR 画面和声音高效地编码成音视频流，并通过 5G 网络实时传输；通过 5G+AI 技术提供"考勤管理+人脸识别"平安校园方案，通过人脸识别、活体检测、人脸搜索及人脸对比等技术，建设智能监控系统、出入管理系统、校园安保系统，有效地增强了校园安全系数，预防校园治安案件发生，从而整体满足学校安全管理需要。

13.6.6　规模化复制与推广路径

教育行业 5G 融合应用发展路径主要分为 3 个阶段，教育行业 5G 规模化应用发展阶段如图 13-15 所示。

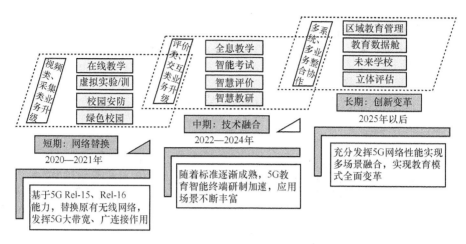

图 13-15　教育行业 5G 规模化应用发展阶段

第一阶段（2020—2021 年）：在短期网络替换阶段，5G 在部分场景中更新替换原有的无线网络，视频类、采集类的业务得到升级，在线教学、虚拟实训、智慧校园等应用场景得以迅速发展。

第二阶段（2022—2024 年）：在中期技术融合阶段，随着 5G 技术的不断成熟，评价类、交互类的业务将得到升级，此阶段全息教学、智能考试等场景变得不断丰富。

第三阶段（2025 年以后）：在长期创新变革阶段，多系统、多业务的整体协作将凸显，区域教育管理等应用场景将得到有效的发展。

13.7　医疗

13.7.1　行业数智化发展概况

近年来，我国密集发布了系列医疗健康政策，尤其是《健康中国 2030 规划纲要》把医疗健康上升至国家战略层面。随后，《"十四五"全民医疗保障规划》《"十四五"全民健康信息化规划》《"十四五"优质高效医疗卫生服务体系建设实施方案》等顶层规划发布，重点提出要进一步畅通全民健康信息"大动脉"，以数据资源为关键要素，以新一代信息技术为有力支撑，以数字化、网络化、智能化促进行业转型升级，为更好地提供优质高效的医疗卫生服务、防范化解重大疫情和突发公共卫生风险、建设健康中国、推动卫生健康事业高质量发展提供坚实的技术支撑。

为聚焦医疗服务体系的建设与优化，国务院于 2021 年印发《关于推动公立医院高质量发展的意见》，把公立医院改革与高质量发展作为全面深化改革的重点任务。2023 年，《关于进一步完善医疗卫生服务体系的意见》《深化医药卫生体制改革 2023 年下半年的重点工作任务》等文件下发，特别提出要推动优质医疗资源的扩充、合理布局和下沉，提升群众就医体验，包括建设互联网医院、提供线上诊疗服务等方式，用信息化手段将优质的医疗服务送到群众的身边。随着一系列围绕战略目标的政策密集发布，远程医疗、区域协同、分级诊疗、互联网+医疗健康的概念初步成形。

在国家政策的指引下，医疗行业较早迈向了 5G 时代。自 2020 年开始，工信部与卫健委联合启动"5G+医疗健康"创新试点项目申报工作。上海、浙江、安徽等地开展医学人工智能应用和社会治理实验，北京、山东、海南等地开展区块链创新应用试点，取得阶段性成效。各医疗机构、企业也纷纷探索 5G 在医疗领域的应用，先后完成了"首个 5G 医疗实验网""首家 5G 智慧医疗示范单位""首例基于 5G 的远程人体手术"等工作。

同时，数字健康服务资源加速扩容下沉，优质医疗资源向基层延伸拓展，数字化向医疗健康全领域加速渗透。目前，远程医疗服务平台已覆盖全国 31 个省份及新疆生产建设兵团，地市级、县级远程医疗服务已实现全覆盖，全年共开展远程医疗服务超 2670 万人次。截至 2022 年 10 月，全国设置超过 2700 家互联网医院，开展互联网诊疗服务超过 2590 万人次。全国统一的医保信息平台全面建成，接入约 40 万家定点医疗机构和 40 万家定点零售药店，有效覆盖全体参保人。国家医保服务平台实名用户数量达 2.8 亿，涵盖 100 余项服务功能。基于数字技术的在辅助诊断、康复、配送转运、医疗机器人等方面的新应用快速普及，互联网直播互动式家庭育儿、线上婴幼儿养育课程、父母课堂等新形式不断涌现。

数字技术能够有效满足现有医疗信息传输和智慧应用的需求，结合智慧医疗应用特征以及对网络宽带和时延的要求，可将应用场景总结为三大类：第一类是基于医疗设备数据无线采集的医疗监测与护理类应用，如无线监护、无线输液、移动护理、患者实时位置采集与监测、医疗设备巡检和远程慢病管理等；第二类是基于视频与图像交互的医疗诊断与指导类应用，如实时调阅患者影像诊断信息的移动查房、采用医疗服务机器人的远程查房、远程实时会诊、应急救援指导、无线手术示教和无线专科诊断等；第三类是 5G 网络与诊断指导类应用、远程操控类应用和实时辅助类应用充分融合，形成基于视频与力反馈的远程操控类应用，如远程机器人超声检查、远程机器人内窥镜检查、远程机器人手术和 AI 辅助诊断等。总体来看，无线采集类应用基本成熟，处于规模化推广阶段；图像与视频交互类医疗应用技术方案不断发展；远程手术等远程操控类应用尚处于探索初期。

可以说，目前我国医疗数字化已进入区域互联互通得以实现大数据分析和人工智能赋能辅助诊疗的 4.0 阶段，并实现了从个体到整体、从局部到广域的发展，其内涵与功能得到强化，服务范围被不断延伸。

13.7.2 行业数智化发展趋势

1. 医疗 AI 将全面渗透各类细分领域

以计算机视觉、自然语言处理、机器学习等为代表的 AI 技术不仅能够有效提升我国医疗机构服务水平，减轻医护人员工作压力，还可以缓解中国高水平医疗专家资源不足的困境，从而辅助医疗机构、药物企业加速药物和诊疗方案的研制。目前，AI 技术在医疗健康方面渗透主要集中在医学影像、疾病辅助筛查与诊断、临床辅助决策、药物研发、精准医疗、健康管理、医疗支付等细分领域，未来随着海量医疗知识、患者案例、生物学等数据喂养的，和以 ChatGPT 为代表的新一代 AI 技术的加入，医疗 AI 将从辅助疾病分诊、评估及诊断转向智慧诊疗、智慧健康管理等领域，从而大幅提升医疗机构诊疗水平，改善患者体验。

2. 医疗大数据将驱动新应用

医疗健康数据作为医疗领域数字化转型发展的关键，其开放应用成功与否不仅关系到行业治理、临床科研、公共卫生、医疗保险等领域的创新发展，还对卫生健康行业和数字健康经济的高质量发展具有深远影响。以医药营销为例，大数据的发展使得患者行为研究的壁垒逐渐降低，使得相关企业更便于快速发现消费者使用习惯的变化。疫情也使医药电商迅速发展，不受限于地域限制后，患者在线上拥有更多的自主选择权。目前，一些具有创新能力以及实力较强的国内外大型制药企业已进行了多方向、多领域的数字化探索，通过研究患者路径、药品特征和企业态度来选择医药营销手段，通过打造数据闭环来实现精准营销。

3. 医疗元宇宙将发挥巨大的价值

在全球范围内，医疗行业面临着重重困难，如何提高疗效、降低治疗费用是各个国家亟待解决的问题。元宇宙可以重建医生与患者、医疗与社会的关系，重建围绕患者产生的大数据，建立现实与虚拟世界之间的连接。随着科技的不断进步、政策的逐渐清晰、医疗数据的确权与流通规则明确，元宇宙与各医疗场景的融合程度将不断加深。考虑 VR、AR、MR、脑机接口等技术与医疗场景交互的复杂程度，元宇宙技术下的医疗培训、外科手术等将在未来几年逐渐实现，而虚拟医生、个性化健康管理等则需要较长时间来进行数据沉淀与技术积累。

13.7.3 行业数智化整体需求

1. 高质量网络覆盖的需求

医疗领域的众多应用场景对网络的覆盖范围和稳定性要求极高。5G 网络的建设速度很快，虽然在北京等一线城市已经实现五环内室外信号覆盖，但是因为智慧医疗的主要应用场景在室内，如果仅对现有建筑物内部的 3G/4G 室分系统进行升级，很难完成 5G 信号的室内完全覆盖。这需要运营商根据医院的不同建筑结构、不同科室的功能分区，重新布设 5G 室分系统，并在医院的院区内架设 5G 皮基站，或通过共享杆等方式，实现医院室内、室外 5G 信号的全覆盖。

2．智慧医疗模式创新的需求

当前医院发展模式逐渐从规模扩张转向提质增效，运行模式逐渐从粗放管理转向精细化管理。各级医院正在大力推动核心业务与运营管理的深度融合，将现代管理理念、方法和新兴信息化技术融入运营管理的各个领域、层级和环节，提升运营管理的精细化水平，从而实现高质量发展。医院的智慧化建设离不开 5G、人工智能、边缘计算等新技术的支持，以此来完成医疗模式的创新，实现患者与医疗人员、医疗机构、医疗设备间的互联互通和信息共享，促进医院内外业务协同。

3．医学大数据价值挖掘的需求

近年来，我国健康医疗、基础研究、疾病预防、医学教育等领域的医学大数据已经有了一定的发展。且随着智慧医疗应用的逐渐推广，医疗数据呈现急速增长的趋势，新业务也将让医疗大数据变得更加多元、多变和复杂，这导致了很多问题：一是大数据以及与此相关的人工智能等技术标准不统一；二是数据质量不高；三是数据分散在各个医疗单位、相互不连接，无法分析和综合运用，"信息孤岛"现象严重；四是数据开发能力有限，对数据开发利用得较少。需要加快 5G 技术在大数据医疗中的应用，进行联合攻关，创新发展大数据医疗，研发生产以 5G 技术为基础的医疗设备产品，并抓紧和形成区域性或全国性的医疗平台。

4．智慧医疗监管安全的需求

5G 新技术、新应用的快速发展，加快了健康医疗领域各应用的数据流通。医疗工作涉及人民群众的海量健康数据、诊疗数据、用药数据，可能潜藏医疗质量和数据安全风险。加强智慧医院、智慧医疗领域的数据监管是保护患者隐私工作的重中之重，需要依托 5G+其他技术创新监管方式来建立、健全智慧医疗领域的安全监管体系，才能确保智慧医疗的可持续发展。

13.7.4 5G+AI 技术融合分析

1．5G+AI

AI 与医疗的结合方式较多，目前的应用场景集中在医疗影像辅助诊断、医学智能虚拟助手、疾病筛查与预测、智能临床决策支持、辅助药物研发和医用机器人等领域。其中，医疗影像 AI 辅助诊断技术的落地程度最高，其应用包括肺癌检查、糖网眼底检查、食管癌检查以及部分疾病的核医学检查和病理检查等。通过计算机视觉技术对医疗影像进行快速读片和智能诊断，辅以大量智能学习分析，这些医学影像、人工智能辅助诊断产品可以辅助医生进行病灶区域定位，有效减少漏诊、误诊问题。随着5G+AI技术的进步，医疗影像AI技术不仅可以在现阶段诊断病人的病情，也可以在未来对病人在治疗过程中可能出现的反应和问题进行精准评估。

案例："5G+AI"胎儿医学和产前诊断专科协作网络

2023年5月，上海市第一妇婴保健院携手中国国内60家医院宣布成立"5G+AI"胎儿医学&产前诊断专科协作网络。该平台的成立，标志着中国国内胎儿医学学科站上了又一个新起点。相较于远程会议系统，"5G+AI"技术实现了高清的超声实时图像传输和全程无障碍沟通功能，不仅可以实现远程的产前精准诊断、疑难病例的精准转诊，促进优质医疗资源的合理化利用；同时，"5G+AI"技术还可对经过上海第一妇婴保健院规范培训的异地胎儿医学协作单位进行远程宫内手术指导，从而帮助异地建立省级宫内治疗中心，减少病人的奔波。基于"5G+人工智能"的新兴技术平台，上海第一妇婴保健院胎儿医学科已实现100%胎儿专病诊疗的多学科云端会诊、疑难病例转诊前远程超声实时评估及咨询、云上手术指导、云上协助基因数据分析等。

---

2. 5G+物联网

基于5G+物联网技术的应用，能够实现全院医疗设备底层的互联互通，突破各品牌品类壁垒和非标准化差异，对设备的24h运行状态进行监控和预警，让医工人员对设备的实时运行状态了如指掌，对故障预警未雨绸缪，运维保养工作更专业高效、有迹可循，能及时为医疗设备的高质量安全运行保驾护航。目前，5G+物联网应用的开展包括无线输液监控、生命体征监测、病房环境监测、无线冷链管理、设备能效监测、移动资产定位、就医时间采集、患者行为管理、医疗废弃物管理等系统。

案例：5G物联网实现实验室生物安全监管

为防范生物安全风险，筑牢国家生物安全屏障，浙江省卫生健康委员会联合浙江电信打造了全国首个5G生物安全实验室监管平台——"5G生物安全在线"。该平台基于5G切片专网，融合了5G物联网融合网关、AI视觉分析、5G定位等技术，可实现实验室生物安全的全方位智能监管。其中，在环境状态监管方面，通过5G物联网融合网关与实验室内智能环境传感器通信，实时采集环境中温湿度、噪声、悬浮粒子、气压等数据并实时预警；在样本运输监管方面，配备5G智能运输箱，利用5G、北斗定位等技术，实现样本运输全流程跟踪定位及预警。目前，该项目已在浙江7家医院进行试点。该项目可显著对实验室监管提质增效，操作合规性、备案完整性、环境整改效率提升明显，样本可追溯率达100%。

---

3. 5G+大数据

5G与大数据等信息技术融合，有望支持实现健康医疗大数据的深度整合和应用。通过创建大数据平台，统计分析大众身体健康状况的总体数据，并按地域、性别、年龄、科室的不同来分门别类，从而提醒广大群众应注意的健康问题。将智慧数据应用到医疗健康领域中可增强广大群众对自身健康状况的总体认识，进一步了解自己的身体状况，有利于广大群众有意识地采取一些具有针对性的措施管理自己的健康，达到降低发病率的目的。另一方面，5G、大数据和人工智能相结合，能够将系统的诊断设备、诊断资料连接起来，快速做出诊断，并快速上传到医生侧，为患者做出与现在的专科诊断治疗相比更为准确和系统的诊断治疗。

案例： 5G+大数据辅助中医慢病管理

内蒙古自治区中医医院是该区唯一集医疗、教学、科研、康复、保健等功能于一体的三甲中医医院，心脑血管病是该医院的特色诊疗项目。中国电信携手合作伙伴为该医院打造了 5G+心脑血管病智慧中医一体化防诊治平台，利用 5G 来实现远程动态的心电数据预警及分析服务，构建以中医慢病管理为核心的医疗防治生态圈，提升中医药在心脑血管疾病诊治上的临床价值和核心竞争力。该项目建立了以中医循证医学为支撑的大数据中医药知识库、心脑血管专病队列和心脑血管疾病谱，搭建了数据服务与管理运营一体化的心脑血管病中医智能防诊治平台，通过可穿戴设备来采集患者体征数据、动态心电数据等，利用 5G、AI、大数据等关键技术来实现健康管理、慢病管理智能化服务，从而推动中医院数字化、信息化。

4．5G+边缘计算

医院的本地化服务器有大量采集的数据须快速地处理和分析，如各类检查结果的上传/下载、专家诊断库、病历库、住院信息、医疗风险处理等信息，但医院信息安全要求较严格，医疗数据保密性高，不能泄露到公网中。5G+MEC 可以保障医疗数据不出园区，并满足医院数据的安全、低时延、高可靠要求。在医院建设本地化的边缘计算平台，可以开展业务访问、读取、分析、处理，并实现患者定位、无线输液、无线监护、移动查房、机器人查房、应急救援、远程会诊、远程超声等新型 5G 应用。

案例：深圳市福田区医联体 5G+MEC 智慧医疗

2019 年以来，深圳市福田区医联体、中国移动、华为等单位联合在深圳开展了 5G+智慧医疗战略合作。通过部署医联体医疗专网，深圳市福田区已打造了一条服务福田区的医联体专线和两大平台，涵盖医疗边缘云平台、远程医疗服务平台。在实现全区医疗机构（7 家医院、83 家社区健康服务中心（简称社康））信息高效安全互通的基础上，率先完成 5G 远程急救、5G 远程会诊、5G 移动诊疗、5G 社康急救指导、5G 智慧病房等应用，实现深圳市福田区医联体服务的远程化、移动化、信息化快速升级改造。同时，在新冠疫情期间，基于 5G+MEC 的医疗专网，通过 ICU 床旁会诊、远程会诊，让分级诊疗、智能转诊更科学，为群众提供更优质便捷的医疗服务，并着力推动专线融合的分级诊疗体系，进而构建"医院强，社康活，上下连，信息通"的全民健康服务体系样板。

13.7.5 医疗数智化典型方案

1. 国家应急医学救护体系

应急管理部直属应急总医院,作为国家应急医学研究中心所在单位,承担服务灾害事故现场、应急救援一线的重任,持续开展应急医学技术学术研究、实施灾害事故应急医学救援和推动应急医学救援体系一体化建设。国家应急医学救护体系方案如图 13-16 所示,应急管理部通过建设 5G 医疗专网,来构建国家应急医学救护体系;依托 5G+卫星虚拟专网来实现空地一体化医疗网络,覆盖全部业务,对接 120 和急救设备;将第一现场的全部医疗数据通过 5G 专网、卫星通信传输至后端指挥中心,平时传输急救数据,救灾时传输救灾数据。

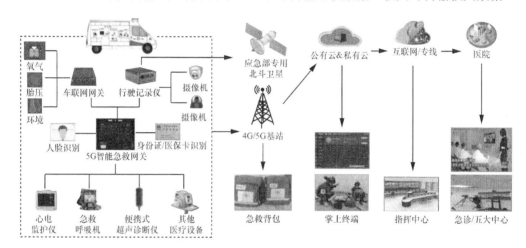

图 13-16　国家应急医学救护体系方案

该套系统日常可承接北京市急救任务,其车辆管控功能支撑救护车及急救设备的日常运维工作,可辅助调度员进行更好的业务指派,并预告知医院详细信息;通过急救过程质控模块指导急救过程,形成标准化急救病历;通过急救大数据分析功能对急救服务进行分析。该系统可在战时迅速形成高效全覆盖的应急救灾体系,通过应急救灾专网向指挥中心传输第一现场的数据,实现"第一现场—医院—指挥中心"的全流程数据实时共享。应急体系搭配 AR 眼镜及急救背包可以极大地提升急救效率。AR 眼镜会诊,可解放医生双手,更加便捷地进行急救、抢救、救灾工作;急救背包装载着数据对接后的便携医疗器械,所有医疗数据可迅速、自动化录入急救病历。

2. 新华三 5G 远程医疗解决方案

面对智慧医疗创新的新机遇和新挑战,紫光股份旗下新华三集团推出了"5G 远程医疗解决方案",将 5G 与云计算、人工智能的技术深度融合,让更加稳定、可靠、高效的网络服务于数字医院创新,新华三 5G 远程医疗解决方案如图 13-17 所示。新华三通过与行业需求的深度融合，重塑医疗行业数字化转型，打造更安全、更可靠的远程医疗业务，以助力医疗服务品质提升、推进区域医疗资源协同共享。

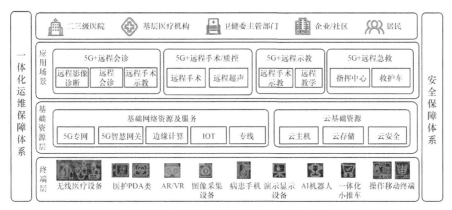

图 13-17 新华三 5G 远程医疗解决方案

在 5G 与医疗场景的结合上，新华三集团基于远程医疗云视频平台、诊疗业务系统，融合 5G 的技术优势，构建起了一整套完备的 5G+远程医疗解决方案。通过这一方案的推出，新华三以全场景的云架构视频设备实现了深度智能化的视频通信传输，让会诊中心、本地诊室、异地病房实现了互联互通，以强大的数字化平台承载起 5G+远程会诊、5G+远程手术/质控、5G+远程示教、5G+远程急救等一系列场景应用，有效提升了院内、院区、院间远程协同服务的范围和质量。

同时，新华三集团结合 5G 在新空口（New Radio，NR）、切片、上行带宽增强、安全保障等方面的创新，以"云网安"一体化的方式来构建高品质的 5G 远程医疗融合专网，赋能远程医疗。目前，新华三立足 5G 云化小站、轻量化 5G 核心网架构、OpenUPF 等关键创新产品，实现了 5G 与 Wi-Fi 深度的融合创新，借助 5G+云计算平台支持医疗业务流量接入，从而降低了远程医疗的创新和应用成本。

13.7.6 规模化复制与推广路径

阶段一（2020—2021 年）：基于 5G Rel-15 的能力及成熟度，短期内以信息采集和连接业务为主，以替换网络及终端的方式实现，发挥 5G 的大宽带、广连接作用，这个阶段的主要应用场景包括超高清视频监控、VR/MR、远程会诊、远程教学等。

阶段二（2022—2025 年）：这个阶段的特点是 5G 与人工智能、大数据、云计算等技术的融合加深，涌现出新型业务形式或增强型业务形式，主要应用场景包括园区管理、远程病理诊断、重症监护、移动查房、远程急救等。

阶段三（2026 年以后）：随着 5G 技术标准的发展和行业应用融合深度的增加，5G 与医疗健康业的生产、控制、管理系统协议融合，各类型 5G 融合应用共同使用，实现了智能化生产和产业的变革。这个时期的应用以综合为主，包括远程机器人手术、机器人超声等。

13.8 制造

13.8.1 行业数智化发展概况

制造业是国家发展的经济命脉和支柱，是立国之本、强国之基、兴国之器。在 2017 年，国务院发布《关于深化"互联网+先进制造业"发展工业互联网的指导意见》，工业互联网正式成为支撑制造业数字化转型的路径和方法论。党的二十大报告也明确提出，要坚持把发展经济的着力点放在实体经济上，加快建设制造强国、网络强国、数字中国，推动制造业高端化、智能化、绿色化发展。《"十四五"智能制造发展规划》《"十四五"机器人产业发展规划》等政策相继发布，明确了以"数字化+智能化"为核心的数智化转型，是赋能制造业高质量发展的重要引擎，已成为促进产业链、供应链高效协同和资源优化配置的有效手段。特别是 5G 低时延、高可靠、大带宽的基础特性恰好与制造领域低时延、高可靠、广覆盖的网络特点紧密契合，与工业互联网相辅相成，有利于行业加速数字化、智能化、网络化转型。

在国家战略的指引下，工业和信息化部协同产业各方，深化网络覆盖和共建共享，深入推进 5G 应用"扬帆"行动计划、"5G+工业互联网"融合应用和"百城千园行"等行动，加速制造产业成熟。自相关工程与计划推进实施以来，我国 5G 与工业互联网基础设施日趋完善，已建成全球规模领先、技术领先的 5G 网络，高质量外网已覆盖全国 300 多个城市。数字技术与工业制造融合应用赋能倍增效应凸显，推动制造业迈向智能化、高质量发展阶段。

一方面，智慧工厂建设规模不断扩大、水平持续提升。工业和信息化部数据显示，截至 2023 年 12 月月底，我国共计培育 421 家国家级示范工厂、万余家省级数字化车间和智慧工厂，建成全球四成的"灯塔工厂"。同时，国家两化融合公共服务平台服务工业企业 18.3 万家，数字化研发设计工具普及率达到 79.6%，关键工序数控化率达到 62.2%。

另一方面，智能制造的新场景、新方案、新模式不断涌现。新型制造模式已经从概念框架走向落地实施。汽车、大飞机、工程机械等装备制造业探索了协同设计、虚拟验证、远程运维等模式，以促进产品快速迭代和效益提升；家电、服装等消费品行业创新了大规模定制、用户直连制造、共享制造等模式，以满足个性化需求，挖掘体验价值；石化、冶金、建材等原材料行业实施了产销一体化运营、跨工序质量管控等模式，以促进产业提质增效，并实现本质安全和节能降耗。

13.8.2 行业数智化发展趋势

数字技术在中国制造业呈现快速发展的趋势，最新的市场调研数据表明，自 2019 年开始，智能制造市场规模每年保持 40%以上的增长率，2025 年将超过 400 亿元。随着装备、网络、软件、数据四大要素成为制造企业部署数字化场景的重要支撑，数字化转型也逐渐呈现"新四化"的发展趋势。

1. 工业装备数字化

工业装备作为执行作业的工具，是工业企业提质增效的基础和关键。当前，大量制造装备存在未联网、无法实时采集数据、交互方式传统、作业执行程序化、固定化等问题，难以胜任未来更加柔性、敏捷、高效的生产作业要求。而要推动传统设备装备迈向数字化装备乃至智能化装备，发展操作系统、工业芯片、边缘智能是关键路径。

2. 工业网络全连接化

网络作为数据传输的媒介，广泛连接着制造业的研产供销服全价值链以及生产的"人机料法环（人员、机器、原料、方法、环境）"等要素，支撑高稳定、高可靠的数据交互、连续不间断的生产活动、柔性灵活的生产模式。当前，我国大部分工厂已实现基础网络覆盖，可满足办公和基础生产活动需求；但面向数字化场景的拓宽和升级，制造企业对更高移动性能、更高确定性、更低时延、更大带宽的工业网络的需求逐渐迫切。未来针对移动性和确定性两大类需求，制造企业需要加快打造性能卓越、架构精简、安全可靠的工业网络，实现泛在连接、一网到底、智能运维、安全韧性的工业网络。

3. 工业软件云化

工业软件发挥着数据汇聚、分析、决策、反馈的关键作用。过去，传统工业软件为制造企业提供了极大的便利，帮助众多制造企业迈出了数字化转型的第一步；然而，面向未来，传统工业软件的本地化部署、软件系统异构、工业知识封闭、购买授权等模式，给制造企业带来系统间集成打通成本高昂、动态配置弹性不足以及买方锁定等问题；工业软件开发者也面临工业知识沉淀的壁垒，难以迸发创新活力的问题。因此，制造企业、工业软件开发者及其他制造业伙伴需要凝聚力量，探索理念创新与模式变革，循序渐进推动工业软件上云，真正从"用软件"过渡到"用服务"。

4. 工业数据价值化

数据已日益成为企业的关键资产和生产力，海量、实时、多源的工业数据是工业企业开展深度分析和价值挖掘的宝贵资产。然而，工业数据的高效采集、集成打通、价值挖掘与安全合规如何实现，是制造业共同面临的挑战。制造企业的数据治理和应用需要在空间维、时间维这两个维度充分延展，才能在更大范围内释放价值。

13.8.3 行业数智化整体需求

1．制造流程全面感知的需求

工业制造领域设备品类繁多、专业性强，通信标准、协议、接口各不相同带来了设备互联、数据采集难等问题。需要通过 5G 工业模组和 5G 专网、5G 融合组网，降低终端互联的成本，从而实现产线设备、工业机器人、检测仪器、工业传感器、智能仪表、个人数字助理（Personal Digital Assistant，PDA）等设备的联网。同时，在全面感知层面，利用 5G+工业物联网、MEC 等技术采集"人机料法环"生产全要素数据和业务数据，从而实现全过程透明、主动感知变化和要求；在融合协同层面，打通各系统，促进多系统的有机融合，建立供应链一体化协同体系，建立人机协同机制；在自主管控层面，利用 AI、大数据等技术整合异构多源数据，进行数据深度分析与挖掘，以数据驱动生产各环节进行科学决策、自主管控。

2．智能制造整体解决方案的需求

目前，一方面，市场上的方案多是通用型解决方案，难以满足传统制造业企业的专业化、个性化需求。主要的智能化制造应用多为生产管理、设备管理、工艺质量管理、仓储物流管理等单点智能，业务场景呈现碎片化特征。另一方面，数字化转型技术与服务缺乏行业标准，市场上的软件、大数据、云计算等各类技术和业务服务商良莠不齐，这导致对很多传统企业特别是中小企业而言，选择难度大，试错成本高。制造业需要从"从单点智能走向"整体智慧"，以生产、物流等各领域各场景的智能化应用探索"为建设思路，运用不同的 5G+融合创新应用，通过 5G+云+AI 能力，构建可灵活部署、泛在接入、智能分析的全云化、数字化工厂，充分发挥 5G 技术的价值，为智能制造带来巨大动能，推进 5G 与自动导引运输车（Automated Guided Vehicle，AGV）、超高清视频、云端 AI 识别、机器视觉+工艺联动的融合，逐步形成可开放共享、可复用的智慧工厂解决方案。

3．定制化生产制造的需求

5G、增材制造、新材料研发和自动化等新技术在制造业发展应用，使得为个人和小众市场生产高度定制化产品成为可能。面向家庭、消费者的家电制造、电子制造、汽车制造等领域的定制化服务是大势所趋，因此，如何灵活调整产线以满足用户个性化需求的生产成为重要问题。在制造过程的各个环节中，大数据、云计算、人工智能、物联网等信息技术融合，可实现以端到端数据流为基础，以通信网络为基础支撑，打造自组织的柔性制造系统。通过自动识别产品需求，匹配个性化订单状态，并适配订单设计需求，人们可以组织制造资源，执行生产作业、物料配送和质量检测等，从而完成个性化产品的定制生产。同时，依托具备感知、传输、分析和优化的智能产品，通过采集、传输、建模和用户数据分析，挖掘客户服务需求，也能够开发满足个性化需求的增值服务，从

而提升产品消费体验。

13.8.4　5G+AI 技术融合分析

1．5G+AI+工业互联网

5G 和 AI 的融合能够进一步助推工业互联网关键技术应用落地，例如，以 ChatGPT 为代表的大型语言人工智能模型不仅能提升产业领域的生产效率，还能促进岗位升级，提高传统工作岗位的附加值。5G 和 AI 的融合赋予了工业互联网在更多场景落地的有效性，例如，边缘智能可以很好地解决工业企业数据隐私安全保护、异构网络融合困难等核心痛点。此外，还可赋能工业互联网，在设备远程维护、实时数据采集等领域发挥技术优势。

案例：美云"AI 大脑"护航企业数字化转型

作为美的工业互联网对外输出服务的载体，美云智数打造了基于 5G+工业互联网的美云"AI 大脑"。为快速、轻便地应用 AI 解决业务问题，美云"AI 大脑"利用 AI 建模代码化地降低应用门槛，基于计算框架的技术底座，聚焦 AI 算法服务，一站式和组件化建模、配置化开发，开放自然语言处理、文字识别、图像识别、声音处理等核心能力，利用标注、NLP 分析等 AI 工具，提供工业、商业、办公、供应链、零售、企划、物流、安防等不同领域的解决方案，从而实现运营优化数字化以及生产经营智能化。以美的集团南沙"灯塔工厂"为例，AI 算法服务平台被广泛应用于该工厂的工艺参数推荐、图像质检、动作识别等业务场景，拉通研发、供应链、制造、品控、售后业务价值链，两期项目上线以来，T+3 流程效率提升，订单下达周期速度、设备异常响应时间、数据采集效率、模板切换速度等均有大幅改善。

2．5G+边缘计算

5G 网络的构建能够为工业类装置、终端提供速率更高与时延更低的网络接入服务，协同搭建平台，为工业、企业提供诸多的基础性服务。5G+边缘计算技术有利于工业互联网平台在边缘或者云端完成迅速处理，同时能依靠公共组件能力完成对 AI 等新型技术的应用，减少企业的开发成本。例如，依托 5G 提升基于移动大宽带与 5G MEC 低时延的视频图像传输技术，在工业施工场所安装无人机车可以实现远程操作，并完成对视频图像与控制信号的超低时延处理及传输，实时检查与远程操控无人机车，有效降低人工成本。

案例：卡奥斯推出 5G+MEC 增强方案

作为中国最早探索 5G 的工业互联网企业之一，卡奥斯 COSMOPlat 在场景、工厂、园区等层面积淀了诸多实践经验。卡奥斯 COSMOPlat 在工业园区领域率先探索实践，

助力海尔建成全球首个5G+智能制造全连接工业园区——海尔中德智慧园区。依托MEC边缘计算技术构建的分布式计算中心及5G边缘计算公共服务平台，该园区实现了跨行业跨领域的资源共享和算法调用，覆盖安防、设备互联、AGV配送、首件质检、能耗管理、视觉检测等多个场景。这一解决方案成功突破了传统应用单点部署下，场景应用之间呈现"数据孤岛"的窘境，形成系统的平台化部署，为传统工业园区的数字化转型提供了有益借鉴，成为"5G+工业互联网"规模化融合应用的典型示范之一。

3. 5G+VR/AR

5G能够大幅提升VR/AR数据传输容量，同时提供包括高频毫米波在内的多输入多输出（Multiple-Input Multiple-Output，MIMO）技术、多频谱能力，可为人口集中区域提供更充裕的网络容量。利用5G+VR/AR可以让用户体验不再受时间和空间的限制，实现"永远在场"，提升设备装配效率，同时还可以实现远程专家和一线运维人员同时在现场。以VR/AR远程协作为例，基于VR/AR技术的高清音视频通信，适用于各行业领域下的远程专家指导场景。技术专家可通过画面标注、语音指导、共享白板等方式，辅助现场人员完成相应工作。5G传输网络，能够实现实时、高速、可靠的数据传输，保证生产数据安全。

案例：上海航天八院800所"AR无损检测"

轻合金新材料产业基地建设项目，是上海航天八院800所（以下简称800所）聚焦核心专业优势。在项目至关重要的产品检测环节，以往探伤人员一旦遇到无损检测问题，电话、视频沟通效率低，甚至需要专家亲临现场。利用AR技术，800所的检测人员戴上AR智能眼镜，配合嵌入式三维模型，并借助亮风台HiLeia AR空间标注等可视化手段，实现产品检测环节"三高"测记。专家通过文字、图片、实时标注等多种空间标注形式实时指导，双方通过第一视角的实时交互、多方多地协同，仅通过云端交互、远程诊断就能快速定位问题并实时传输解决方案。借助AR技术，800所将"花式"无损检测技术与生产有机结合起来，助力航天智造升级加速度。

4. 5G+云化AGV

5G网络的大宽带为高精度测距提供支持，实现精准定位；5G网络的低时延，使物流运输、商品装捡等数据能更为迅捷地到达用户端、管理端以及作业端；5G的高并发特性还可以在同一工段、同一时间支持更多的AGV协同作业。5G模组或终端借助5G技术可集成于AGV内部；利用5G+边缘云可以将需要复杂计算能力的模块（如AGV的定位、导航、避障、图像识别及环境感知等）上移到5G的边缘服务器中，为AGV的大规模调度组网提供能力支撑，大幅降低单台AGV的成本；同时，运用实时视频高清画面无损传输、平台统一调度等技术，通过与自动化管理系统对接，物流线与人员、生产线、生产辅助设备的结合，最终可实现自动化物流与工业流程实时协同作业，从而大幅度降低人力成本、提高作业效率、缩短物流周期。

案例：天合光能 5G 专网 AGV 应用

天合光能和江苏移动常州分公司联手推出了 5G 专网 AGV 应用方案，该方案采用 5G 专网技术、自动驾驶技术、智能运输系统等多项技术，有效解决了传统物流运输效率低、成本高、安全性差等问题，极大地提高了物流运输的效率和精准度，为企业提供了新的发展动力和市场优势。基于 5G 技术赋能车间内的 AGV 搬运机器人，通过 5G 网络的超低时延和无死角覆盖，AGV 搬运机器人能在 5G 网络上实现实时通信；结合 AI 自动驾驶技术，实现运输速度的实时变化和运输路线的灵活调整后，接收指令只需 23ms，搬运机器人就可按照预先设定好的路线，自如穿行在车间内，使得车间作业车效率得到极大的提高。不仅缓解了劳动力成本上涨带来的压力，而且提高了生产效率，降低了单位时间内的成本，提升了产品品质，从而扩大了盈利空间。

5．5G+数字孪生

数字孪生作为 5G 全连接工厂应用的关键环节，可以在"虚拟工厂"的基础上，通过集纳工厂各子系统数据、打通上下游数据链，全面实现工业物联网可视化、智慧化管理。在 5G 通信下，数据从发送到接收所需的最短时间不到 1ms，几乎没有时延，使计算机上构建的数字孪生始终保持在最新状态。以远程监控为例，利用数字孪生设备了解设备内部的运行机制，获得的仿真结果可以当即反馈给真实机器人，即使生产线上出现问题，工人也能立即掌握现场情况并解决问题，从而提高故障预判和维修效率。

案例：小天鹅"5G+全连接数字孪生工厂"

江苏电信为无锡小天鹅电器有限公司打造了"5G+全连接数字孪生工厂"，依托 5G+的数字全连接，小天鹅工厂的每一台机器、每一个人、每一处角落都被"收纳"进系统里，为工厂打造了一个"孪生兄弟"。在小天鹅工厂的 5G+工业互联网大数据数字运营中心，小天鹅"U 净"洗衣机租赁业务的各种数据在不断更新，所有的订单信息实时显示，并智能地显示订单增长量、能耗曲线图和今日订单前 10 名。同时，整个厂区的 3D 立体图不停地在各个角度转换，从而展示园区的能耗情况、机组报警信息、园区噪声和 PM2.5 系数、人员入场流量统计、生产线实时监控、园区物流信息等。在"数字孪生全平台"的帮助下，工厂所有生产要素（员工、设备、物料、管理、环境等）的智能化水平显著提升，运行时间仅两年，实现了真正的订单式生产，客户响应效率提升了 50%。

13.8.5　制造数智化典型方案

1．卡奥斯智能家电产线解决方案

卡奥斯拥有 30 多年家电自动化产线经验，主要聚焦冲压、注塑、钣金成型、激光焊接、机器人应用等领域，其生产的多条全自动家电产线已经稳定运行超过 10 年。卡奥斯智能产线自动化解决方案是以先进生产工艺为基础，采用前沿的激光焊接技术，提供具有自我诊断与调整能力的智能生产系统，能够实现多规格产品的兼容性、自动化和高节拍快速生产。

针对产品不良率高、兼容产品种类少、换型和生产节拍慢、自动化程度低等家电行业的痛点，卡奥斯的所有产线均按照全自动化产线标准进行研发与设计，采用最新技术和工艺，通过技术集成可实现自动上料、产品自动流转、自动定位等功能；优异的材料、先进的加工制造工艺和严格的装配技术，为产线稳定运行保驾护航。产线设计采用模块化和数字化方式，使用最新技术与工艺，物流得到了优化，各工序之间流转丝滑顺畅，实现产线效率的最大化。产线研发与规划阶段将多种产品和型号纳入产线范围，通过模块化、数字化的设计，产线可兼容多种产线及规格，达到高度的柔性化；并且快速进行产品切换，配合检测机构，进行防呆性设计。所有的自动化设备均可实现物联功能，实时将生产数据进行上传，为优化工艺、排产和提效提供数据支撑，实现家电生产方面的无人化、数字化。

2. 中国移动 5G 智慧工厂解决方案

中国移动以 5G 为核心切入制造行业，已经具备工业网关、工业网络、OnePower 工业互联网平台，以及大规模数据采集、视频监控、机器视觉、AR 点检及培训等应用智慧工厂产品体系和解决方案的能力，5G 智慧工厂解决方案架构如图 13-18 所示。

图 13-18　5G 智慧工厂解决方案架构

依托 5G 技术，中国移动建设满足工业企业生产要求的虚拟专网，打通 5G 与 OT 网络数据链路，实现 5G 在工业企业安全、灵活、可靠地应用。中国移动依托工业安全专网、工业大数据底座等基础设施，聚焦产业大脑、工业视觉质检、新型工业网关、标识解析应用、工业低代码、工业互联网 SaaS 轻量化应用等创新要素，打造了 OnePower 工业互联网

"1+1+1+N"能力体系，即 1 系列工业终端、1 张工业专网、1 个 OnePower 工业互联网平台、N 大行业应用。中国移动通过建设厂内数字化运营平台和企业间协同制造平台，实现工厂内部全连接以及产业链上下游的数据互通，推动数字技术服务高效满足制造业转型升级需要，推进 5G+工业互联网赋能产业转型。

3．华为智慧云工厂解决方案

华为推出"一云一网一平台+N 应用"的智能云工厂解决方案架构，致力于以数据为驱动，构建透明、敏捷和智能的数字生产平台，全面提升智能制造水平。其中，"一云"是以华为云为坚实云底座，统一工具链技术栈，加速应用构建，从而避免系统重复构建；"一网"是以华为生产网为联接万物的网络平台，为智能制造构筑一张高速、稳定、智能的网络基座，通过统一工厂 5 张网络，避免重复建网。"一平台"是以华为数字生产平台为数据底座，基于华为成功的数据治理经验，对数据进行汇聚、统一清洗、建模、整合和多维分析，从而支撑工厂级应用，提供决策数据支持。

为提供更专业的智慧工厂解决方案，华为联手深圳联友科技有限公司打造了制造业务产品组合。其中，联友科技提供覆盖物料清单管理、计划排程、供应链管理、生产执行、品质分析等五大生产应用系统及业务中台，共建新一代智慧工厂软件体系。该解决方案基于华为昇腾、鲲鹏、华为云、盘古大模型等全栈 AI 能力，为制造企业提供训推一体化 AI 平台，从而提升工厂质量检测、生产排程等场景 AI 算法的开发训练效率，促进工厂智能化水平。

13.8.6　规模化复制与推广路径

随着 5G 技术及标准的演进，制造业 5G 应用由表及里，逐步深入核心生产环节。制造业 5G 规模化应用发展阶段如图 13-19 所示，综合考虑技术可行性与实用落地性，制造业 5G 规模化应用发展路径可以分为以下 3 个阶段。

图 13-19　制造业 5G 规模化应用发展阶段

阶段一（2020—2021 年）：在这个时期，基于 5G Rel-15 的能力及成熟度，以替换网络及终端的方式即可实现大带宽类型业务，发挥 5G 的连接作用。这个阶段的主要应用场景包括超高清视频监控、巡检无人机、巡检机器人、环境信息采集，其中超高清视频监控是最先应用的场景。

阶段二（2022—2024 年）：随着标准逐渐成熟，应用场景扩展到对原有产线升级改造，以及与工业系统深度融合并改变原有工业生产模式。这个阶段的特点是 5G 与人工智能、大数据、云计算等技术融合加深，涌现新型业务形式或增强型业务形式，主要应用场景包括 AR 点检/辅检、云化机器视觉、设备信息采集和云化 AGV。

阶段三（2025 年以后）：这个阶段实现了 5G 与制造业的深度融合，随着 5G 技术标准的发展和行业应用融合深度的增加，5G 与制造业的生产、控制、管理系统协议融合，5G 技术开始广泛应用于制造业领域，各类型的 5G 融合应用共同使用，从而实现智能化生产和产业的变革。这个时期的应用以综合为主，包括柔性化产线、数字孪生、设备预测性维护等。

13.9　港口

13.9.1　行业数智化发展概况

近几年，我国"一带一路"倡议为我国港口实现全球化发展提供了历史机遇，"双循环"新发展格局为港口高质量发展带来新机遇，"交通强国建设""探索建设自由贸易港"等为港口进一步体制变革创造了政策机遇。同时，我国加快建设综合运输体系，先后出台多项与智慧港口行业相关的政策。交通运输部于 2017 年印发了《关于开展智慧港口示范工程的通知》，明确将依托信息化，重点在港口智慧物流、危险货物安全管理等方面，选取一批港口开展智慧港口示范工程；同年，交通运输部公布了 13 家"智慧港口示范工程名单"。目前，各示范工程均在有序推进，智慧港口示范工程已取得丰硕成果。

随着标杆性智慧港口的逐步建成，我国对各地加快智慧港口建设提出了更高要求。2019—2021 年，交通运输部联合相关单位先后出台了《关于建设世界一流港口的指导意见》《关于推动交通运输领域新型基础设施建设的指导意见》和《交通运输领域新型基础设施建设行动方案（2021—2025 年）》等系列政策，对建设智慧港口的技术落地和智能化改造提出了更细致的要求，强调要重点推进码头作业装备自动化和建设港口智慧物流服务平台。

"十四五"期间，我国指出需要建设现代化综合交通运输体系，加快建设世界级港口群。《"十四五"现代综合交通运输体系发展规划》明确提出，要推进大连港、天津港、青岛港、上海港、宁波舟山港、厦门港、深圳港、广州港等港口的既有集装箱码头进行智能化改造。同时，加快天津北疆 C 段、深圳海星、广州南沙四期、钦州等新一代自动化码头的建设。政策体系的不断完善落地，使得我国智慧港口行业的发展方向和目标逐渐清晰。

同时，互联网、大数据、云计算和区块链等技术不断成熟，结合港口自身的海量货物贸易数据，共同为港口与经济社会深度融合、全面提升港口服务等提供了技术机遇。5G 的高带宽、低时延、大连接的特性能够满足港口的自动化、智能化需求，助力港口数字化、自动化、智能化转型。数字技术与港口生产的充分融合，促进了港口相关领域流程再造、管理创新和业务协同，初步实现了业务单证电子化、生产作业自动化、内部监控可视化、行业监管痕迹化、用户服务移动化、全程业务协同化等一系列的目标，降本增效的成果显著。集装箱码头核心生产作业环节示意图如图 13-20 所示，港口数字化典型应用场景包括港机远控（桥吊/龙门吊/门机等）、AGV/智能引导车（Intelligent Guided Vehicle，IGV）/无人集卡、智能理货、无人机巡检、视频 AI 监控等。其中，龙门吊远控属于典型高清视频回传+PLC 远控场景，与 5G 网络特性高度匹配，是 5G 在智慧港口的第一波应用之一。

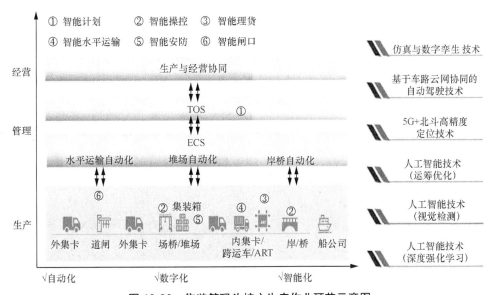

图 13-20 集装箱码头核心生产作业环节示意图

目前，我国沿海港口整体完成了向第三代港口转型，部分港口完成了向第四代港口转型。全球前十名的集装箱港口中，我国占 7 个，自动化码头建设运营水平全球领先。例如，青岛港自动化码头是全球首家实际应用 5G 技术的港口，早在 2019 年 2 月月底就与中国移动、华为三方联合打造 5G 智慧港口，也是全球首例在实际生产环境下实现的 5G 远程桥吊操作；上海港依托"超级大脑"——ITOS 智能管控系统掌控自动化，集装箱码头装卸、堆存、转运、进出道口等全场景、全流程的运行，已完成我国首个拥有完全自主知识产权的超大型自动化集装箱码头智能操作系统的升级研发，实现整体岸桥平均台时效率提升 10% 以上，单体码头年吞吐能力提升 50%以上；厦门远海码头是全国首个 5G 全场景应用智慧港口，并落地了全国首个 5G SA 独立组网与边缘计算、网络切片技术相结合的智慧码头无线生产专网。在港口 5G 专网建设基础上，结合边缘计算、高精度定位、人工智能、计算机视觉等技术研发打造了一系列的智慧港口业务场景。

13.9.2 行业数智化发展趋势

目前，智慧港口建设成为行业发展的新引擎。新技术赋能加速港口的改革创新和向第四代港口的转型升级，将在智慧装卸、仓储、转运业务的基础上，向多式联运、保税物流、全程物流服务、供应链金融等高附加值综合物流功能延伸。

1．小码头智慧化改造将加快进度

高密度物联网、高精度识别系统、高功效机械作业、高远程智能控制，将原本需要预留、预设、预装的传统港口改造模式从线下转为线上，在线上通过算力铺设来减少线下的实体改造，大幅减少改造需要的资金和时间，小规模高智能的内陆港口将层出不穷。

2．区域港口整合成为大势所趋

当前，我国智慧港口建设已从探索阶段逐步走向成熟，各地智慧港口的落地进程加快。然而，由于智慧港口建设投资大、周期长、要素多，再加上技术储备、资本积累、创新能力、人力资源等不足的现状，决定了智慧港口发展将是一个长期、持续和渐进的过程。基于各港口智慧化技术赋能，以及国家优化港口布局、协调地域经济等供给侧的顶层战略规划，未来区域港口整合将成为大势所趋。

3．智能决策与高附加值服务成为未来发展方向

当前港口基础设施决策系统仍存在智能性和灵活性不足的问题，部分运营环节仍须依赖人员后台操控。未来，依托海陆一体化，位于广阔且交通便捷的经济腹地的第四代港口，将进一步挖掘、分析与应用港口数据资产，通过机器学习算法优化，大幅提升港口智慧大脑的运筹优化和智能决策水平，真正做到智能决策，减少对人力的依赖。

此外，作为多式联运的结合点，港口供应链上下游企业之间的信息流、物流、资金流的协调整合需要强有力的连接。依托信息网络支撑，延长对上下游企业的服务链条成为港口创新营收的新出路。未来，提供多式联运、保税物流、全程物流服务、供应链金融等高附加值数字供应链服务，将成为推动港口发展的重要方式之一。

13.9.3 行业数智化整体需求

1．差异化业务发展的需求

基于港口的规模和信息化水平，港口可被分为不同的类型。各类港口的特点和信息化诉求有着明显的差异，业务切入点也有所不同。由于数字化转型的成本高昂，目前的主要做法是在大型综合港口开展相关的建设和探索，而一些内河的中小型港口缺乏相应的实践方案与配套服务。港口是一个多要素集中的封闭场地，涉及人、车、物、船等多重要素，也涉及能耗、维护、运营等多个方面。因此，需要依托 5G 网络，并结合不同的技术手段，定制差异化的发展策略。

2．智能决策与管理的需求

新一代数字科技的日益发展对港口生产、经营、管理与服务等方面的影响力日益显现，导致港口的科技水平大幅提升，使之成为知识密集型、科技密集型行业。随着港口货物流量的增加，传统的港口管理方式往往无法满足客户的需求。当前港口基础设施决策系统仍存在智能性和灵活性不足的问题，部分运营环节仍须依赖人员后台操控。且随着 5G 技术的深入应用，拥有很高商业价值的大量数字资产诞生了，客户也对精准化和定制化服务提出了更多期待。依托大数据、AI 等技术，港口需要进一步挖掘、分析与应用港口数据资产，通过机器学习算法优化，大幅提升了港口智慧大脑的运筹优化和智能决策水平，真正实现智能决策，减少对人力的依赖。

3．港口一体化建设的需求

在港口资源整合的浪潮下，浙江、山东、辽宁、福建、广西等省（区）的港口已基本完成整合，多省正在持续推进，"一省一港"的格局基本形成。区域港口的一体化改革将从更高层次、更广范围、更深维度继续推进，港口之间的竞争模式将从吞吐量竞争转为业务模式、服务质量、口岸效率等方面的综合竞争。浙江海港集团的实践表明，数字化港口建设在深化港口群协同和港口高质量发展等方面发挥着巨大的优势。因此，建设数字化港口、形成统一的港口经营与管理平台是深度整合港口资源、推进一体化建设的必要途径。

13.9.4　5G+AI 技术融合分析

1．5G+AI+物联网

"5G+AI"助推智慧港口的数字化效能升级，与物联网、边缘云技术结合能够提升港口作业的自动化和智能化水平，有效实现多路编组整船作业，全程精准感知轮吊自动化作业。在不改变传统港口业务运营模式的前提下，借助新的科技与工艺，不断提升单机设备的自动化、数字化、智能化能力，并制定新的运营规则、实施新的技术路线，实现真正意义的"智慧港口"。例如，通过卷积神经网络等视觉 AI 技术，在岸桥装卸过程中自动识别集装箱号、国际标准化组织（International Standards Organization，ISO）认证号、危险品标识、铅封等信息，能够从露天站位盯箱到室内轻点鼠标等业务范围来支撑理货人员，在有效改善理货环境的同时提升了理货效率，并实现了安全理货。

案例：天津港集装箱"智能理货"

传统理货需要理货员在装卸现场通过理货单或者理货终端进行，因码头机械、集卡、货物等环境复杂，存在一定的安全隐患。为提高靠泊和作业效率，天津港采用 5G 端管云+AI 智能理货方案，基于实时图像回传，借助 AI 能力智能计算散杂货种类和数量。该方案通过在理货场地的不同位置部署高清摄像机，采集高清图片信息，利用 5G 网络将信息传输至平台，并结合 AI 算法快速建立推理模型，辨别散杂货物的种类和数量，实现散杂货智能理货，有效避免了恶劣天气导致的停工问题或安全风险，提高人员安全性和理货准确率。据测算，该场景下每年可节省人力 15 人，节约人力成本 300 万元。

2. 5G+卫星互联网+无人驾驶

基于 5G、北斗、高精度定位及车路协同等技术，通过云端智能化调度，能够实现集装箱卡车无人驾驶以及实时路况回传，使得无人驾驶集装箱卡车的运行数据能够实时传输到后台控制中心，由控制中心来监管运输进度和状态，对集卡的位置、姿态、电量、载重等数据进行监控，并实时查看车辆的感知与规划信息。在集卡发生故障或需前往临时区域时，即可切换为 5G 远程接管模式，保障其运输、行驶安全。通过 5G+无人驾驶集装箱卡车进行运输，可以大幅度降低人力成本，实现 24h 作业。在提高岸线资源利用率的同时，有效保障了码头的作业效率和生产安全。

案例：宁波舟山港"5G+北斗"智能集卡

宁波舟山港建设了以 5G 通信技术为支撑的骨干网络，612 座公用干线航标全部升级为支持北斗卫星导航系统的设备。凭借 5G 高速率、低时延、广连接的特性，舟山港已经实现了多台智能无人集装箱卡车并发作业。5G 技术的应用辅助了智能集卡发挥超级"人工智能大脑"的各项功能，待岸边集装箱起重机把集装箱放置到车上固定，并确认后，智能集卡便启动，无须司机操控的方向盘便可自动运转，智能集卡能够准确识别周围的集装箱物体、机械设备、灯塔等，突发状况下可自主做出减速、刹车、转弯、绕行、停车等各种决策，并根据智能调度系统提供的最优运行路线来精准驶入轮胎吊作业的指定位置，从而满足港口封闭区域内水平运输的需求。

3. 5G+VR/AR+MEC

基于 5G 虚拟专网和万物互联部署，依托 VR/AR 技术可以实现实时远程监测功能。港口安防包含泊位、堆场、缓冲区、辅建区、闸口、码头楼宇内部以及港口区域路等区域安全管理。依托 5G 高速率、海量连接的特性，工作人员不用进车间即可通过移动终端或便携终端，来监视企业生产过程、执行管理系统，获知视觉监测系统的运行状态。结合卷积神经网络等 AI 技术，可实时发现车辆逆行、周界入侵、人员未戴安全帽等不安全行为和状态，大幅提升监测效率，有效保障码头的生产安全。

案例：福州港 AR 实景作战指挥平台

　　福州港务集团江阴港区上线了福建省内首个 5G "智慧港口" 平台，通过构建最先进的 AR 实景作战指挥平台，实现了既关注整体又兼顾局部的大范围立体监控模式。通过 AR 全景摄像机远程获取江阴港区实时全景视频，方便生产调度人员实时指挥作业线、调整作业方式等，已成为港区作业指挥的一种先进手段。安装于港口岸桥驾驶室内的高清监控摄像机，将采集的驾驶室实时视频图像，通过 5G 快速回传到 MEC 平台中，通过视频监控智能分析，对司机的面部表情、驾驶状态进行智能分析。平台监控中一旦发现疲劳、瞌睡等异常现象就会立即预警，解决了在 4K 超高清视频监控场景下带宽不足和时延长的问题，可提供更清晰的视频图像，提高智能分析效率和实时响应速度，从而降低港口生产事故率，保证港口作业安全和驾驶员生命安全。

13.9.5　港口数智化典型方案

1. 天津港 5G+智慧港口解决方案

　　天津港整体方案采用 "一张网-两层云-N 应用" 的 "1+2+N" 框架，建设以 5G 为主的泛在物联网，实现港口区域全覆盖，MEC 边缘云下沉实现数据本地分流，建设智慧港口中心云和边缘云，综合部署门机远程控制、挖掘机远程清舱、散杂货智能理货、北斗船舶定位、堆场数字孪生等应用场景，天津港 5G+智慧港口方案如图 13-21 所示。

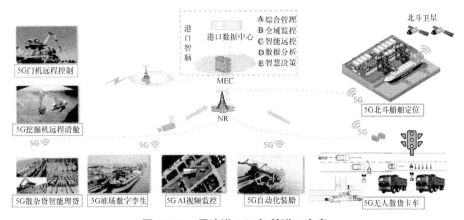

图 13-21　天津港 5G+智慧港口方案

　　该方案主要围绕散杂货码头船舶入港停泊、货物装卸船、船舱货物清舱散杂货理货以及堆场管理等重点生产作业环节进行五大智能化场景改造，实现港口智慧化运营。例如，在货物远程装卸场景，设计 5G 门机（码头的散杂货物装船、卸船设备）远控方案，实现门机远程控制。该场景单台门机部署两台 5G 用户前置设备（CPE），分别承载高清视频信号、PLC 控制信号，支持监控视频和控制信号分通道传输，保证控制业务的信号时延。此外，该场景将门机动力系统监控、计量、智能润滑、能耗管理等多个独立系统集成在统一平台管理，实现设备全生命周期管理。在船舱货物清舱场景，借助 5G 实现挖掘机远程控制，门机将挖掘机吊入船舱内进行清理，在控制室建立仿真远程操作台，通过 5G 网络将作业数据及画面实时回传，实现挖掘机远程控制，100%完成舱底、舱壁等清舱作业，有效提高作业效率并规避塌方掩埋风险。

特别是在智能水平运输方面，天津港与华为合作打造了"5G+L4 级自动驾驶"的智慧港口，已支撑 76 辆 IGV 常态化运行超过 12 个月，大幅缓解了港口司机招工难的现状，有效提升了港口运营效率。通过采用"车云协同"的智能水平运输解决方案，基于多种传感器和算法，实现了大卡车的精准定位、路径规划、避障控制等功能。无人驾驶大卡车可以根据实时的货物需求和交通状况，自动调整行进路线和速度，并与其他车辆和设备进行信息交换和协作。以作业效率为例，2022 年，C 段码头最高的船舶平均作业效率达到每小时 36 自然箱，单桥吊的平均运行效率提高了 20%，同时单箱综合能耗降低 20%。

2. 唐山港 5G+北斗智慧港口解决方案

唐山港 5G+北斗智慧港口解决方案基于 5G 网络与 MEC 平台，提供厘米级实时定位服务，唐山港 5G 网络系统架构如图 13-22 所示。5G 网络方面，采用"全覆盖"规划模式来建设 5G 行业虚拟专网，从而实现港口作业区无缝覆盖。针对 4.9GHz 港口 5G 网络，配置 3:2 超大上行时隙配比，上行峰值速率达 400Mbit/s，以满足港机远程控制、视频回传的需求。MEC 平台方面，满足 10ms 低时延控制以保证边缘计算数据园区内闭环、生产网络与公网完全分离，并部署港口自动化分析、调度应用，有效地提高了用户感知效果和数据安全性。

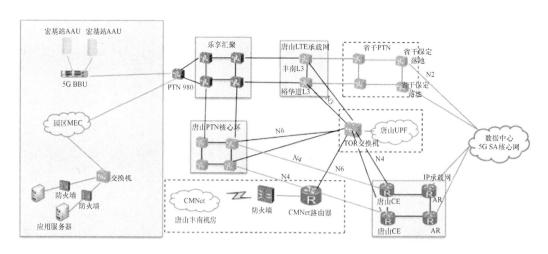

图 13-22　唐山港 5G 网络系统架构

唐山港通过 5G 智能化改造完成 5G 港机远程控制、5G 无人水平运输、5G 视频智能化分析等应用场景，实现了港口水平运输、垂直装卸系统的智慧化转型升级。例如，在 5G 港机远控场景，借助 5G 网络的低时延特性，结合高精度定位、计算机视觉等技术建设智能调度中心，在港口中控室实现 5G 远程控制港机装卸作业。在 5G 无人水平运输场景，利用 5G 网络结合差分服务和高精度地图、激光雷达等融合定位算法，在港区无人集卡实现厘米级精度的精准定点停车、装箱卸箱、自动识别避障、远程控制等功能，从而实现唐山港港区"无人集卡车+无人驾驶拖车全场景自动化作业模式。

13.9.6　规模化复制与推广路径

港口行业 5G 融合应用发展路径主要分为 3 个阶段。

第一阶段（2020—2021 年）：网络替换阶段。在这个时期，制造业主要利用 5G 替换原有的无线系统或有线网络，发挥 5G 的连接作用，主要面向港口内运营管理的巡检、监控业务，如 5G 与超高清视频监控无人机巡检、环境信息采集等，从而整体提升港口的安全水平。

第二阶段（2022—2024 年）：技术融合应用阶段。这个阶段的特点是 5G 与人工智能、大数据、云计算等技术的融合加深，实现港口设备的数字化水平升级和无人化生产。这一阶段，融合应用开始进入港口的核心远程控制、物流体系，如智能理货、设备信息采集、岸桥吊远程控制、港区无人驾驶、龙门吊远程控制等场景。

第三阶段（2025 年以后）：整合变革应用阶段。5G 全面赋能无人化、智慧运营的港口，整合前两个阶段的主要应用场景，实现港口数据的相互映射，从而达到智慧港口的目标，这一时期的 5G 应用场景是数字孪生。

13.10　电力

13.10.1　行业数智化发展概况

电力是关系国计民生的重要产业，近年来，在我国"双碳"目标背景下，电力行业发生了深刻变革，面临着多重挑战。5G 与智能电网性能高度匹配，可在发电、输电、变电、配电、用电等环节发挥重要作用。具体应用包括控制类业务、采集类业务、移动应用类业务，以及以多站融合为代表的电网型业务，电力通信对 5G 网络的需求如表 13-1 所示。在控制类业务中，5G 技术将优化能源配置，避免大面积停电而影响企业和居民用电，同时也将满足配电网实时动态数据的在线监测。在采集类业务中，5G 将推动整个系统的原始用电信息的收集和提供工作。在移动应用类业务中，5G 助力预防安全事故和环境污染，减少人工巡检工作量，并辅助工人进行远程带电作业。在多站融合业务中，5G 技术将推进平台型、共享型企业建设。

表 13-1　电力通信对 5G 网络的需求

电力通信网络需求	5G 通信特点	解释
确保可靠运行	高可靠性	电力系统的安全可靠运行为基本要求，5G 的高可靠性可提升电网可靠度
灵活响应与精准控制	低时延	电力系统需灵活响应，部分业务达到零中断，5G 毫秒级时延可满足电网的实时通信需求
海量数据传输	高速率	电网的物联网应用规模持续提升，带来海量实时测量数据与视频接口数据，5G 高速率特性可提供有力支持
万物信息互联	广连接	电网的超大规模智能终端设备连接需求可以被 5G 的广连接特性满足
设备电池寿命保障	低能耗	5G 优化了通信硬件协议，提升了电网设备的使用寿命

在《关于组织实施 2020 年新型基础建设工程（宽带网络和 5G 领域）的通知》《能源领域 5G 应用实施方案》等国家政策的指引下，各地纷纷提出了智能电网建设计划，雄安新区、内蒙古、云南、海南等地启动了智能电网建设。以雄安新区为例，5G 正在与电网工程建设深度融合，现已开展基于 5G 网络的电力业务适配性试点验证工作，其中，选取了配电自动化、用电信息采集业务进行业务承载性能测试。此外，中国首个基于独立组网（Standalone，SA）架构的"5G+MEC"电力保护物联示范工程于 2020 年 10 月在雄安新区正式投运，其核心技术达到国际领先水平。

电网公司是 5G 智能电网技术攻关及工程实践的引领者和主导者。国家电网开展了广泛的 5G 业务研究和应用实践，主要在 5G 智能电网架设、控制类业务（如配网差动保护）、移动巡检类业务（如视频交互）上着力。国家电网青岛供电公司、中国电信青岛分公司和华为联合开发的"青岛 5G 智能电网项目一期工程"于 2020 年 7 月正式交付投产。据报道，该项目既实现了电网在几十毫秒内自动切除配电线路故障，又通过削峰填谷电源节省了 20% 的 5G 单基站电耗，缓解了"功耗过高"这一困扰 5G 运营的最大难题。南方电网也积极开展了试点和应用合作，重点攻克 5G 智能电网的控制类业务（如配网差动保护）。南方电网与中国移动在广州市南沙区明珠湾区建立了目前我国最大的 5G 智能电网应用示范区，业务场景数量及验证进度均走在全国前列。

与此同时，运营商也加快了与电力行业开展 5G 合作的步伐，进行了一系列 5G 赋能电力行业的实践，包括控制类业务（如精准负荷控制和配网差动保护），采集类业务（如用电信息采集），以及移动巡检类业务。此外，一些电力设备企业也蓄势待发，积极入场，与通信设备企业进行了深度合作。

13.10.2　行业数智化发展趋势

未来，在电力数字化新型数字引擎的驱动下，电力系统将变得更安全、更绿色、更高效、更友好，从而让电能更好地服务千行万业、进入千家万户。

1．电网数字化

电网数字化是物理电网在数字世界的完整映射，通过建立数字孪生模型，让数字世界的操作作用于物理世界，实现数字世界和物理世界的双向互动，包括电网量值传递、状态感知、在线监测、行为跟踪、趋势分析、知识挖掘和科学决策。电网数字化向电网运行更高层次的智能化赋能，以促进电网更加安全、可靠、智能、经济地运行。数字技术回归电网本质，电网通过数字技术进步促进转型升级，从而适应在能源变革中的大规模新能源接入、电力市场改革、用户需求多元化等挑战，立足电网供需平衡，助力电网适应外部变化，让电网更加绿色安全、高效、经济。

2．电力服务数字化

电力服务数字化是客户服务过程中的数字化交互、自动化服务和智能化体验。电网企业构建现代供电服务体系，推进数字技术深度融入用户服务的全业务、全流程，以"服务用户、获取市场"为导向来建设敏捷前台，以"资源共享、能力复用"为核心建设高效中台，以"系统支持、全面保障"为宗旨来建设坚强后台；通过广泛连接和拓展客户资源，实现线上线下的无缝连接；打造流程简洁、反应迅速、灵活定制的应用服务，从而提高服务效率和客户体验。电网企业支撑业务创新，提高用户体验，驱动用户需求潜能不断释放且持续得到满足。

3．能源生态数字化

能源生态数字化是基于数字业务技术平台构建智慧能源产业生态，利用数字技术，引导能量、数据、服务有序流动，构筑更高效、更绿色、更经济的现代能源生态体系。通过构建面向政府、能源产业上下游、用户等产业链参与方的统一数字业务技术平台，使得能量、数据、服务自由交易，实现整个生态共生、共享、共融、共赢。创新平台各方的交易和交互方式，强化电网企业在能源产业价值链的整合能力，支撑企业向能源产业价值链整合商、能源生态系统服务商转型。

13.10.3　行业数智化整体需求

1．电力巡检需要模式创新

在电力系统中，变电设备和输电线路是电能输送的基础设施，需要定时、定期巡检以保障供电可靠性和电能质量。我国输电线路具有分布广的特征，通常敷设在野外，跨越高山、海域、平原等区域，这增加了电力巡检工作难度。当前电力巡检仍以传统人工巡检为主，实际工作中不仅耗费大量的人力物力，还存在安全性低、管理难、效率低、实时性差、运行风险高等问题，难以满足现代电网安全运行和快速发展的需求。

虽然电力巡检已开始利用无人机和巡检机器人来代替部分人工巡检，但还是存在一些问题。例如，巡检设备与相关人员缺乏实时通信，不能将巡检情况或问题实时反馈，故障判断主要依靠人工经验，巡检设备缺乏智能化识别和分析能力。随着 5G、AI、AR、卫星互联网等新技术的迅速发展，可以在电力巡检过程中实现高精度定位、故障预警与分析、远程实时指导等功能。通过创新电力行业的智能巡检模式，降低劳动强度、提高巡检效率、扩大覆盖范围、数字化展现巡检结果，提升电网运行的安全性、稳定性以及运行效率。

2. 电力配网需要安全管控

随着分布式新能源大规模地接入，配电网由原来的辐射型网络变成有源网络，呈现故障电流双向流动、故障特性多变等新特点，传统配电网三段式过流保护方式已无法满足新的需求。电流差动保护具有定位准确、灵敏性高、不需要电压信息等优点，十分适合新型配网结构。电流差动保护主要通过比较差动保护终端电流差值，实现快速定位和隔离配电网故障，因此要求互相关联的两个或多个差动保护终端必须保证时间同步，时间同步精度小于10μs，单侧端到端交互信息的传输时延不超过12ms。

目前，基于光纤通信的电流差动保护已经作为主保护被广泛应用于高压输电线路，但配电网光纤覆盖低，涉及终端设备的数量多、布局广，若配置电流差动保护需要铺设大量光缆，则投资成本高、实施难度大。因此，亟须利用 5G 来满足差动保护低时延、高可靠性、高精度的业务需求，同时融合北斗/GPS 等技术，为配网差动保护提供高精度授时服务，实现多端信息交互，保障配电网安全稳定运行。

3. 电力负荷需要精细化管理

随着电力输送逐步向特高压交直流、远距离跨区域的模式发展，引起电网频率波动的因素也在增加。精准负荷控制系统作为特高压交直流电网系统保护的重要组成部分，具有点多面广、选择性强、响应速度更快、对用户用电影响小的优势。当特高压直流发生连续换相失败和直流闭锁故障，受端电网损失功率超过一定限额时，电网频率将产生严重跌落，甚至可能导致系统频率崩溃。基于精准负荷控制系统，能够以生产企业内部的可中断负荷为控制对象，实现电网与电源、负荷友好互动，避免大面积停电的发生。

由于精准负荷控制系统需要快速将电网频率恢复正常值，因此各层级之间的通信传输时延越低越好，其中要求控制主（子）站到终端时延低于 50ms。目前，协控总站、精准负荷控制主站和子站之间已实现光纤通信覆盖，可以满足三者之间负荷控制指令的传输需求。而子站与客户终端之间的光纤覆盖率低，同时，客户终端具有用户数多、分布分散且地理范围广的特点，光纤铺设存在成本高、难度大等问题。因此，需要通过引入新技术来满足精准负荷控制子站与客户终端之间的低时延、高可靠性的通信需求。

13.10.4 5G+AI 技术融合分析

1. 5G+卫星技术

目前，卫星技术已在我国电力领域广泛应用，覆盖了发电、输电、变电、配电、用电五大电力系统环节，卫星技术在电力主要业务领域场景应用情况如表 13-2 所示。基于卫星技术，一是可为电力巡检、输电线路塔基沉降和线路走廊地质灾害监测等电力业务提供实时厘米级、后处理毫米级的高精准定位导航服务；二是可为电力调度、设备状态分析、新能源并网等业务提供纳米级高精度授时服务；三是可为野外作业的工作人员提供应急通信服务。卫星技术与电力的深度融合，可推动电力基建、运检、营销、调度等业务不断发展。

表 13-2　卫星技术在电力主要业务领域场景应用情况

序号	业务领域	典型场景	成熟度
1	基建	智慧工地	★★★★
2		大型设备运输管理	★★★★
3		现场作业风险管控	★★★
4	运检	地质灾害监测	★★★★★
5		杆塔倾斜监测	★★★★★
6		变电站沉降监测	★★★★
7		无人机智能巡检	★★★★★
8		线路故障定位	★★★
9		变电站人员安全管控	★★★
10		线路停电检修	★★★
11	营销	用电信息采集	★★★★★
12		营销作业终端	★★★
13		反窃电	★★★
14		营销作业高精度定位	★★★
15	调度	变电站授时	★★★★
16		小水电盲调	★★★★★
17	后勤	应急通信	★★★★
18		公车管理	★★★★

5G 与卫星技术的融合能强化卫星定位、授时功能。在电力调度方面，利用卫星技术构建的统一时频网能实现全网系统纳秒级时间同步，再结合 5G 高可靠、低时延的特性，可实现电力调度的实时可控，支撑电力实时上网交易。另外，5G+卫星技术可大幅降低卫星高精度定位的启动时间，提升定位精度和可靠性，实现电力设备管理的互联互通和智能化。目前，5G+卫星技术已在电网运检、供电服务、无信号区域用电信息采集、变电站地基沉降监测等方面进行了试点应用。

> **案例："5G+北斗"赋能国家电网青岛供电公司智能巡检**
>
> 2021 年 2 月，国家电网青岛供电公司联合中国电信、华为研发建设的国家电网首套基于 5G+北斗无人机电力线路巡检系统，在青岛完成研发、联调和试飞工作，这标志着 5G、

北斗等新技术在电网的重要应用落地。该系统将5G技术与自研国产芯片、北斗及人工智能等技术创新性地应用于无人电力线路巡检过程中，解决了困扰无人机电力线路巡检的"操作难""回传难""分析难"等问题，实现从前期线路规划、作业过程中的实时监管，到作业后的图片识别及缺陷汇总上报巡线作业全流程的数字化、网络化。其中，针对飞行"操作难"问题，国家电网青岛供电公司提出基于北斗系统的无人机自主巡检方案，通过厘米级精度的北斗智能时空服务，配合三维激光点云数据，实现无人机巡视线路自主规划、一键启动，自动完成巡视任务并返航，中间过程不需要人工干预。

2. 5G+人工智能

人工智能作为新一轮产业变革的驱动力，是电力系统智能化的必然选择，也是能源电力转型的重要技术支撑。目前，计算机视觉、自然语言处理、语音识别等人工智能技术发展较成熟，已逐步被应用在无人机巡检、变电站智能监控、发电和负荷预测等电力业务中，人工智能在电力主要业务领域场景应用情况如表13-3所示。通过人工智能，可以提升电力行业复杂问题的处理能力，提高电网的精益化运行水平，帮助企业降本增效。未来，电力行业还将与人工智能进行更深度的融合，从而实现在电力生产、建设、经营、决策及管理等领域更广阔的应用。

表13-3 人工智能在电力主要业务领域场景应用情况

序号	电力业务	应用场景
1	预测	负荷预测、新能源发电预测、电价波动预测
2	调控	超短期负荷预测、调度员学习和培训、风险智能识别、事故策略智能处置、综合能源系统控制
3	仿真	态势感知和超实时推演、动态过程智能预测
4	检修	无人机、机器人巡检和智能分析，设备缺陷监测、安全评估、预防性检修
5	现场作业	人像识别、行为识别、健康监测、智能可穿戴设备
6	客户服务	业务辅助办理、智能客服、用电资源协调配置
7	营销	用户画像、精准营销、差异化服务
8	办公、管理	文件处理、人员匹配、会议办公

5G和人工智能组合技术已成为赋能电力行业数字化智能化发展的重要支撑。在电力巡检业务中，运用图像识别、声音识别等人工智能技术，可大幅提高巡检效率和准确率；同时，融合的具有低时延、大带宽的5G网络，可实时发现故障设备点，并对现场作业进行在线指导，从而快速清除故障，保证业务连续运行。南方电网的实践证明，在输变电场景通过5G+AI智能巡检，工作效率可以提升80倍。

案例：深圳供电局发布AI预训练模型

2022年2月15日，深圳供电局与华为联合发布了电力行业首个基于昇腾生态的AI预训练模型，以及基于昇腾生态的人工智能全栈国产化示范应用等关于"电力+人工智能"的最新成果。据介绍，防尘网、塑料大棚等外飘物一旦缠上供电线路，会导致跳闸，从而影响电网运行和电力供应。得益于 5G 与人工智能技术，在深圳供电局，供电人员通过智能巡检系统，可以足不出户地实时监测外飘情况。在日常供电工作中，识别任务占人工智能应用场景的 80% 以上。为此，深圳供电局在华为昇腾生态下，打造电力行业首个 AI 预训练模型，人工智能算法研发效率提升 5 倍。同时，识别任务的平均准确率从 85% 提升到 95%，让排查设备隐患、查找故障等特定任务更高效、更准确、更智能。目前，预训练模型已用于南方电网深圳供电局无人机精细化巡检等 12 类任务。

3．5G+边缘计算

与传统大数据处理方式不同，边缘计算可以利用边云协同、边边协同、边缘智能等技术来解决电力系统面临的实时性高、数据周期短、任务复杂等难题，可有力支撑智能电表数据采集等采集类业务、用电量预测等预测类业务以及电力巡检等巡检类业务。5G 与边缘计算相互促进、相互成就，两者融合形成一种新的计算模式，5G 通过边缘计算提供特色能力、边缘计算通过 5G 进一步降低时延。5G+边缘计算在电力行业有着广阔的应用前景，在分布式新能源并网、配网自动化、高级计量、巡检等方面具有重要应用价值。但目前电网中的 5G+边缘计算还处于初步应用阶段，其中已开展的"5G+边缘计算"智能变电站等试点示范工程，探索了边云协同多站融合的电力系统运行新模式。

案例：基于 5G+边缘计算的精准负荷控制

2020 年 12 月，国家电网青岛供电公司联合中国电信青岛分公司、华为首次依托边缘计算及 5G 端到端切片实现了毫秒级精准负荷控制装置的负荷量上送及整组传动测试试验，测试结果显示，5G 通道时延满足毫秒级需求。随着测试的成功落地，国家电网全国范围内首套 5G 公网专用模式下的毫秒级精准负荷控制装置在国家电网青岛供电公司投入试运行。精准负荷控制属于安全性要求高的电网 I 区业务，对网络安全和数据安全有非常高的要求。通过 5G+边缘计算及端到端切片技术，可以实现业务需求和网络资源的灵活匹配，虚拟出多张满足不同业务应用场景和差异化需求的 5G 切片网络，并能充分共享物理网络资源。

4．5G+AR

随着 5G 的商业化发展，AR 技术驶入发展快车道。相比于现有的 Wi-Fi 和 4G LTE 网络，5G 网络能为 AR 应用提供更好、更稳定的体验。在电力行业，5G+AR 技术已被应用于电力巡检、现场施工作业等领域。以 5G+AR 变电站巡检为例，现场作业人员只要佩戴基于 5G 的 AR 智能穿戴设备，就可以实时检测、采集与存储电力设备温度、视频及音频等数据，精准快速地找到故障点，并记录运维检修的全过程，解决以往双手被占用、无法进行操作的问题。此外，如果现场人员遇到无法独立解决的问题，还可发起视频通话向专家寻求远程协助，将问题实时传送给专家进行分析处理，快速解决巡检难题。

案例：5G+AR 远程协作助中广核数智化升级

为提升供应链管理的数智化水平，中广核新能源应用基于 5G+AR 的"云评审"远程协助解决方案，推动行业绿色高质量发展，"云评审"在线评估模式通过云平台+互联网+智能视频 AR 设备，能够实现供应商工厂端与评审工作端之间远程多媒体信息交互和交流互动。与源地评审等一般评审模式相比，云评审可消除、时间、地点的限制，实现了对文件、厂房条件、车间操作等元素的在线审核和评价，评审功能完备，评审质量可靠，从而满足项目建设需求。操作者可实时、在线审核供应商文件情况，核验文件的真实性、编制的规范性，并同时与供应商互动交流。云评审通过云技术实现问题的识别、反馈、分析、处理、跟踪、验收以及关闭功能，可达到评审全流程闭环控制的目的。通过云平台+互联网+视频 AR 设备，中广核可不受时间、地点限制，快速联动全国各地的专家资源，实现跨地域同时开展供应商资审评估与质保监查活动，这些专家之间的协同合作极大地提高了评审/监察活动的灵活性。

13.10.5 电力数智化典型方案

1. 国家电网电力 5G+智能电网解决方案

为支撑新型电力系统落地，国家电网提出"三层两面五段式"落地方案，国家电网电力 5G+智能电网解决方案如图 13-23 所示。从基础设施上看，该方案全面覆盖端、管、云；从应用系统来看，该方案分为生产控制网和管理信息网；从使用环节看，该方案覆盖发电、输电、变电、配电、用电环节，涉及巡检应急通信、输电线路智能化巡检、管廊隧道智能化巡检、变电站智能化巡检、5G 基站储能等典型应用。

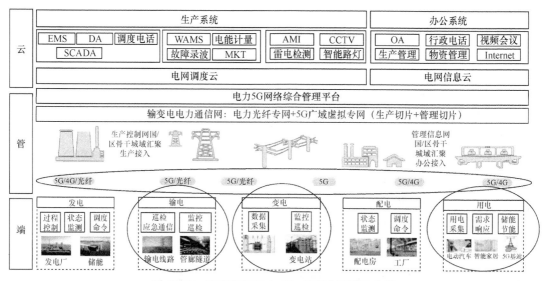

图 13-23 国家电网电力 5G+智能电网解决方案

应用场景主要包括 5 个方面，一是天空地隧 4D 应急系统："天"为背包式应急通信系统，主要利用卫星链路作为背包式基站的回传链路，快速地在偏远地区搭建应急通信系统；"空"与"地"是指无人飞艇基站，可以通过无人飞艇基站对地面形成快速覆盖，让应急通信系统建立更高效，通信内容更丰富。二是 5G 700MHz 输电线路全覆盖，700MHz 频段基站覆盖范围约等于 10 个高频基站的覆盖范围，大幅减少了站点投资成本。三是 5G 电力隧道全覆盖，让巡检人员在遇到问题时能够及时与外界通信。四是变电站巡检建设方案，应用 5G 智能巡检之后，巡检时长能够由原来人工的 3 天变成智能巡检的 1h，巡检效率大幅提升。五是碳智链应用方案。在分析即服务（Analytics as a Service，AaaS）新型运营体系下，首创地利用基站电池实现分布式数字储能，基于 5G 网络进行实时回传，汇聚至大数据云平台，通过九天推理平台人工智能进行分析，选择合理的基站与时段进行充放电，并上传至区块链平台进行存证，通过参与国家电网的峰谷电价差和储能响应政策，有效降低运营商电费支出。

2．秦山核电 5G +智慧核电解决方案

秦山核电站部署了 5G 行业虚拟专网，在生产区和厂前区实现了 5G 信号全覆盖；秦山核电站 5G 行业虚拟专网总体架构如图 13-24 所示，采用定制化的 5G 核心网全量下沉至核电园区的方案，打造高效、安全、稳定的物理 5G 专网，并承载了视频会议集群对讲、视频采集、人员定位、移动办公等应用。同时，5G 专网设备满足核电厂的电磁兼容性、耐辐照及核电信息安全等要求。

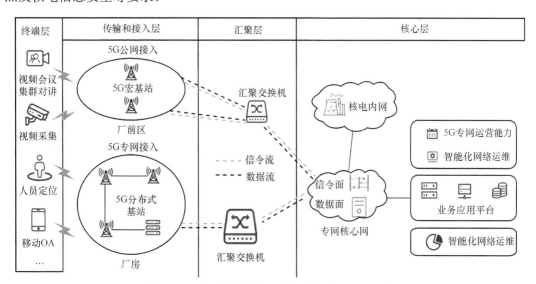

图 13-24　秦山核电站 5G 行业虚拟专网总体架构

基于 5G 行业虚拟专网，秦山核电站规划丰富的业务应用集成，包括生产控制类、采集类、移动物联类、视频监控类等，目前已实现 5G 可视化指挥调度、5G 高精度定位等应用场景的落地。在 5G 可视化指挥调度场景中，利用 5G 技术赋能多点视频会议及协同、远程在线指导等应用，实现核电厂端到端、多点、高清的通信，以及与内外部人员高效协作、可视化巡检专家远程问题诊断、移动可视化作业等场景，提高了运维工作效率。在5G高精度定位场景中，通过部署5G蓝牙定位基站，支持定位导航、预警等功能，实现对人员、车辆的定位和管理，满足核电厂安防、日常运维和检修等需求，实现"一网多用"。

13.10.6 规模化复制与推广路径

5G几乎满足电力场景当前的应用需求，随着未来电力行业泛在电力物联网的发展，5G将有能力持续满足电力演进业务的需求，如图13-25所示。

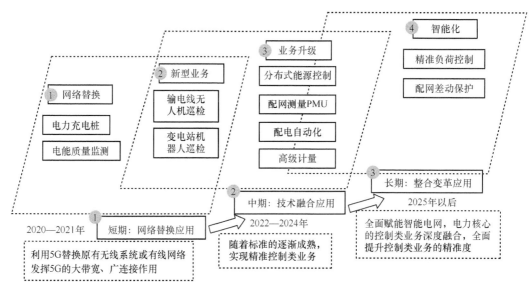

图13-25 电力行业5G规模化应用发展阶段

阶段一（2020—2021年）：在这个时期利用5G替换原有无线系统或有线网络，发挥5G的大带宽、广连接作用，主要面向电力行业的信息采集及移动巡检类业务。这个阶段的主要应用场景包括电力充电桩、电能质量监测、输电线无人机巡检、变电站机器人巡检。

阶段二（2022—2024年）：随着标准的逐渐成熟，5G与人工智能、大数据、云计算等技术的融合加深，实现全天候、实时化的采集类业务和初步的精准控制类业务，主要应用场景包括分布式能源控制、配网测量PMU、配电自动化和高级计量等。

阶段三（2025年以后）：5G全面赋能智能化电网的建设，各类型的5G电力应用被广泛应用到电力行业中，与电力核心的控制类业务深度融合，全面提升采集类业务的时效性和精准度，这个时期的应用包括精准负荷控制和配网差动保护等，从而助力智能电网的实现。

参考文献

[1]　国家互联网信息办公室. 数字中国发展报告(2022 年)[R]. 2022.

[2]　中国信息通信研究院. 5G 应用规模化发展路径和推进策略研究[R]. 2021.

[3]　中国信息通信研究院. 5G 应用创新发展白皮书[R]. 2022.

[4]　中国信息通信研究院. 行业数字化转型方法论研究[R]. 2020.

[5]　工业和信息化部. 第五届(2022 年)"绽放杯"5G 应用征集大赛典型案例汇编[R]. 2022

[6]　华为. 加速行业智能化白皮书——使能百模千态, 赋能千行万业[R]. 2023.

[7]　5GDNA 确定性网络产业联盟. 5G 工业互联赋能 5G 全连接工厂技术白皮书[R]. 2022.

[8]　北京电信技术发展产业协会. 5G+工业互联网产业发展白皮书[R]. 2022.

[9]　中国信息通信研究院. 工业互联网推动行业数字化转型方法论和路径研究[R]. 2021.

[10] 中国联合网络通信有限公司. 5G+校园专网应用白皮书[R]. 2022.

[11] 中国信息通信研究院. 5G+智慧教育应用发展关键问题研究[R]. 2022.

[12] 工业和信息化部. 2022 年度能源领域 5G 应用典型案例汇编[R]. 2022.

[13] 高厚磊, 徐彬, 向珉江, 等. 5G 通信自同步配网差动保护研究与应用[J]. 电力系统保护与控制, 2021, 49(7): 1-9.

[14] 德勤, 全球能源互联网研究院有限公司. 5G 赋能未来电力[R]. 2021.

[15] 蒋帅, 沈冰, 李仲青, 等. 5G 通信技术在配电网保护中的应用探讨[J]. 电力信息与通信技术, 2021, 19(5): 39-44.

[16] 中国信息通信研究院. 5G+文旅媒体应用发展研究[R]. 2021.

[17] 腾讯研究院. 中国智慧应急现状与发展报告[R]. 2022.

[18] 张志坚, 黎洁仪, 曾翀, 等. 5G 在我国气象行业中的应用研究进展[J]. 广东气象, 2023, 45(1): 63-66.

[19] 文丰安. 农业数字化转型发展: 意义、问题及实施路径[J]. 中国高校社会科学, 2023(3): 111-120.

[20] 华为 EBG 公共事业系统部. 政府与公共事业行业智能化架构白皮书[R]. 2022.

第 14 章　趋势及展望

数字技术已成为推动数字化转型的变革性力量，以 5G 为代表的新型网络技术开启万物互联新时代，极大限度提升设备接入和信息传输的能力，推动了边缘流量特别是行业流量的爆发式增长；以人工智能、大数据为代表的新型分析技术深刻变革决策模式，突破人类能力边界；以区块链为代表的新型互信技术支撑在不可信环境中的可信业务协作，实现数据多方维护、交叉验证、全网一致、不易篡改。随着数字技术与各行各业的深入融合，数字化转型将产生更大的想象空间。

14.1　5G-A 下的网络即服务

5G+AI 融合应用发展进入深水区，需要进一步做大规模、做精体验、做深融合、做广领域。2021 年 4 月，3GPP 正式将 5G 演进技术命名为 5G-A，预计包括 Release 18（Rel-18）、Rel-19 和 Rel-20 3 个阶段。5G-A 将为 5G 发展定义新的目标和新的能力，为用户提供更加卓越的业务服务，促使 5G 产生更大的社会和经济价值。

作为 5G 的演进与增强，5G-A 具备"无缝万兆、全域通感、泛在智能、确定能力、千亿物联、空天地一体"六大特征，5G-A 网络能力如图 14-1 所示。在网络速度上，5G-A 的传输速率预计将提升 10 倍以上，达到 100Gbit/s，将满足更高要求的应用需求，如 4K/8K 超高清视频、AR/VR 应用、实时大数据传输等。在能耗上，5G-A 采用了更先进的信号处理技术和优化算法，将大大延长设备的续航时间，并减少能源消耗。在可靠性上，5G-A 通过引入更高级别的调制解调技术和纠错算法，使得数据传输更具可靠性，能够保障各种重要应用顺利运行。在连接能力上，5G RedCap 技术的应用补齐了 5G 在中、高速率物联网中的拼图，具备高传输速率、低功耗、低复杂性和高设备数量等特点；新型无源物联也为降低节点功耗、弥补射频识别（Radio Frequency Identification，RFID）短板提供了解决思路。

提升宽带业务支持能力、提高网络运营效率、扩展新的用例、推进网络智能化是 5G-A 技术演进的主基调。5G 向 6G 新场景演进路线如图 14-2 所示，5G-A 将在 5G 的"三角能力"

基础上，持续增强宽带能力，研制面向垂直行业的精细化解决方案，探索人工智能融合技术和通感融合新业务，为加速推进 5G 向 6G 迈进奠定坚实基础。5G-A 阶段任务重心将逐渐从需求及场景的定义转向业务内容的创新设计，并将通过多种方式赋能垂直行业的发展。预计 5G-A 将以 Rel-18 作为演进起点，于 2024 年进入商用阶段，更好地为行业用户提供按需定制的网络，真正实现网络即服务。

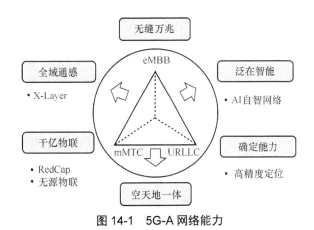

图 14-1　5G-A 网络能力

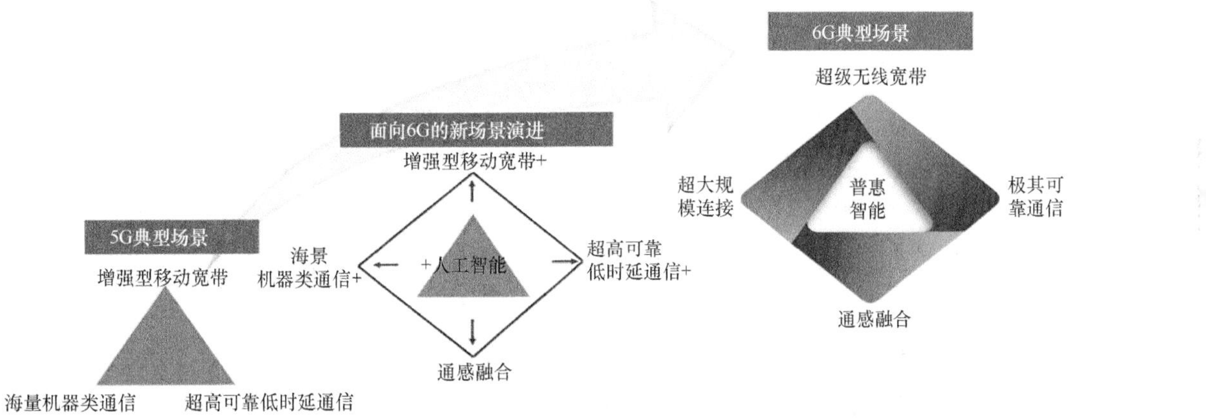

图 14-2　5G 向 6G 新场景演进路线

　　一是 5G-A 赋能沉浸实时体验。5G-A 将在 5G 基础上实现性能增强和场景拓展，10 倍于 5G 的网络能力可以满足更高要求的应用需求，特别是为沉浸式体验奠定了基础。当前，人联业务已演进到 3D 化沉浸式体验阶段。3D 产业在技术、终端和内容上都实现了一系列突破。5G-A 通过智能业务识别、智能调度、智能寻优等技术，能够实现沉浸式体验的可控、可视、可运维。AIGC 内容生成，从初始的文字到文字、文字到视频，到逐步支持从文字到 3D 化内容，也让用户的创造更加富有活力。例如，中国移动联合产业合作伙伴完成面向云 XR 及裸眼 3D 等亚运高清沉浸业务的 5G-A 新技术应用，通过 5G-A 网络基于业务智能感知的大带宽低时延保障能力，打造 3D 沉浸式亚运赛事观看新体验。5G-A 将进一步激活

AR/VR/XR 产业并全面使能元宇宙，把全感观交互沉浸式体验带入现实。

二是 5G-A 助力万物智联走向现实。当前，物联网连接数正快速增长。据工业和信息化部数据，截至 2022 年 2 月月末，中国电信、中国移动、中国联通三大基础电信企业已发展蜂窝物联网终端用户 23.64 亿户，占移动网终端连接数的比重达 57.5%。物联网最重要的要素就是低成本、低能耗、长待机。5G-A 将支持最全面的物联网能力，模组类型将涵盖从工业级高速连接到 RedCap、无源物联，从 Gbit/s 到 kbit/s 的全系列物联模组能力。针对现有物联网成本太高的问题，RedCap 技术能够通过简化功能、降低功耗和成本，实现市场规模的扩大。随着 5G-A 技术的发展和商用，RedCap 还将支持当前 Cat.1（LTE UE-Category 1）所覆盖的中速率场景，蜂窝无源互联网可支持更低速率、零功耗的千亿级物联，形成全场景 5G 移动物联网技术体系。

三是 5G-A 提供泛在感知服务。感知是提升 5G 价值的重要手段，在室外，5G 已经可以做到米级定位。而在室内，移动通信与北斗、GPS 相比具有独有优势。5G 可以做到米级定位，5G-A 将实现厘米级定位精度，并且响应速度更快。除了定位技术、波束成形等，"通感算一体"还能让基站利用感知能力实现精准定位。面向千行万业的广泛感知需求，通过通信和感知技术一体化设计构建低成本、亚米级精度、无缝泛在的通感一体网络，将在工业生产、车联网和低空经济领域具有很好的应用前景。例如，在智慧低空场景中，可以利用通信网络组网优势，对低空进行全域感知，提供无人机监管和避障、飞行入侵检测和飞行路径管理服务，在保障无人机飞行安全的同时，有效实现低空安全防控。

四是 5G-A 使能智简融合网络。网络资源虚拟化、业务多样化，以及网络切片、边缘计算等 5G 新能力的不断引入，给 5G 运营和商用带来挑战。多种接入方式融合、多张网络融合是 5G-A 网络演进的大趋势。在 5G 应用于行业之前，各个行业经过漫长的应用与演进，形成了彼此独立的网络，出现了多样化的终端、接入方式与传输方式。网络的通用性极差，导致了新功能迭代时间长、设备价格高昂、技术发展缓慢等问题。因此，天地一体化、工业互联网等多行业、多协议融合的下一代网络成为新趋势。

14.2 从云网融合到算网融合的升级

随着数字化转型的深入推进，各类数字化场景对信息通信基础设施专用、弹性、泛在、协同服务能力的要求也在不断提升，这给传统算网服务模式带来了巨大的挑战，需要通过网络连接多元算力，实现多种算力的融合，多样化算力需求如图 14-3 所示。算网融合已成为继云网协同、云网融合之后算网服务模式的又一次升级，是我国在算网发展领域的一项开创性实践，对推动数字经济发展有重要意义。

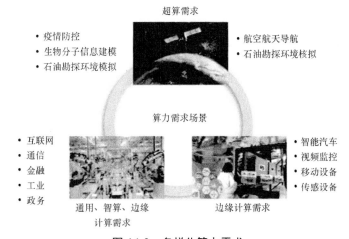

图 14-3　多样化算力需求

算网融合以算力为中心，通过新的智能网络，感知算力分布拓扑，通过算力路由，将用户的任务路由到最匹配的算力位置，而且融合了更丰富的要素、更立体的资源（宽度），将提供以算为载体的一体化服务（厚度），也提出了更高远的演进目标（跨度），算网融合能力演进如图 14-4 所示。

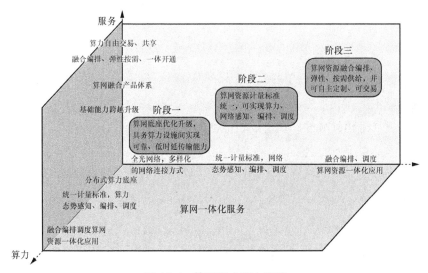

图 14-4　算网融合能力演进

算网融合的近期发展将主要以三大场景为驱动，形成快速接入、泛在、随需调用的算网融合体系。三大场景包括东数西算、算力设施间互联及云边端协同。其中，"东数西算"是国家重大战略工程，目标是实现东部数据按需调度到西部算力节点，传统算网服务未专门针对这种远距离传输场景进行设计，算网难以有效配合，无法保障传输时延、安全性，也不可按需调度。借助算网融合加速底层算网设施升级，并实现全国算力需求跨域调度，构建全国一体化算力网络，实现了数据远距离调度，并且可以促进数据要素价值释放。

算力设施间互联是指三大运营商、云厂商通过多云协同提升总体服务能力。算网融合成为突破算力瓶颈、实现算力资源大规模供给的重要途径。摩尔定律逐渐失效，制程提升带来的芯片性能进步越来越小、成本越来越高，算力发展面临瓶颈。通过"算力+网络"组合式、体系化创新构建算网一体的新型基础设施，是后摩尔定律时代突破算力瓶颈、盘活算力资源的关键。

云边端协同是指利用云端海量算力资源及边端实时算力资源共同支撑业务应用，可用于视频协诊、智慧工厂、自动驾驶等场景。该场景主要解决的问题包括两个方面，一是在网络层面云边端协同需要解决海量终端设备快速接入、云边端算力设施高效互联的问题，使终端应用可获取算力服务；二是在算力层面，云边端协同需要向终端异构设备提供更加弹性、精准的算力资源。

远期来看，算网融合大脑将变得更加智能，可全面感知算网状态，云边端通用、智算、超算等多样化的算力底座也在快速形成。同时，确定性、全光、无损的网络能够为数据传输提供有效支撑，将有助于形成绿色、智能、安全自由的算网融合体系。

14.3　数据要素价值创作成为新蓝海

数据作为新型生产要素，已快速融入生产、分配、流通、消费和社会服务管理等各环节，深刻改变着生产方式、生活方式和社会治理方式。在数字技术的加持下，数据采集加工、分析等数据资源化领域的产业发展使散乱的数据产生价值，将极大地推动创新、加速产业升级，数据要素流通的主要模式如图 14-5 所示。同时，数据对其他生产要素具有乘数作用，将实现供给与需求的精准对接、创新价值链流转方式，放大劳动力、资本等要素在社会各行业中的价值。

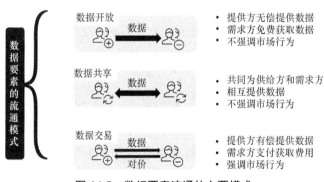

图 14-5　数据要素流通的主要模式

一是公共数据利用将成为产业发展突破口。《国务院关于加强数字政府建设的指导意见》要求"提升各行业各领域运用公共数据推动经济社会发展的能力"。截至 2023 年年底，已有 25 个省市及自治区公布了相关数据条例或草案，以促进数据利用和产业发展为基本定位，为数据市场化流通提供政策保障。全国已有 20 个省级数据共享平台，公共数据具有特殊战略地位和关键作用，既能直接用于数字经济、数字政府、数字社会建设，创造不可估量的经济社会价值，又能带动企业数据、社会数据等其他数据资源的整合共享与开发应用。公共数据向社会开放或许不能在短时间内产生很多"爆款"应用，但能激发更多企业、个人和社会组织在市场上公平竞争，满足各种大众和小众化的需求。

二是"数据可用不可见"成为产业发展核心技术趋势。面对流通需求、安全威胁、规则缺失、监管压力等各方面因素的影响，基于"数据可用不可见"技术的数据流通模式是未来产业发展的核心方向，数据要素应用产业发展趋势如图 14-6 所示。隐私计算对信息进行加密与共享，实现数据按用途与用量使用且在使用过程中不被泄露，解决了长久以来在数据流通中较难规避的敏感信息保护问题。去中心化的区块链技术也可以为数据写入唯一的数字摘要码，用于数据确权等。"数据可用不可见"将有效帮助机构在满足用户隐私保护、数据安全和政府法规的要求下，进行数据使用和机器学习建模。未来，需要探索综合性技术方案，从场景出发解决数据交易流通中的可信存证问题。

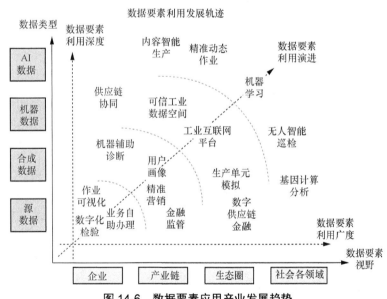

图 14-6　数据要素应用产业发展趋势

三是百花齐放的数据要素业态呈不断涌现的趋势。随着数据要素市场建设全方位、多层次、深领域的不断推进，数商产业作为数据产业的新业态不断涌现。从规模上看，《全国数商产业发展报告(2023)》显示，2013—2023 年，中国数商企业数量从约 11 万家增长至约 200 万家，复合年均增长率超过 30%。从类型看，技术型数商、服务型数商、应用型数商共同发展，促进行业生态繁荣发展。同时，价值牵引的数据应用场景持续丰富。《2023 年中国数据交易市场研究分析报告》显示，我国数据资源应用场景丰富，其中金融、互联网行业的场景需求居前，占比分别为35%和24%。其余如通信、制造业、医疗健康、交通运输和教育等细分行业，对数据产品的应用需求也呈上升趋势。在金融、互联网等存量数据市场之外，还有很多行业领域都有较强烈的数据应用需求等待挖掘。

四是数据要素利用将朝着新的广度和深度发力。数据要素流动给数据应用产业带来新的动力，一方面，数据要素利用产业朝着更广阔的领域发展，公共数据开放共享、数据交易流通、数据要素价值释放空间将从企业自身到产业生态，再向社会各领域发展；另一方面，数据要素利用产业朝着更深层次发展，数据流通市场"数源"单一、零散的数据分析应用向规模化、融合化、产业化应用开发转变。数据要素利用市场格局面临"重新洗牌"，未来或将打破阿里云、华为等科技巨头占据主要市场的局面，出现一批"科技企业+行业龙头企业"合资公司。

14.4　数字创新应用向多领域纵深发展

当前，5G融合应用呈现出垂直行业市场与传统消费市场齐头并进、单一应用探索向体系化应用场景转变，以及从应用试点向规模商用迈进的发展态势，商业模式也从"不清晰"发展到了"多形式共存"的新业态。

一是在大众消费市场，运营商探索新产品、新服务。基础电信企业和互联网企业在游戏娱乐、赛事直播、居家服务、文化旅游等消费市场加大探索，推出5G消息、5G新通话、AR/VR、5G云游戏、虚拟数字人等个人应用，不断丰富5G个人套餐。例如，中国移动联合终端商、设备商等企业共同推动新通话业务发展，咪咕发布了5G云VR、5G云游戏等创新应用产品。借助强大的5G网络能力，互联网企业也开始探索超高清视频、XR在日常生活中的全新应用模式，进一步提升用户体验。虽然部分业务已在重点城市开通试点服务，但目前尚未形成规模推广优势。

二是在行业市场，数字产品服务体系不断拓展。目前，5G行业融合领域部分应用场景处于加速规模落地阶段，工业互联网、智慧矿山、智慧医疗、智慧港口等行业融合领域已进入快速发展阶段，实现了"从0到1"的突破，在工业制造、矿山、港口、医疗、全连接工厂等多个应用场景发挥赋能效应。截至2023年年底，我国5G行业虚拟专网已超过2.9万个，5G应用融入97个国民经济大类中的71个，应用案例数超9.4万个。

三是在民生领域，数字应用处于场景适配探索阶段。数字技术普惠性、便捷性、开源性、共享性的特征，有助于促使人的衣、食、住、行等基本需要，以及教育、健康、养老等公共服务变得更加便利、普惠和共享。传统服务业在数字化平台的支撑下，可以改变服务的提供方式，将优质公共服务下沉到偏远地区，提升公共服务的便利化和均等化水平。企业利用数字手段，也将更好地推进生产运营智能化、产品创新数字化和用户服务敏捷化，增强竞争力、创新力和抗风险能力。5G+AI 在医疗、教育、文旅和智慧城市方面的应用诞生了大量案例，但目前都以初期试点探索为主，未来应用前景十分广阔。

四是在产业生态领域，行业企业的加入为产品服务和商业模式创新注入新的活力。在创新中心层面，基础电信企业、制造企业、互联网企业、应用开发企业、高等院校、科研院所等单位牵头成立 5G 创新中心，开展面向应用创新的技术和产业服务，打造面向 5G 应用创新的共性技术平台，创新中心数量超过 32 家。在应用解决方案提供商层面，基础电信企业、互联网企业、行业集成商、行业企业等发挥各自优势，构建自身 5G 应用解决方案供给能力，目前，面向制造业、能源等十余个领域，已有近 200 家 5G 应用解决方案供应商。

未来，数字生产力将引领包含技术创新、管理创新、模式创新、产业创新、机制创新等在内的系统性创新，模糊产业之间的边界，催生多重形式社会发展业态。除了智能交通、智慧医疗、智慧文旅等行业正在蓬勃升起，数字孪生、元宇宙、数字人等新赛道也将厚积薄发。

14.5　AI 大模型驱动新兴业态涌现

大模型凭借强大的自然语言与多模态信息处理能力，可以应对不同语义粒度下的任务，进行复杂的逻辑推理。超强的迁移学习和少样本学习能力，也让大模型能够快速掌握新的任务，实现对不同领域、不同数据模式的适配。未来，随着模型能力提升以及知识深度融合，大模型有望成为各行各业的基础生产工具。

一是专用任务大模型带动高价值应用场景。目前，在天文、材料、生物医药、物理等领域，已有专用任务大模型出现。科学及研发创新作为典型知识密集型行业场景，能够激发大模型在海量数据中的"涌现"能力，助力气象研究、医药研发、物理规律发现等高价值应用场景。例如，美国哈佛医学院和英国牛津大学的研究人员合作开发出一款可准确预测致病基因突变的 AI 模型"EVE"，已预测出 3200 多个疾病相关基因中的 3600 万个致病突变，且对 26.6 万个至今意义不明的基因突变是"致病"还是"良性"做出归类。未来，该 AI 模型可帮助遗传学家和医生更精确地制定诊断、预后和治疗方案。

二是行业大模型赋能产业智能化升级。大模型的长期价值将通过行业应用实现，目前，通用大模型在一定程度上难以满足行业用户的直接需求，行业大模型成为可以直面用户的"商品房"。例如，在信息检索领域，大模型可以从用户的问句中提取出真正的查询意图，检索更符合用户意图的结果，还可以改写查询语句，从而检索更为相关的结果；在新闻媒体领域，大模型可以根据数据生成标题、摘要、正文等，实现自动化新闻撰写。此外，大模型对智慧城市、智慧交通等新兴应用需求不断增长，有望赋能城市底层业务的统一感知、关联分析和态势预测，更好地实现城市决策与治理。

三是大模型带动 AIGC 应用。大模型在自然语言处理、计算机视觉、跨模态技术等领域的能力为内容生成技术的提升提供了强力的支撑和全新的可能性。AIGC 能够以优于人类的制造能力和知识水平承担信息挖掘、素材调用、复刻编辑等基础性机械劳动，从技术层面实现以低边际成本、高效率的方式满足海量个性化需求；同时，能够创新内容生产的流程和范式，为更具想象力的内容、更加多样化的传播方式提供可能，推动内容生产向更有创造力的方向发展。目前，生成式人工智能的创新和应用场景已经遍地开花，多模态加上多场景逐渐融入千行万业，包括工业领域的设计、建模检测，医疗领域的药物发现、诊断治疗，教育领域的课程训练、智能助教等。

参考文献

[1] 中国联通. 中国联通 5G-A+通感算融合技术白皮书[R]. 2022.

[2] 中国移动, 中国电信, 中国联通, 等. 5G-Advanced 网络技术演进白皮书 2.0(2022)[R]. 2022.

[3] 段向阳, 杨立, 夏树强, 等. 通感算智一体化技术发展模式[J]. 电信科学, 2022, 38(3): 37-48.

[4] 李琴, 李唯源, 孙晓文, 等. 6G 网络智能内生的思考[J]. 电信科学, 2021, 37(9): 20-29.

[5] 中国移动. 5G-Advanced 新能力与产业发展白皮书[R]. 2022.

[6] 夏旭, 齐文, 王恒, 等. 5G-Advanced 网络及服务演进需求探讨[J]. 移动通信, 2022, 46(1): 15-19.

[7] 上海数据交易所. 全国数商产业发展报告[R]. 2023.

[8] 上海数据交易所. 2023 年中国数据交易市场研究分析报告[R]. 2023.

[9] 种璟, 唐小勇, 朱磊, 等. 5G 关键技术演进方向与行业发展趋势[J]. 电信科学, 2022, 38(5): 124-135.

[10] 中移智库, GSMA Intelligence, GTI. 5G 新技术创造新价值[R]. 2023.

[11] 中国人工智能学会. 中国人工智能系列白皮书——大模型技术(2023 版)[R]. 2023.

[12] 腾讯研究院, 同济大学, 等. 人机共生——大模型时代的 AI 十大趋势[R]. 2023.